Betriebs- und Wirtschaftsinformatik

Herausgegeben von
H. R. Hansen H. Krallmann P. Mertens A.-W. Scheer
D. Seibt P. Stahlknecht H. Strunz R. Thome

Udo Venitz

CIM-Rahmenplanung

Springer-Verlag
Berlin Heidelberg New York
London Paris Tokyo Hong Kong

Dr. Udo Venitz
Institut für Wirtschaftsinformatik, Universität des Saarlandes
Im Stadtwald, Gebäude 14, D-6600 Saarbrücken

ISBN-13: 978-3-540-51910-2   e-ISBN-13: 978-3-642-75237-7
DOI:10.1007/978-3-642-75237-7

Vorwort

Die vorliegende Arbeit entstand während meiner Tätigkeit als wissenschaftlicher Mitarbeiter am Institut für Wirtschaftsinformatik an der Universität des Saarlandes, Saarbrücken. Den Auslöser bildeten Erfahrungen, die ich im Rahmen mehrerer Projekte, die sich mit der Konzeptionierung und Realisierung von CIM-Architekturen beschäftigten, sammeln konnte.

Meinem akademischen Lehrer, Herrn Prof. Dr. A.-W. Scheer, danke ich an dieser Stelle besonders für die Unterstützung während der gesamten Zeit unserer Zusammenarbeit, sowie die wertvollen Anregungen, die wesentlich zum Gelingen dieser Arbeit beigetragen haben.

In gleicher Weise gilt mein Dank Herrn Prof. H. Glaser für die Übernahme des Korreferats.

Ferner danke ich allen, die mich bei der technischen Erstellung dieser Arbeit unterstützt haben, insbesondere meiner Frau Christine für das Erstellen des druckfertigen Manuskripts.

Saarbrücken, im August 1989   Udo Venitz

INHALT

1. PROBLEMSTELLUNG

Der Bereich der industriellen Produktion ist in den letzten Jahren wie kaum ein anderes Anwendungsgebiet durch die dynamische Entwicklung der Elektronischen Datenverarbeitung geprägt worden. Hier treffen sich drei DV-technische Entwicklungen:

O die betriebswirtschaftlich-planerischen DV-Systeme zur Produktionsplanung und -steuerung (PPS);
O die technisch orientierten DV-Systeme mit einer ganzen Funktionsgruppe, den sog. CAx-Verfahren, wie computergestützte Produktentwicklung (CAE), computergestütztes Konstruieren (CAD) und computergestütztes Fertigen (CAM);
O die Systeme zur Büroautomation mit ihren Schreib-, Recherchier- und Präsentationsfunktionen.

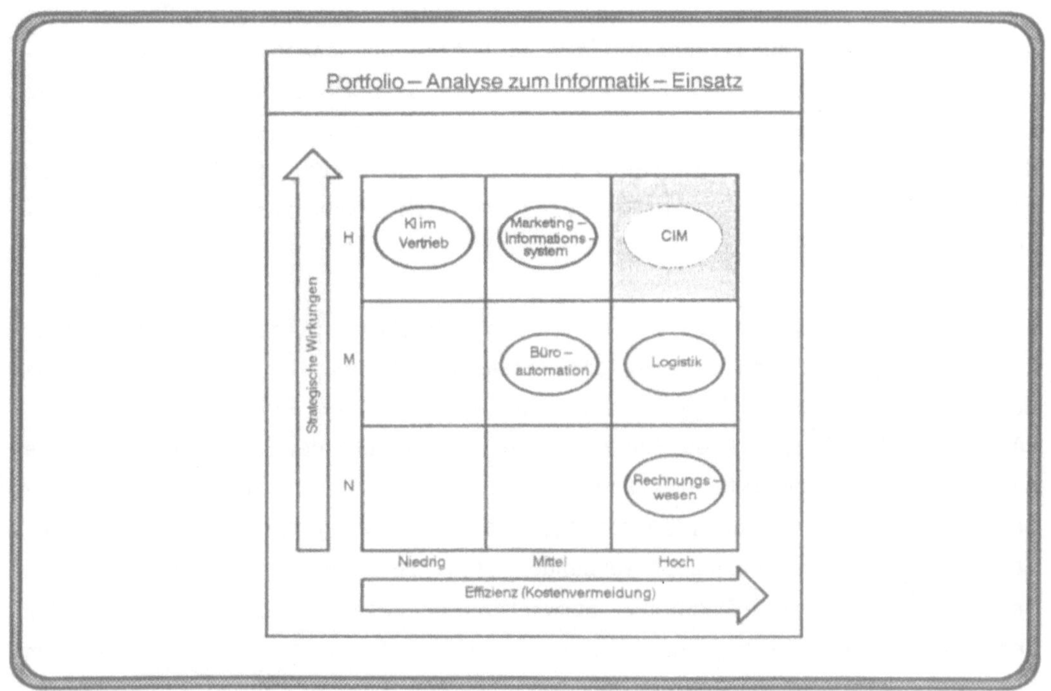

Abb. 1.1 Strategische Bedeutung von CIM im Informations-Portfolio eines Unternehmens (Quelle: DIEBOLD Management Report[1])

Jeweils für sich alleine betrachtet, handelt es sich bei solchen Systemen zwar um wichtige, die Wettbewerbsposition eines Unternehmens jedoch kaum entscheidend beeinflussende Faktoren. In ihrem Zusammenwirken zur rechnerintegrierten Produktion (**CIM**=**C**omputer **I**ntegrated **M**anufacturing) gewinnen sie aber eine neue **strategische** Dimension (vgl. IVES/LEARMONTH[2]).

Hinter dem Kürzel CIM steht die Zielsetzung industrieller Unternehmen, die Möglichkeiten der Informationstechnologie im gesamten Produktionsprozeß, d.h. vom Vertrieb über die Arbeitsvorbereitung bis hin zur eigentlichen Produktion entscheidend zu verbessern und konsequent zur Steigerung von Effizienz und Effektivität zu nutzen. Nur so können die gestiegenen Anforderungen des Marktes in Bezug auf eine schnellere, flexiblere und dennoch kostengünstige Produktion erfüllt werden.

Selbst in der breiten Öffentlichkeit hat sich in der Zwischenzeit die Erkenntnis durchgesetzt, daß die Auswirkungen der stürmischen Entwicklung auf diesem Gebiet nicht nur die Fachleute betreffen, sondern auch das gesamte soziologische und ausbildungspolitische Umfeld und damit wesentliche Teilbereiche unserer Gesellschaft. Wie stark die Diskussion angeheizt und wie stark das Interesse ist, wird durch die große Zahl an Veröffentlichungen, Messen, Seminaren, Kongressen, den Marketingaufwand der Hersteller und nicht zuletzt durch die hohe Nachfrage für "CIM-geschultes Personal" am Arbeitsmarkt deutlich.

Nun steht den unstrittigen Vorteilen von CIM aber ein ganz entscheidender Nachteil gegenüber und das ist die Tatsache, daß es bis auf einige wenige dedizierte Lösungen "CIM von der Stange" (noch) nicht zu kaufen gibt (vgl. PANSKUS[3], WALLER[4]), wie es für einzelne Komponenten der Hard- und Software mittlerweile üblich ist. Das Angebot der Informationstechnologie-Produzenten besteht zumeist aus Insellösungen, die oft genug nur auf der "Folien-Ebene" zu einem Gesamtkonzept verbunden sind. Jeder Hersteller hat dabei in Teilbereichen seine Stärken und Schwächen. Der eine im kaufmännischen oder betriebswirtschaftlich-planerischen Bereich, der andere in technischen Systemen, ein Dritter bietet Systeme nur für kleine und mittlere Anwendungsfälle an. Alles umfassende integrierte Systeme gibt es bisher nicht, wohl aber Instrumente der Informationsverarbeitung, die Teilsysteme mehr oder minder durchgängig miteinander zu verbinden.

Darüber hinaus hat kaum ein Unternehmen die Chance, "auf der grünen Wiese" zu beginnen und eine einheitliche CIM-gerechte Infrastruktur als Ganzes neu zu implementieren.

In jedem Unternehmen existieren bewährte und oftmals auf die spezifischen Gegebenheiten angepaßte Systeme und Anwendungen. In einem Fall ist es ein PPS-System, das an die entsprechende Fertigungsstruktur angepaßt ist, im anderen Fall ein CAD-System mit einem hohen Zeichnungsbestand, der nur mit erheblichem Aufwand auf ein anderes System übertragen werden kann.

Damit stellt sich für die Entscheidungträger der Unternehmen, die CIM einführen wollen, das Problem, daß sie selbst sehr intensiv in die Problematik einsteigen müssen. Dies hat viele bisher abgeschreckt, ist doch der CIM-Funktionsumfang so groß, daß wegen der herrschenden Interdependenzen:

O die Strategiekomponente der Entscheidung ungewohnt groß ist,
O das Investitionsvolumen sehr groß ist,
O die Wirtschaftlichkeitsrechnung ungewohnte Dimensionen umfaßt,
O Know how und unternehmensinterne Spezialisten fehlen
O und die Gesamtentscheidung damit von erheblichem Risiko ist.

Hinzu kommt, daß die Innovationsgeschwindigkeit im Bereich der Hard- und Software so hoch ist, daß heute getroffene Entscheidungen noch vor ihrer Umsetzung wieder überholt sein können und damit erneut zu überdenken sind.

Um dieses Dilemma zu lösen, gibt es nach SCHEER[5] vier Alternativen, nämlich:

1. Warten, bis vollständig einsetzbare CIM-Soft- und Hardware zur Verfügung steht.
2. Mit begonnenen Teillösungen weiterarbeiten und hoffen, daß dann wenn CIM wirklich verfügbar ist, auch die Teillösungen integriert werden können.
3. Bei Basisentscheidungen im Bereich PPS, CAD und CAM auf die Ausrichtung auf ein zukünftiges CIM-Konzept achten, sonst aber in Teillösungen weiterarbeiten.
4. Bereits jetzt alle Möglichkeiten zur Realisierung eines CIM-Konzeptes nutzen.

Scheer nennt auch gleich die Vor- und Nachteile der einzelnen Strategien. So haben die beiden ersten Alternativen den Vorteil, kein "Lehrgeld" für eine eigene CIM-Entwicklung zahlen zu müssen, aber die Nachteile eines Know-how-Verlustes sowie der Abhängigkeit von den Entwicklungsstrategien der Hersteller, die die eigenen Anforderungen vielleicht nur zum Teil abdecken.

Darüberhinaus ist mit einem breiteren Angebot an käuflichen "CIM-Systemen", d.h. an hochintegrierten Lösungen, bestehend aus einer einheitlichen Hard- und Anwendungssoftware-Architektur, die auf einer einheitlichen Datenbank aufbaut, erst in 5-10 Jahren zu rechnen (vgl. WEGEHINGEL[6]). Eine umfaßende Einschätzung gibt Abb. 1.2 wieder.

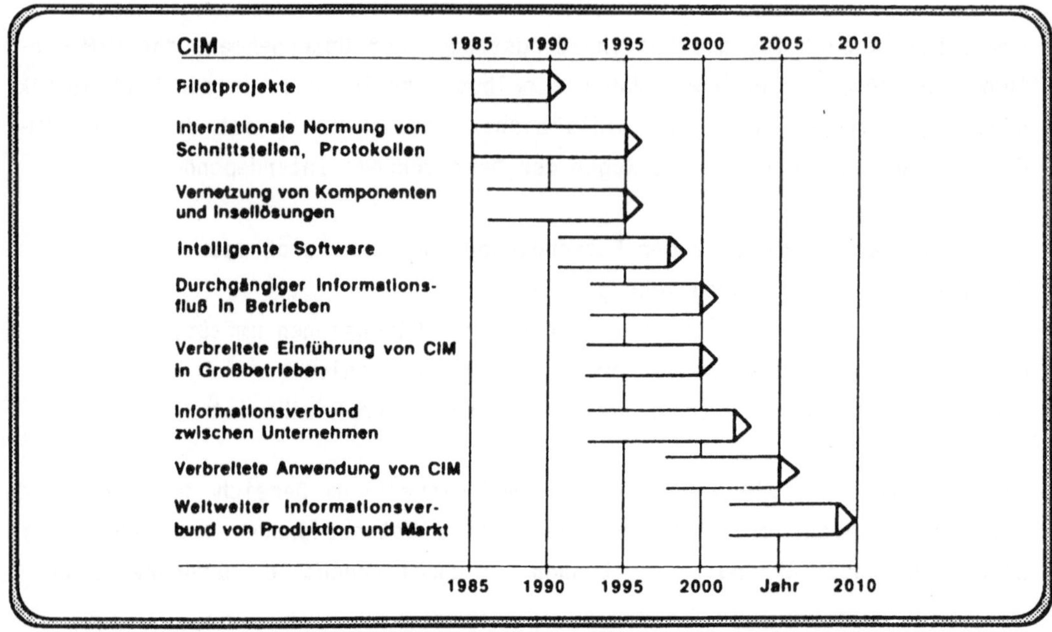

Abb. 1.2 Zeitlicher Rahmen der Verbreitung von CIM (Quelle: KCIM im DIN[7])

Daher dürften für jedes innovative Unternehmen nur die 3. und 4. Vorgehens- weise in Frage kommen, die eigentlich keine Alternativen sind, sondern eine einheitliche Vorgehensweise darstellen. Von anderen Autoren (bspw. LINDE- MANN[8]) wird dieses Vorgehen auch als "Strategische Evolution" bezeichnet. Damit entsteht für die Unternehmensführung aber wieder die Frage, wie diese Vorgehensweise nun im Detail auszusehen habe, da die klassischen Konzepte zur Analyse und Entwicklung von Informationssystemen (vgl. BALZERT[9], WEDE- KIND[10]) hier nur bedingt anwendbar sind. Zunächst gibt es darauf keine all- gemeingültige Antwort. Solange keine fertigen Lösungen existieren, werden CIM-Architekturen unternehmensspezifische Lösungen sein (vgl. WARNECKE[11]). Dennoch existieren Ansatzpunkte, die auch über unternehmensspezifische Be- dingungen hinaus Gültigkeit haben. So wird immer wieder die Vorgabe einer Rahmenkonzeption, einer Informationsstrategie oder Information-Policy für CIM gefordert (vgl. BROMANN[12], HURTMANNS[13], SCHEER[14], WALLER[15]).

Empirische Untersuchungen (vgl. SELIG[16]) belegen, daß nur etwas mehr als die Hälfte aller Unternehmen (58%) eine institutionalisierte und regelmäßige Grundsatzplanung (Gesamt- oder Rahmenplanung) ihrer Informationsverarbeitung durchführen. Dies wird auch durch die im Rahmen dieser Arbeit durchgeführte Studie (vgl. Gliederungspunkt 2.4.1.2.5) bestätigt.

Da aber mit der Realisierung von CIM i.d.R. erhebliche Investitionen einhergehen, müssen sich die Unternehmen, die CIM realisieren wollen, spätestens in dieser Phase um einem Neuaufwurf ihrer bisherigen Planungen und die Formulierung strategischer Grundsätze für die Informationsverarbeitung bemühen. Nicht selten wird damit die gesamte Unternehmensstrategie in Frage gestellt. Denn während bei konventioneller Vorgehensweise Teilstrategien für Geschäftseinheiten oder funktionale Bereiche wie Finanzen, Produktion oder Marketing jeweils isoliert voneinander entwickelt werden, erfordert CIM eine funktionsübergreifende Betrachtungsweise, die Entwicklung, Planung, Produktion und Kommunikation als Ganzes einbezieht. Anschaulich kann dies am "Rad der Wettbewerbsstrategie" dargestellt werden.

Wettbewerbsstrategien können prinzipiell ausgerichtet sein auf:
O Kostenführerschaft, d.h. das Erzielen komparativ geringster Produktionskosten (vgl. GUTENBERG[17]).
O Produktdifferenzierung (Singularität), d.h. das Anbieten von Produkten, die sich von Konkurrenzprodukten vorteilhaft unterscheiden oder die in dieser Form von der Konkurrenz nicht angeboten werden können.
O Konzentration auf Schwerpunkte (Marktdifferenzierung), d.h. die Belieferung spezialisierter Teilmärkte oder einzelner Regionen, wobei dies wiederum Kostenführerschaft oder Singularität zum Ziel hat (vgl. PORTER[18], PORTER[19]).

Bezogen auf CIM können daraus, je nach Ausrichtung auf die verschiedenen Erfolgsfaktoren (vgl. ROCKHART[20]), unterschiedliche strategische Ausrichtungen von Unternehmen abgeleitet werden. Ansatzpunkte hierzu finden sich in den Arbeiten von BULLINGER[21], JELINEK/GOLDHAR[22], PORTER/MILLAR[23], SAVAGE[24], SIMON[25] und WISEMAN[26].

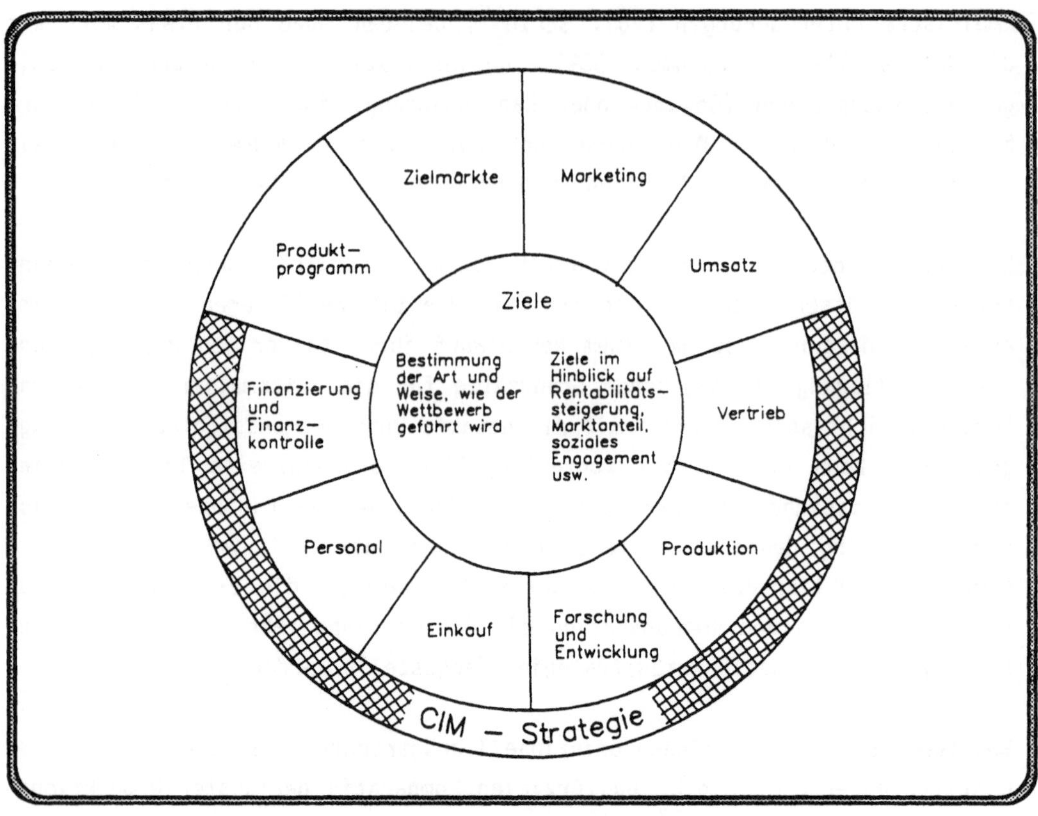

Abb. 1.3 Rad der Wettbewerbsstrategie (Quelle: PORTER[27])

Wird eher eine Position der Kostenführerschaft angestrebt, wird eine Produktion mit großer Produktivität und hoher Zuverlässigkeit Vorrang haben. Schwerpunkte werden die Fertigungsautomatisierung ebenso wie das planungs- und steuerungstechnische Konzept sein, um Aufträge möglichst schnell und unter Vermeidung von Lagerbeständen in der Fertigung umsetzen zu können.

Eine **Differenzierungsstrategie** dagegen muß die Ziele hohe Innovationsfähigkeit, marktbezogene Flexibilität und beste Qualität verfolgen. Der Schwerpunkt wird daher in der Realisierung einer optimalen geometrisch/verfahrenstechnischen Ablaufkette und in der Verbindung mit PPS- und CAP-Systemen liegen. Nur so kann die Vielzahl der auftragsspezifisch anfallenden Daten effizient verwaltet werden.

Da die **Konzentrationsstrategie** grundsätzlich beide obengenannten Strategien beinhalten kann, kann bei der Realisierung ebenfalls jeder der obengenannten Schwerpunkte zum Tragen kommen.

Bei der Planung und Umsetzung dieser Grundsatzstrategien will die vorliegende Arbeit nun einen Beitrag leisten. Dazu wird ein Entscheidungsrahmen erarbeitet, der die Unternehmensführung in die Lage versetzt, eine Informationsstrategie für CIM vorzugeben, die ebenso wie die Produkt- oder Finanzstrategie in die Unternehmensstrategie eingebettet ist. Nur wenn bestimmte Rahmenbedingungen vorgegeben werden, kann eine abgestimmte Entwicklung und ein koordinierter Einsatz einzelner CIM-Moduln erreicht werden.
Ein erstes Ziel und Fundament dieser Arbeit ist es daher, einen systematischen Überblick über den **IST-Zustand** der Rechnerintegrierten Produktion zu geben (Kap.2).

Dies geschieht:
O aus theoretisch-wissenschaftlicher Sicht,
O aus gesamtwirtschaftlicher Sicht,
O aus informationstechnischer Sicht,
O aus Anwendersicht und
O aus Herstellersicht.

Aufbauend auf dieser umfassenden Darstellung des heutigen Verständnisses von CIM, den Konzepten der Hersteller und den Realisierungserfahrungen ausgesuchter Unternehmen, werden vier Teilkonzepte vorgestellt, die die Vielzahl der Einzelentscheidungen bei der CIM-Realisierung ordnen und in einen Gesamtzusammenhang stellen (Kap.3-6). Dabei wird:

O auf den Stand der Technik eingegangen,
O es werden Vor- und Nachteile der vorgestellten Lösungen und Konzepte diskutiert,
O wobei besonderes Augenmerk auf das Vorhandensein anerkannter Schnittstellen gelegt und
O Entscheidungshilfen angeboten werden.

Die Darstellung ist zunächst so angelegt, daß sie für jeden Unternehmenstyp, sei es ein Einzelfertiger oder ein Großserienfertiger, sei es ein Großunternehmen oder ein kleiner Zulieferer, zutreffende Komponenten beinhaltet.

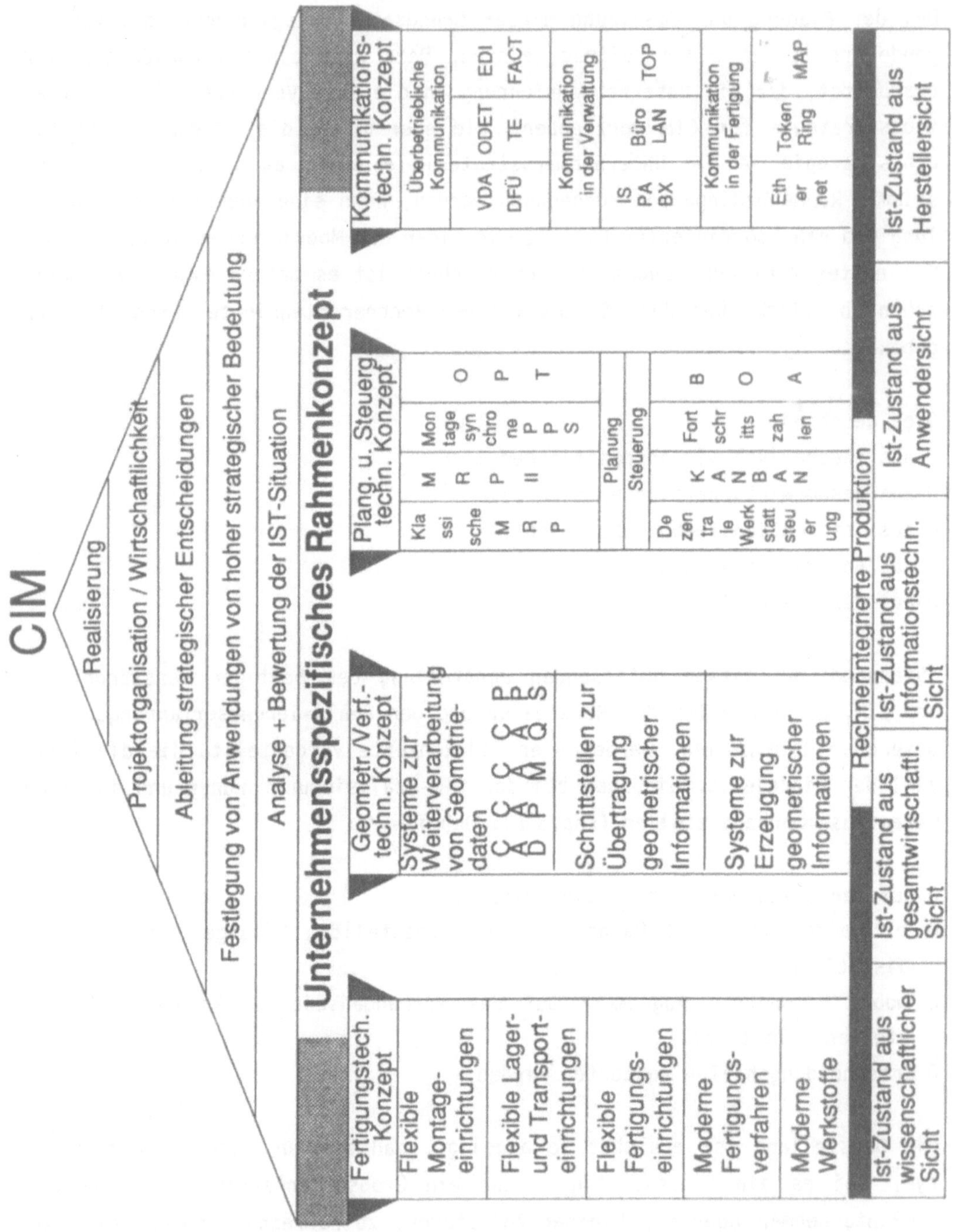

CIM

Realisierung

Projektorganisation / Wirtschaftlichkeit

Ableitung strategischer Entscheidungen

Festlegung von Anwendungen von hoher strategischer Bedeutung

Analyse + Bewertung der IST-Situation

Unternehmensspezifisches Rahmenkonzept

Fertigungstech. Konzept
- Flexible Montageeinrichtungen
- Flexible Lager- und Transporteinrichtungen
- Flexible Fertigungseinrichtungen
- Moderne Fertigungsverfahren
- Moderne Werkstoffe

Geometr./Verf.-techn. Konzept
- Systeme zur Weiterverarbeitung von Geometriedaten (CAQ, CAP, CAD, CAM, CAS)
- Schnittstellen zur Übertragung geometrischer Informationen
- Systeme zur Erzeugung geometrischer Informationen

Plang. u. Steuerg. techn. Konzept
- Klassische PPS (Montage synchrone MRP II PPS MONT OPT)
- Planung Steuerung (Dezentrale Werkstattsteuerung, Fortschrittszahlen, KANBAN, BOA)

Kommunikationstechn. Konzept
- Überbetriebliche Kommunikation (VDA, ODET, EDI, DFÜ, TE, FACT)
- Kommunikation in der Verwaltung (IS, Büro, TOP, PABX, LAN)
- Kommunikation in der Fertigung (Ethernet, Token Ring, MAP)

Rechnenintegrierte Produktion

Ist-Zustand aus wissenschaftlicher Sicht

Ist-Zustand aus gesamtwirtschaftl. Sicht

Ist-Zustand aus Informationstechn. Sicht

Ist-Zustand aus Anwendersicht

Ist-Zustand aus Herstellersicht

Abb. 1.4 Gesamtsicht der Arbeit

Damit werden die relevanten Entscheidungsfelder deutlich. Darüber hinaus werden aber auch Hinweise gegeben, um aus der Gesamtheit der vorgestellten Alternativen die für ein spezielles Unternehmen oder einen Unternehmenstyp geeigneten Alternativen zu ermitteln und so ein unternehmensspezifisches Rahmenkonzept erstellen zu können.

Dies geschieht im abschließenden 7. Kapitel, in dem die Vorgehensweise bei der Erstellung einer **unternehmensindividuellen** Rahmenkonzeption entwickelt wird. Dazu gehören die Entwicklung und Anwendung von Verfahren zur Analyse und entscheidungsorientierten Auswertung des CIM-Status einer Unternehmung, ebenso wie das betriebswirtschaftliche Instrumentarium zur Investitions- und Wirtschaftlichkeitsrechnung.

LITERATUR ZU KAPITEL 1

1. DIEBOLD (Hrsg.):
 Strategisches Informations-Portfolio;
 in: Diebold Management Report; Heft 8/9 (1987); S.2
2. IVES, B.; LEARMONTH, G.P.:
 The Information System as a Competitive Weapon;
 in: Communications of the ACM 27; No. 12 (1984); S. 1193-1201
3. PANSKUS, G.:
 Wie muß die Organisationsstruktur entwickelt werden, damit CIM eingeführt
 werden kann;
 in: PPS 86; Proceedings zur Tagung; veranstaltet vom Ausschuß für wirtschaftliche Fertigung (AWF) e.V.; 5.-7.11.1986 in Böblingen
4. WALLER, S.:
 Stand und Entwicklungstendenzen von CIM aus der Sicht eines Herstellers
 und Anwenders;
 in: HACKSTEIN, R. (Hrsg.); Einsatz neuer Technologien; Verlag TÜV Rheinland; Köln (1987); S. 36
5. SCHEER, A.-W.:
 CIM - Der computergesteuerte Industriebetrieb;
 3. Auflage; Springer Verlag; Berlin Heidelberg (1988); S. 163
6. WEGEHINGEL, F.:
 Auf die Marschrichtung kommt es an;
 in: Die Computer Zeitung; vom 2.12.87; S.22
7. DIN (Hrsg.):
 Normung von Schnittstellen für die rechnerintegrierte Produktion - Stan-
 dortbestimmung und Handlungsbedarf; DIN-Fachbericht 15; Beuth Verlag;
 Berlin Köln (1987); S. 42
8. LINDEMANN, V.:
 CIM erfolgreich einführen;
 in: MEGA; Franzis Verlag; München; Heft 1 (1986); S. 44-47
9. BALZERT, H.:
 Die Entwicklung von Software-Systemen;
 BÖHLING, K.H. et al. (Hrsg.); BI Wissenschaftsverlag; Mannheim Wien
 Zürich (1982); S. 15
10. WEDEKIND, H.:
 Die Entwicklung von Anwendungssystemen für DV-Anlagen;
 2. Auflage; Carl Hanser Verlag; München (1976); S. 17
11. WARNECKE, H.-J.:
 CIM - Brücke zwischen Fabrik und Büro;
 in: Office Management; FBO-Fachverlag; Baden Baden; Heft 9 (1987); S.8
12. BROMANN, P.:
 Erfolgreiches strategisches Informationsmanagement;
 Verlag Moderne Industrie; Landsberg/Lech (1987); S. 181
13. HURTMANNS, F.:
 CIM - Technische Zauberformel oder harte Organisationsarbeit;
 in: Office Management; FBO-Fachverlag; Baden Baden; Heft 9 (1987); S.26-31
14. SCHEER, A.-W.:
 Strategie zur Entwicklung eines CIM-Konzepts;
 Heft 51 der Veröffentlichungen des Institut für Wirtschaftsinformatik;
 Saarbrücken; Mai 1986; S. 3 f
15. WALLER, S.:
 Stand und Entwicklungstendenzen von CIM aus der Sicht eines Herstellers
 und Anwenders;
 in: HACKSTEIN, R. (Hrsg.); Einsatz neuer Technologien; Verlag TÜV Rheinland; Köln (1987); S. 36

16. SELIG, J.:
EDV-Management; Eine empirische Untersuchung der Entwicklung von Anwendungssystemen in deutschen Unternehmen;
Springer Verlag; Berlin Heidelberg (1986); S. 145 f
17. GUTENBERG, E:
Grundlagen der Betriebswirtschaftslehre; Band 1: Die Produktion;
24. Auflage; Springer Verlag; Berlin Heidelberg New York (1983); S. 368ff
18. PORTER, M.E.:
Wettbewerbsstrategie; Methoden und Analysen von Branchen und Konkurrenten; Übersetzt von BRANDT, V. und SCHWOERER, T.C.;
2. Auflage; Campus Verlag; Frankfurt (1984); S. 62
19. PORTER, M.E.:
Competitive Advantage; The Free Press; New York (1985)
20. ROCKHART, J.F.:
Current Uses of the Critical Success Factors Process;
in: Strategic Planning and Information Management Conference; Proceedings
of the Society for Information Management; New York (1982); S. 17-22
21. BULLINGER, H.-J.:
Einbettung von CIM-Konzepten in unternehmensweites Informationsmanagement;
in: BULLINGER, H.J. (Hrsg.); Kommtech 87 - Computer Integrated Manufacturing und Unternehmenslogistik; Online Verlag; Velbert (1987); Vortrag
10.1; S. 1
22. JELINEK, M.; GOLDHAR, J.D.:
The Interface between Strategy and Manufacturing Technology;
in: Columbia Journal of World Business; 18 (1983); S. 26-36
23. PORTER, M.; MILLAR, V.:
How Information gives you competitive advantage;
in: Harvard Business Review 63; Vol. 4 (1985); S. 149-160
24. SAVAGE, Ch. M. (Hrsg.):
A programm guide for CIM implementation;
Dearborn (1985); S. 11-18
25. SIMON, H.:
Management strategischer Wettbewerbsvorteile;
in: Zeitschrift für Betriebswirtschaft (ZfB) 58; Heft 4 (1988); S. 461-480
26. WISEMAN, C.:
Strategy and Computers: Information Systems as Competive Weapons;
Illinois (1985)
27. PORTER, M.E.:
Competitive Strategie;
The Free Press; New York (1980); S. 17

2. IST-ZUSTAND DER RECHNERINTEGRIERTEN PRODUKTION (CIM)

2.1 IST-ZUSTAND AUS WISSENSCHAFTLICHER SICHT

2.1.1 Begriffsbestimmung Integration

Schon in den 60er Jahren wurden Stimmen laut, die, wenn auch aus theoretischer Sicht, den Aufbau "Integrierter Informationssysteme" für die Produktion forderten, deren Realisierungsversuche jedoch als weitgehend gescheitert angesehen werden müssen. Als Gründe dafür sind die damals noch unzureichende Informationstechnologie und die mangelnde Bereitschaft zu strategischem Denken anzusehen. Es galt die Devise, überschaubare Einzellösungen zu schaffen, das Machbare möglichst schnell zu erreichen. Mittlerweile sind viele dieser Insellösungen im Einsatz und damit erneut das Problem aktuell, sie zu einheitlichen "integrierten" Informationssystemen zu verbinden.

Bevor im einzelnen auf die Gründe für das Vorantreiben der Integration von rechnergestützten Systemen eingegangen wird, soll zunächst der Begriff **Integration** selbst definiert und abgegrenzt werden.

Aus soziologischer Sicht betrachtet, bedeutet der Begriff "allgemein den Prozeß des Zusammenschlusses von Teilen zu einer Gesamtheit im Gegensatz zu additiven Lösungen" (BERNSDORF[1]).
Neben dieser den Prozeßcharakter der Integration betonenden Sichtweise, schließt für LAWRENCE/LORSCH[2] Integration darüber hinaus auch den jeweils erreichten Zustand und die dafür erforderlichen Instrumente mit ein. Diese Definition steht stellvertretend für eine ganze Reihe weiterer organisationstheoretisch ausgerichteter Literatur (vgl. FRESE[3]). In dieser sind Organisationen im wesentlichen durch die in ihnen handelnden Personen und ihre Beziehungen untereinander bestimmt. Eine Einbeziehung des Menschen in die Definition zur EDV-Integration findet sich z.B. bei LEHMANN[4]. Derartige Definitionen versuchen, der Wichtigkeit des Menschen für die Effizienz der gesamten EDV (vgl. HACKSTEIN[5]) Rechnung zu tragen.

Die Bedeutung des Menschen tritt jedoch bei der Integration von rechnergestützten Systemen in den Hintergrund. Die mit der Integration gewünschte Verknüpfung von Aufgaben und Arbeitsgebieten durch die automatische Übergabe von Daten wird dann mehr zu einem Hardware- und vor allem Software-technischen Problem. Autoren, die diese Auffassung vertreten, verstehen Integration als bloße Verbindung der einzelnen Teilsysteme ohne manuelle Eingriffe.

Konkreter auf CIM bezogen ist das Verständnis des Integrationsbegriffes bei GEITNER[6], der fordert, daß "alle Eingaben, welcher Art auch immer, in allen (Teil-)systemen nur einmal vorgenommen werden dürfen. Das wiederum bedeutet, daß den Systemen zumindest in der groben Philosophie die gleichen konzeptionellen Modelle zugrunde liegen müssen."

Dies kommt auch den Ausführungen von SCHEER[7] am nächsten, der den o.g. Sachverhalt als **Datenintegration** bezeichnet. Statt der im Zeitalter des Taylorismus entstandenen hohen funktionalen Arbeitsteilung und der damit verbundenen nur der jeweiligen Teilaufgabe zugeordneten Datenbasis (Dateien), fordert er den Aufbau einer gemeinsamen Datenbasis (Datenbank) für den Gesamtablauf einer Bearbeitung. Sie soll es ermöglichen, daß "Informationen, die an einer Stelle einer Ablaufkette anfallen und in die Datenbasis eingestellt werden, sofort auch an allen beteiligten Stellen zur Verfügung stehen". Hinzu kommt aber nach SCHEER ein zweiter Effekt, die **Vorgangsintegration**. Sie besagt, daß durch die heute zur Verfügung stehende Informationstechnologie, die Fähigkeiten des Menschen zur Bewältigung komplexer Arbeitspakete so erweitert werden können, daß die Gründe, die früher zu einer konsequenten Arbeitsteilung führten, abgeschwächt werden.

2.1.2 Begriffsbestimmung CIM

Die Geschichte des CIM-Begriffes ist noch nicht alt. Die Diskussion in der Bundesrepublik Deutschland begann Anfang der 80iger Jahre. Allererste Ansätze gab es bei MBB (Messerschmid Bölkow Blohm), wo man den Begriff CIAM (Computer Integrated Automated Manufacturing) begründet hat. Man könnte glauben, CIM sei zu diesem Zeitpunkt erfunden worden.

In Wirklichkeit schrieb J.HARRINGTON[8] sein Buch "Computer Integrated Manufacturing" bereits Anfang der 70iger Jahre. Es erschien 1973. In diesem Buch sah er sehr klar die Entwicklung voraus, die erst 10 Jahre später vehement einsetzen sollte. Als CIM-Bestandteile führte er auf:

O Rechnerunterstütztes Konstruieren
O Rechnerunterstützte Maschinen und Fertigungsanlagen

O Rechnerunterstützte Materialwirtschaft
O Rechnerunterstützte Produktionsprogramm-Erstellung
O Rechnerunterstützte Qualitätskontrolle.

Als Ziel forderte er, alle diese als Insellösungen realisierbaren Funktionen aufeinander abzustimmen und letztendlich zu integrieren. Damit sollte der Material- und Informationsfluß über alle betrieblichen Funktionen zum Ausgleich gebracht werden.

Die ersten Veröffentlichungen zu CIM in der deutschsprachigen Literatur waren am Anfang wenig einheitlich. Diese noch fehlende Einheitlichkeit der Definitionen resultierte aus den unterschiedlichen Interpretationsansätzen (technisch oder betriebswirtschaftlich) und aus dem unterschiedlichen Differenzierungsgrad der Betrachtung.

2.1.2.1 Ansätze

Eine der ersten Umschreibungen von CIM im deutschsprachigen Raum stammen von LEDERER und MAIER-ROTHE. Sie stellen das koordinierte Anwenden moderner Rechnertechnologien in den Vordergrund.
LEDERER[9] versteht unter CIM den "koordinierten Einsatz moderner Computertechnologie zur flexiblen Automation des gesamten Produktionssystems in einem Unternehmen".
Nach MAIER-ROTHE[10] ist CIM das "gezielte und koordinierte Anwenden moderner Computertechnologie zur Automation des Produktionssystems, das praktisch alle Bereiche durchdringt". Zu den einzelnen rechnergesteuerten Komponenten im integrierten Produktionssystem zählt MAIER-ROTHE CAD- und CAM-Systeme, Testautomaten, Prozeßsteuerungssysteme, Roboter, Flexible Fertigungssysteme, automatische Lager- und Transportsysteme und Informationssysteme für die Planung und Kontrolle der Produktion. Damit umreißt er alle technischen Bereiche von der Entwicklung und Konstruktion über die Arbeitsvorbereitung und Fertigung, Vor- und Endmontage bis zur Qualitätssicherung, einschließlich der technischen Dokumentation.

Neben diesen sehr breit und heterogen gehaltenen Ausführungen, ist die frühe CIM-Definition von SPUR[11], obgleich sehr differenziert ausgeführt, ein Beispiel für einen eingeschränkten Komponenten- und Funktionsumfang. Er reduziert den Funktionsumfang von CIM auf die rechnerunterstützte Fertigung.

Andere Bereiche treten in den Hintergrund. "Die höchst integrierte Stufe CIM bedeutet die Kombination von Hardware, Software und Kommunikationssystemen mit dem Ziel

O der automatischen Fertigung eines variablen Produktionsprogrammes bei direkter Rechnersteuerung,
O einer kontinuierlichen Optimierung der Fertigungssteuerung und Ablaufplanung,
O einer direkten Regelung des Materialflusses und der Bearbeitungsoperationen sowie
O einer dynamischen Bereitstellung, Koordination und Zuweisung aller zu disponierenden Fertigungsmittel, wie z.B. von Materialien, Werkzeugen und Werkzeugmaschinen, sowie von Transport-, Spann- und Prüfmitteln".

GRABOWSKI[12] übersetzt CIM allein mit "Rechnerunterstütztem Konstruieren und Fertigen". Inwieweit hier der produktionsplanende Teil (PPS) mit eingeschlossen ist, wird auch nicht durch den Zusatz - CIM "Begriff für den übergreifenden, integrierten Rechnereinsatz für alle Aufgaben zur Entwicklung, Konstruktion und Produktion von Produkten" - deutlich.

MAJOR[13] läßt den betriebswirtschaftlich-planerischen Teil (PPS) explizit aus seiner CIM-Definition heraus. Für ihn besteht die rechnerintegrierte Produktion lediglich aus dem Verbund von CAD und CAM.

Zur Lösung der damals noch nicht geklärten Definitionsfrage versucht FÖRSTER[14], Grundlagen für die notwendige, allgemeingültige CIM-Definition zu schaffen. Er trennt eindeutig zwischen den "unabdingbaren Kernelementen der rechnerintegrierten Produktion und den sie ergänzenden Nebenelementen". Dabei läßt er durch seine Dreiteilung in die Teilsysteme CAD, CAM und PPS keinen Zweifel daran, daß beim integrierten EDV-Einsatz zur Produkterstellung die Bedeutung der organisatorischen Planung und Steuerung (PPS) - im Gegensatz zu MAJOR - nicht übersehen werden darf.

Beim CAD liegt der Aufgabenschwerpunkt in der Geometrieverarbeitung, während CAM die "physikalischen Effekte" wie z.B. Handhaben, Zerspanen etc. in den Vordergrund stellt. Die PPS-Systeme schließlich sind nicht direkt am Herstellungsprozeß beteiligt, sondern bewältigen die erforderliche Planung, Veranlassung und Überwachung.

16

Bereits 1983 hatte SCHEER den gleichen Sachverhalt in eingängiger Form in
einer "Y-Darstellung" visualisiert. Dort werden der CIM-Funktionsumfang in
zwei Äste, einen primär betriebswirtschaftlich planerischen (PPS) und einen
primär technischen aufgespalten und bereits die einzelnen Teilkomponenten
exakt bezeichnet.

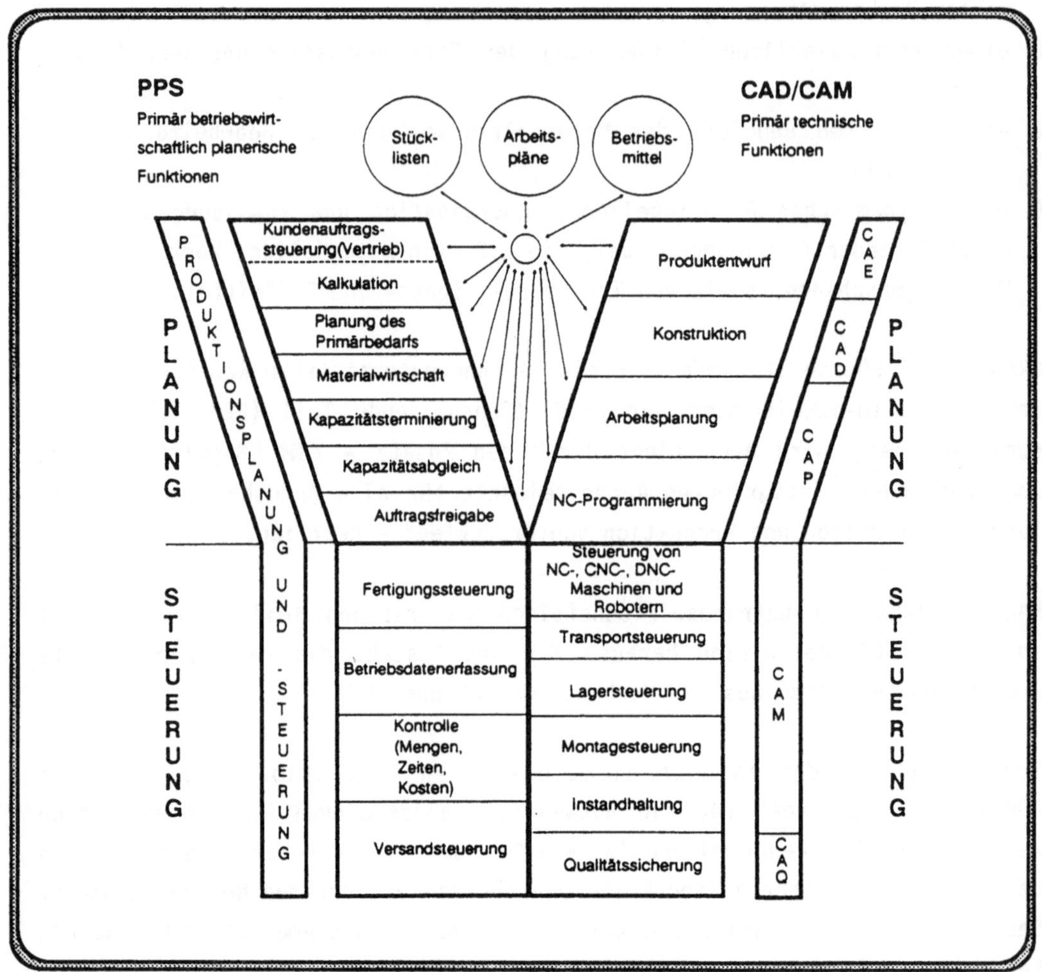

Abb. 2.1 "Y"-Darstellung von CIM (Quelle: SCHEER[15])

Die Aufteilung nach SCHEER hat mehrere Vorteile. Sie trägt der historischen
Entwicklung der Einzelsysteme (PPS, CAD/CAM) in Wissenschaft und Praxis
Rechnung, die bisher weitgehend getrennt verlaufen war. Die voneinander
isolierten Entwicklungen sind jedoch nicht zufällig erfolgt, sondern zum
großen Teil auch sachlich bedingt.

Die geteilte Sichtweise spiegelt aber auch die Situation bei Anbietern und Anwendern wieder, die derzeit von einem der Teilsysteme ausgehend, den Blick auf einen integrierten EDV-Einsatz werfen.

Darüberhinaus wird in der Darstellung nicht nur eine Aufzählung der Teilgebiete vorgenommen, sondern es wird auch der logische Ablauf und das Gewicht der Teilgebiete zueinander deutlich.

2.1.2.2 Konsens

Der Diskussion über Definitionen und Inhalte im CIM-Bereich wurde 1985 durch die Empfehlung des Ausschusses für Wirtschaftliche Fertigung e.V. (AWF[16]) ein vorläufiges Ende gesetzt. Die Empfehlung erhebt "keinen Anspruch auf Vollständigkeit", soll aber "als Richtlinie dienen", um "bestehende Sprachverwirrungen zu entzerren".

Danach beschreibt "CIM den **integrierten** EDV-Einsatz in **allen** mit der Produktion zusammenhängenden Betriebsbereichen. CIM umfaßt das informationstechnologische Zusammenwirken zwischen CAD, CAP, CAM, CAQ und PPS" (vgl. Abb. 2.2). Hierbei soll die "Integration der technischen und organisatorischen Funktionen zur Produkterstellung erreicht werden. Dies bedingt die gemeinsame bereichsübergreifende Nutzung einer Datenbasis."

Der Empfehlung des AWF zufolge besteht CIM aus zwei Hauptgebieten (PPS und CAD/CAM).

Unter Produktionsplanung und -steuerung (PPS) wird der "Einsatz rechnerunterstützter Systeme zur **organisatorischen** Planung, Steuerung und Überwachung der Produktionsabläufe von der Angebotsbearbeitung bis zum Versand unter Mengen-, Termin- und Kapazitätsaspekten" verstanden.

Der Sammelbegriff CAD/CAM "beschreibt die Integration der **technischen** Aufgaben zur Produkterstellung und umfaßt die EDV-technische Verkettung von CAD, CAP, CAM und CAQ. Auf der "Basis der im CAD erzeugten digitalen Objektdarstellung werden im CAP Steuerinformationen erzeugt, die im CAM zum automatisierten Betrieb der Fertigungseinrichtungen eingesetzt werden. Entsprechende Angaben werden im Rahmen des CAQ für Meß- und Prüfeinrichtungen durchgeführt." CAD/CAM umfaßt hier weit mehr als die in der Literatur oft behandelte Verbindung von CAD und NC-Programmierung.

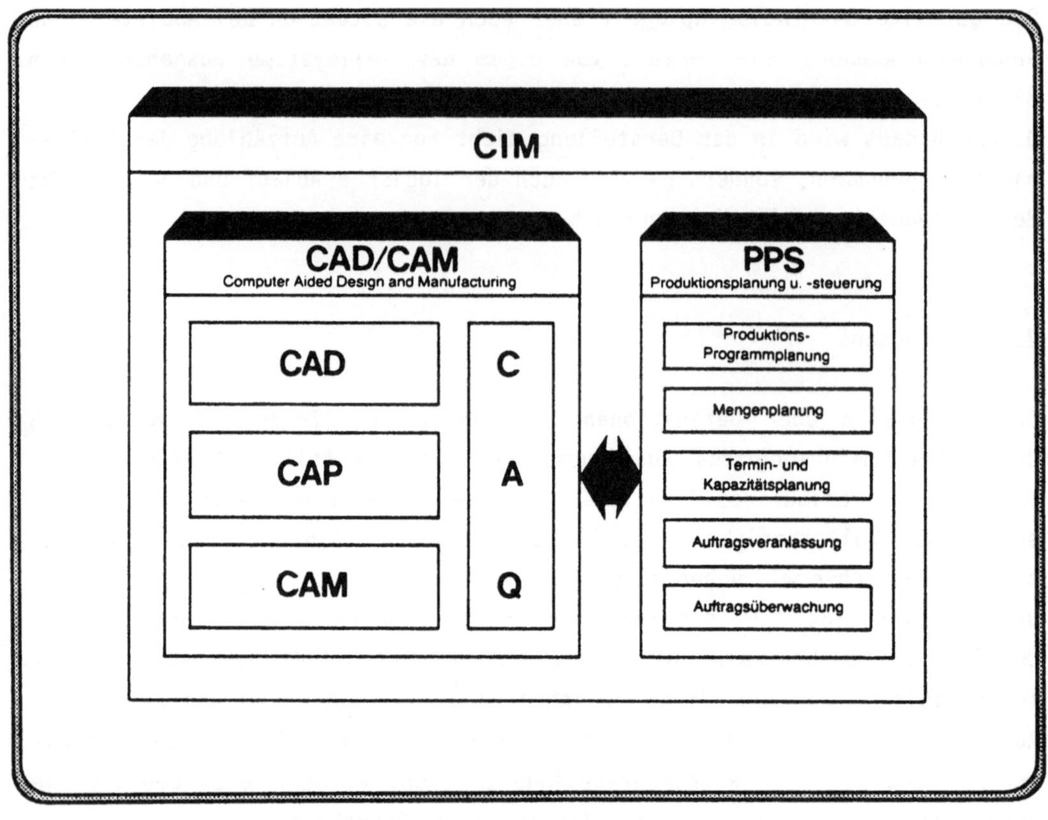

Abb. 2.2 Begriffsdefinition CIM (Quelle: AWF[17])

CIM = Computer Integrated Manufacturing
    = Rechnerintegrierte Produktion
CAD = Computer Aided Design
    = Rechnerunterstützter Entwurf und rechnerunterstützte Konstruktion
CAP = Computer Aided Planning
    = Rechnerunterstützte Arbeitsplanung
CAM = Computer Aided Manufacturing
    = Rechnerunterstützte Fertigung
CAQ = Computer Aided Quality Assurance
    = Rechnerunterstützte Qualitätssicherung

Nicht aufgeführt ist hier ein weiterer Begriff CAE (Computer Aided Engineering = Computerunterstützte Ingenieurtätigkeiten), der allerdings von den Autoren unterschiedlich gesehen wird. So ist für SCHEER[18] CAE eine eigenständige Komponente, für WALLER[19] die Zusammenfassung von CAD und CAP und für GEITNER[20] gar die Zusammenfassung von CAD, CAP und CAQ.

2.1.2.3 Erweiterungen

Obgleich sich CIM in dem bisher geschilderten Funktionsumfang heute noch einer allen Integrationskriterien genügenden Form der Realisierung entzieht, existieren bereits noch umfassendere Konzeptionen.

So werden unter dem Schlagwort CAI (Computer Aided Industry), das von der Firma SIEMENS geprägt wurde, zusätzlich die administrativen Systeme zur Lohn- und Gehaltsabrechnung sowie zur Kostenrechnung und Finanzbuchhaltung mit ihren Daten- und Funktionsschnittstellen aufgeführt.

Andere Autoren, stellvertretend sei hier BULLINGER et al.[21] genannt, haben den Begriff Computer Integrated Business (CIB) geprägt.

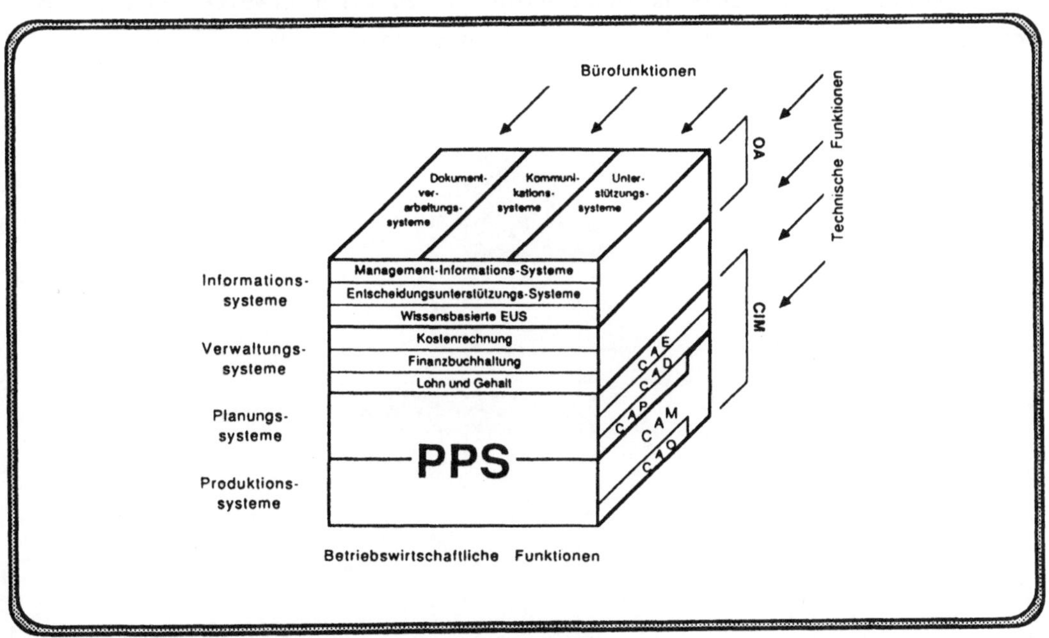

Abb. 2.3 Spektrum technischer Unterstützungssysteme
(Quelle: BULLINGDER et al.[22])

Zusätzlich zu den bereits unter CAI aufgeführten Verwaltungssystemen werden

O Management-Informations-Systeme (MIS = Management Information System),
O Entscheidungsunterstützungs-Systeme (DDS = Decision Support System)
  oo Konventioneller wie
  oo wissensbasierter Art

ebenso aufgeführt, wie

O Informationssysteme zur Unterstützung von Büroprozessen, zu denen

  oo Dokumentationssysteme zur Text- und Graphikerstellung,

  oo Elektronic-Mail-Systeme und

  oo Unterstützungssysteme wie Kalendermanagement, Dictionaries, Kalkulationsprogramme, Projektmanagementsysteme etc.

zu zählen sind (vgl. Abb. 2.3). Die Hauptaufgabe dieser Systeme zielt auf die Unterstützung von Dokumentverarbeitungs-, Kommunikations-, Planungs- und Informationsfunktionen im Bürobereich ab und wird von manchen Autoren (vgl. KRALLMANN[23]) als CAO (Computer Aided Office) bezeichnet.

Die Einbeziehung der Logistik führt ebenfalls zu einer Erweiterung der CIM-Konzeption, wofür es allerdings noch keinen eigenen CAx-Begriff gibt.

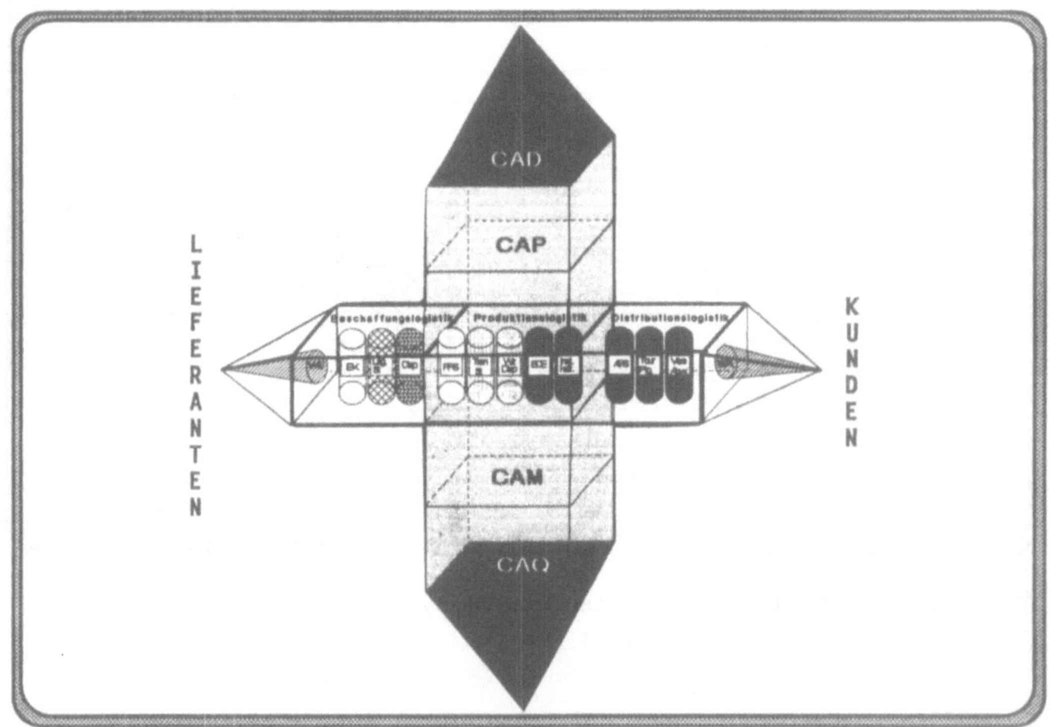

Abb. 2.4 Zusammenspiel von Logistik- und CIM-Systemen

Die Aufgabe der Logistik ist die Optimierung des Materialflusses unter einem ganzheitlichen Ansatz von der Beschaffung über die Produktion bis zum Absatz. Dabei überschneidet sie sich, wenn es um die Planung, Gestaltung und DV-technische Begleitung der Transportkette geht, mit Komponenten der gängigen CIM-Struktur. Dies gilt insbesondere dort, wo die Disposition der Materialflüsse und deren Abwicklung durch ein rechnergestütztes Informationssystem gesteuert werden, also im dem PPS- und CAM-Teil.

Somit entsteht aus der Verbindung des produktionsorientierten Gestaltungs- und Herstellungsprozesses mit der mehr kundenorientierten Logistik eine, über die gängige CIM-Komplexität hinausgehende Vielfalt gegenseitiger Abhängigkeiten. Erste Ansätze hierzu werden von MAIER-ROTHE[24], HANDKE[25], STENZEL[26] und ROY[27] (vgl. Abb. 2.4) vertreten.

2.2 IST-ZUSTAND AUS GESAMTWIRTSCHAFTLICHER SICHT

Die Wettbewerbssituation eines Unternehmens wird nicht mehr ausschließlich durch den technischen Stand seiner Produkte, sondern zunehmend durch eine flexiblere Reaktion und Anpassungsfähigkeit an veränderte Marktanforderungen bestimmt (vgl. BULLINGER[28]). Dies führt dazu, daß der Unternehmenserfolg wesentlich davon abhängt, in wieweit es gelingt, die internen Einflußfaktoren in den Rahmen externer Bedingungen einzupassen. Die externen Bedingungen sind u.a. durch folgende Faktoren determiniert:

O Abflachung und Verschiebung der Nachfrage

Der Rückgang der Bevölkerungszahlen in den westlichen Industrienationen und die Stagnation der Anzahl der Privathaushalte schränken die quantitativen Wachstumsmöglichkeiten des privaten Verbrauchs und des Infrastrukturbedarfs ein. Darüber hinaus läßt das hohe Wohlstands- und Ausstattungsniveau im privaten wie im öffentlichen Bereich den Bedarf an langlebigen Konsumgütern und Ausrüstungsinvestitionen entweder auf den Ersatzbedarf zurückgehen, oder verschiebt ihn zugunsten höherwertiger Ausstattungen.

O Wandlung der Marktstruktur vom Verkäufer- zum Käufermarkt (vgl. WÖHE[29])

Diese Veränderung zeigt sich u.a. dadurch, daß der Kunde heute in zunehmendem Maße Aufbau und Gestaltung eines Erzeugnisses mitbestimmt. Dies tut er auch häufig dann noch, wenn das Erzeugnis bereits in Arbeit ist (vornehmlich in der Einzelfertigung).

Dabei schrumpft die dem Hersteller zugestandene Lieferzeit immer stärker zusammen. Welche Bedeutung dabei der Termintreue als verkaufpolitisches bzw. preisbildendes Argument zukommt, ist aus der Tatsache ersichtlich, daß viele Kunden die Zusage und Einhaltung einer kürzeren als der üblichen Lieferzeit mit um 10% bis 15% höheren Preisen honorieren.

O Internationaler Verdrängungswettbewerb

Die Öffnung der Märkte und die steigende Internationalität im Warenverkehr haben dazu geführt, daß die inländischen Unternehmen nichtmehr nur untereinander, sondern zunehmend auch zu internationalen Mitbewerbern in Konkurrenz stehen. So treten immer häufiger neue fortschrittliche Industriegesellschaften (wie Japan) oder Schwellenländer (wie Taiwan und Korea) auf, denen es auf vielen Gebieten gelungen ist und wohl auch in Zukunft gelingen wird, wissenschaftliche Erkenntnisse innerhalb kurzer Zeit in marktgängige Produkte umzusetzen. Waren diese Länder vor Jahren wegen der geringen Lohnkosten lediglich billige Produktionsstätten westlicher Industrienationen, in denen vergleichsweise minderwertige Massenprodukte produziert wurden, haben sie sich in der Zwischenzeit emanzipiert und bieten heute auch hochwertige Investitionsgüter wie z.B. Mikrocomputer, Roboter und flexible Fertigungsanlagen an, die denen westlicher Herkunft durchaus ebenbürtig sind.

O Steigende Kosten

An der Tendenz steigender Kosten sind die Personalkosten sehr wesentlich beteiligt. In den Industrienationen ist dies hauptsächlich bedingt durch die soziale Absicherung der Arbeitnehmer und die Arbeitszeitverkürzung. Daneben spielt aber auch die weltweite Verteuerung und Verknappung der Rohstoffe eine nicht unbedeutende Rolle, die ebenso wie die gestiegenen Personalkosten zu einer Verteuerung der Investitionsgüter führen. Letzlich müssen auch die gestiegenen Entwicklungskosten für Neuprodukte genannt werden, die durch eine größere Produktkomplexität bei gleichzeitiger Verringerung der Entwicklungszeiten bedingt sind.

O Erhöhung der Innovationsgeschwindigkeit

Die bereits aufgeführten Rahmenbedingungen, nämlich abflachende Nachfrage, zunehmender Wettbewerbsdruck und steigende Kosten, aber auch neue technologische Möglichkeiten (neue Fertigungstechniken, neue Werkstoffe) zwingen die Unternehmen, neue kundengerechte Produkte in immer kürzeren Zyklen zu entwickeln. Diese Tatsache ist Chance und Herausforderung zugleich. In welcher Relation sich die Innovationszeiten dabei verkürzt haben, zeigt die nachstehende Abbildung.

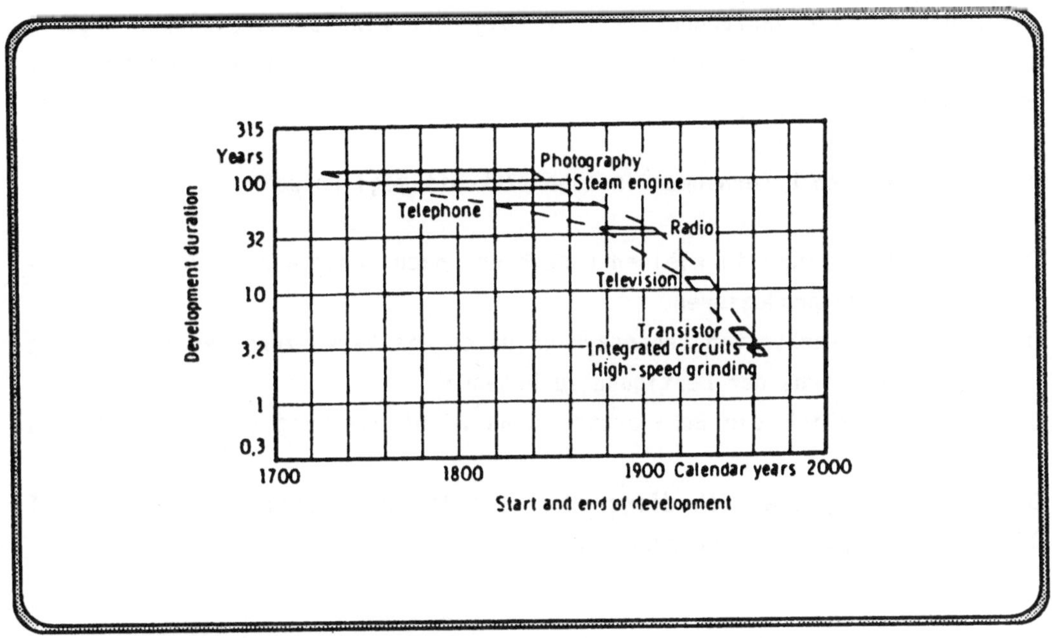

Abb. 2.5 Beispiel für Innovationszeiten (Quelle: BULLINGER/LENTES[30])

Diesen überwiegend negativ zu wertenden Einflußgrößen des betrieblichen Umfeldes gilt es entgegenzuwirken. Dabei kann die Informationstechnologie einen erheblichen Beitrag leisten, kommen hier doch zwei positive Tendenzen zusammen, denen letztendlich auch CIM seine Entstehung und Bedeutung verdankt:

DIE STÄNDIGE VERBILLIGUNG DER RECHNERLEISTUNG UND
DIE STÄNDIGE VERBESSERUNG DER QUALITATIVEN PROBLEMLÖSUNGSKAPAZITÄT DER EDV.

Die Entwicklung läßt sich in mehrere Phasen unterteilen:

In einer **ersten Phase** war Computerleistung überwiegend zentral orientiert und wurde zur Bearbeitung reiner Massenvorgänge (Batch-Verarbeitung) eingesetzt.

In einer **zweiten Phase**, die heute in fortschrittlichen Unternehmen nahezu abgeschlossen ist, wurde jeder Arbeitsplatz bzw. jede Funktion und wo möglich auch jedes Fertigungsmittel im Unternehmen mit Rechnerleistung versehen. Dabei wurde ausschließlich Wert auf eine optimale Erfüllung der jeweiligen isolierten Anwendung gelegt.

Die **dritte Phase** ermöglicht es nun, da die verbesserte Problemlösungskapazität der EDV zur Verfügung steht, erfolgreich neue Strategien zur organisatorischen und fertigungstechnischen Abwicklung der Unternehmensvorfälle zu verfolgen.

Damit wird es den Unternehmen in naher Zukunft möglich sein,

O ihre Produkte auch in kleinen Losgrößen, nach Kundenwunsch und doch kostengünstig zu produzieren,

O dem Trend zu verkürzten Lebenszyklen durch die Verkürzung der Entwicklung und des Anlaufens der Fertigung zu begegnen,

O so daß letztlich die Behauptung, wenn nicht Stärkung der Marktposition die Folge ist.

Die Unternehmen, die sich dieser Herausforderung verschließen, werden auf längere Sicht vom Markt verschwinden.

2.3 IST-ZUSTAND AUS INFORMATIONSTECHNISCHER SICHT

Auch wenn an dieser Stelle kein umfassender Überblick über alle Entwicklungen auf dem sehr dynamischen Feld der Informationstechnologie gegeben werden kann, sollen doch die für diese Arbeit relevanten Trends kurz aufgezeigt werden.

2.3.1 Trend zu Multiprocessor/Multicomputer-Systemen

Beschäftigt man sich heute mit innovativen Hardwarearchitekturen, trifft man wohl am häufigsten auf den Begriff **"Parallelverarbeitung"**. Darunter wird verstanden, daß innerhalb eines Rechners statt eines Processors, mehrere Processoren (teilweise sogar komplette Zentraleinheiten) parallel eingesetzt werden, die über spezielle Systembusse untereinander und mit dem Hauptspeicher verbunden sind.

Die Anzahl der in den unterschiedlichen Systemen verwendeten Processoren ist dabei sehr unterschiedlich. Sie beträgt zwischen zwei (z.B. IBM 3090 Modell 200) und mehreren Hundert (z.B. 512 beim System IBM RP-3), wobei der erste zusätzliche Processor den größten Nutzenzuwachs bringt, dann aber wegen des zusätzlichen internen Verwaltungsaufwandes mit jedem weiteren Processor geringer wird.

Mit diesem Konzept werden im wesentlichen zwei Zielsetzungen verfolgt. Die erste und wichtigste ist, die nach dem "von Neumann-Konzept" geprägte sequentielle Verarbeitung von Daten, durch eine parallele und damit schnellere Verarbeitung zu ersetzen. Dabei ist die Idee, ein Programm in mehrere parallele Verarbeitungszweige aufzuspalten und diese von mehreren Processoren zeitlich parallel abarbeiten zu lassen, schon sehr lange bekannt, aber erst durch die Miniaturisierung der Bauteile und deren kostengünstige Produktion technisch und wirtschaftlich sinnvoll realisierbar.

Das zweite Ziel besteht in der Fehlertoleranz, die insbesondere in fertigungsnahen Umgebungen immer wichtiger wird, bspw. in der Prozeß- und Lagersteuerung. Im Normalfall arbeiten alle Systemteile eines solchen Multicomputers unter der Leitung des Masterprocessors (Messageprocessors) an verschiedenen Teilaufgaben eines oder mehrerer Programme. Fällt nun einer der Processoren aus, lenkt der Masterprocessor die Teilaufgabe, die der defekte Processor bearbeiten sollte an einen anderen Processor weiter, der diese fast nahtlos übernimmt. Damit fällt zwar die maximale Verarbeitungskapazität ab, das Gesamtsystem bleibt aber weiterhin funktionsfähig.

Um auch Ausfälle der Peripherie zu vermeiden, die noch weitaus häufiger vorkommen als Ausfälle der Zentraleinheit, werden bei diesen Systemen bspw. die Stromversorgung und die Plattenspeicher doppelt ausgelegt. Alle Daten werden redundant auf jeder Platte gehalten, damit bei Ausfall einer Komponente der Systembetrieb übergangslos aufrecht erhalten werden kann. Man bedenke bspw. die Folgen, wenn die Informationen über Lagerbestände und Lagerorte eines komplexen Hochregallagers durch Ausfall einer Platte verloren gingen.

2.3.2 Trend zu relationalen Datenbanksystemen

Vereinfacht kann man Philosophien, nach denen Datenbanksysteme aufgebaut und verwaltet werden, in strukturierte und lineare Datenmodelle unterteilen. Datenbanksysteme, die auf strukturierten Datenmodellen basieren, werden seit Anfang der 70er Jahre für den kommerziellen Einsatz angeboten.

Die erste Generation der hierarchischen Datenbanksysteme wie IMS und DL/1 von IBM wurden in der zweiten Hälfte der 70er Jahre technisch von den Vertretern des Netzwerkmodells (bspw. UDS von Siemens, IDMS von Cullinet,..) überholt. Seit der Ankündigung von IBM im Jahre 1982, mit SQL/DS ein relationales Datenbanksystem (DBS) anzubieten, hat das Interesse an relationalen Datenbanken, denen das lineare Datenmodell zugrunde liegt, zugenommen. Heute existiert bereits eine ganze Reihe marktgängiger Produkte wie ADABAS (Software AG), DB2 (IBM), ORACLE (Oracle Corp.), SESAM (Siemens) um nur einige zu nennen.

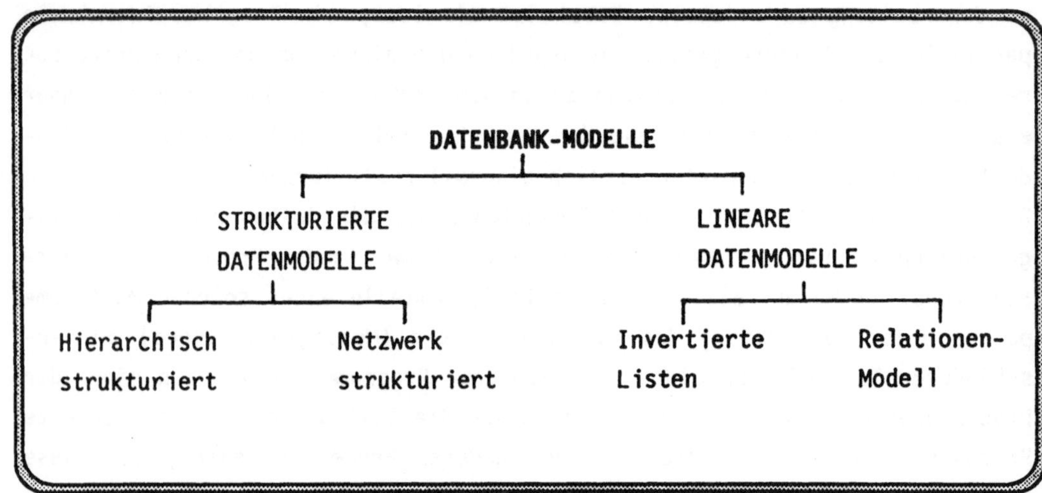

Abb. 2.6 Typologie von Datenbank-Modellen

Hinter dem Begriff "lineares Datenmodell" steht der mathematische Ansatz, daß Daten mit einfachen Mengenoperationen zuverlässig bearbeitet werden können, wenn sie als überschneidungsfreie Mengen - dies wird als normalisiert bezeichnet - vorliegen. Anders als bei strukturierten Datenmodellen werden sie ohne Berücksichtigung einer Beziehungsstruktur zwischen den Informationsklassen als einfache Tabellen (linear) gespeichert. Erst im Bedarfsfalle werden sie mittels mächtiger, nicht-prozeduraler Anweisungen selektiert und anwendungsbezogen kombiniert, die als Relationenalgebra bezeichnet werden (vgl. CODD[31]). Allerdings unterstützen die derzeit marktgängigen Systeme die Anforderungen wie sie durch

O CAD/CAM-Objekte im technischen Bereich,
O die gleichzeitige Verarbeitung von Texten, Bildern und Formularen im Bürobereich und
O Wissensrepräsentationskonstrukte im KI-Bereich

gestellt werden nur in unzureichendem Maße. Aus diesem Grunde verstärkt sich die Forschung nach neuen oder erweiterten Datenbanken, die in der Lage sind, den Ansprüchen im "Nicht Standard"-Bereich gerecht zu werden.

Die sog. NF^2 (Non First Normal Form)-Datenbanken verteilen die Daten eines komplexen Objektes (z.B. einer Konstruktionszeichnung) nicht auf eine große Anzahl von Relationen wie das normalisierte Relationenmodell, sondern erhalten es in seiner Einheit, was einen besonders effizienten Zugriff erlaubt. Dazu lassen sie als Attribute einer Relation - im Gegensatz zu herkömmlichen relationalen Datenbanksystemen - mehrwertige Felder und Relationen zu (vgl. WAHLSTER[32]). Erste Prototypen wurden z.B. von IBM entwickelt[33].

Eine zweite Weiterentwicklung auf diesem Gebiet sind **Deduktive Datenbanken**. Darunter werden relationale Datenbanken mit einer Ableitungskomponente verstanden (vgl. KÜSPERT[34]). Sie enthalten Daten und Regeln, mit denen im Bedarfsfalle auch Daten, die nicht explizit in der Datenbasis gespeichert sind, abgeleitet werden können. Den Vorteilen höherer Flexibilität und geringeren Speicherplatzbedarfes steht ein erhöhter Rechenzeitbedarf gegenüber, der durch das Auswerten der Regeln bedingt ist. Ein Prototyp einer deduktiven Datenbank wurde von der Firma Relational Technology[35] unter dem Namen POSTGRES entwickelt, der eine Erweiterung des Datenbanksystems INGRES darstellt und eine deduktive Komponente enthält.

2.3.3 Trend zu verteilten Systemen

Der Punkt "verteilte Systeme" hat mehrere Aspekte. Eine Facette sind **verteilte Rechnersysteme** und damit verbunden **verteilte Anwendungssysteme**. Hierunter wird die Tatsache verstanden, daß statt der früher üblichen Abwicklung aller EDV-gestützten Funktionen auf einem zentralen HOST-System (Mainframe), heute eine aufgabenspezifische Auslegung von Rechnersystemen und Anwendungssoftware verfolgt wird. Dabei stehen den Vorteilen einer optimalen Auslegung der Systeme erhöhte Kommunikations- und Datenintegritätsprobleme gegenüber (vgl. DEMMER[36]).

Ein Beispiel hierfür ist der Einsatz von Personalcomputern, die für spezielle Aufgaben und oft unabhängig von der sonstigen Hardwareinfrastruktur eines Unternehmens vom Endbenutzer eingesetzt werden.

Die unbestrittenen Vorteile des Personal Computing, d.h. des problemlosen Anlegens, Verwaltens sowie der Verarbeitung eigener Datenbestände durch den Endanwender, sind nur dann auch für das Gesamtsystem wirkungsvoll, wenn eine Integration der Ergebnisse in das übergeordnete System erfolgt. Daher lautet die Forderung, Hardware so zu gestalten, daß für alle zentralen wie dezentralen (verteilten) Anwendungen ein einziges Endgerät ausreicht.

Eine weitere Facette sind **verteilte Datenbanken** (vgl. MEYER-WEGENER[37]). Um unternehmensweit konsistente Datenbestände gewährleisten zu können, müssen Informationen zunehmend nicht nur lokal sondern auch standortübergreifend und damit auch über Hard- und Softwaregrenzen hinweg, verfügbar gemacht werden. Damit werden Datenbanksysteme erforderlich, die unter Nutzung eines Rechnerverbundsystems (Rechnernetz) in der Lage sind, einen über mehrere Computersysteme verteilten, logisch integrierten Datenbestand (Datenbasis), koordiniert zu verwalten.
Auf die verteilten Systemen zugrundeliegenden Rechnernetze, wird - ihrer generellen Bedeutung wegen - in einem eigenen Kapitel (Kap. 6) eingegangen.

2.3.4 Trend zu Standard-Betriebssystemen - insbesondere UNIX

Untersuchungen von IDC zufolge wird sich der heute noch stark zersplitterte Markt von Betriebssystemen in der nahen Zukunft auf im wesentlichen sechs Systeme reduzieren. Bei den Großsystemen werden sich MVS und VM in der "IBM-Welt" und VMS bei Digital Equipment (DEC)-Anwendern durchsetzen. Alle anderen Hardware-Hersteller werden auf UNIX als offenen Standard setzen müssen, wenn sie sich gegen die Übermacht von IBM und DEC durchsetzen wollen.

Auf der PC-Ebene wird sich, ebenfalls bedingt durch die Marktmacht von IBM, neben dem heute schon weit verbreiteten (Microsoft) MS-DOS auch OS/2 (Operating System /2) durchsetzen. Daneben wird es UNIX auch auf der PC-Ebene geben, so daß diesem Betriebssystem insgesamt gesehen, das größte Wachstum vorhergesagt werden kann.

Die immer stärker werdende Verbreitung von UNIX ist dabei auf eine Reihe von Vorteilen zurückzuführen, die in ihrer Gesamtheit selbst bei Mainframe-Betriebssystemen nicht zu finden ist. Die größte Stärke ist die **Portabilität.**

UNIX ist in der höheren Programmiersprache "C" geschrieben und läßt sich daher sehr schnell auf Rechner mit moderner Hardwaretechnologie unterschiedlicher Größenordnung und Architektur portieren. Die Spannweite reicht von Personalcomputern bis zu Mainframes. Die leichte Portierbarkeit gilt in gleichem Maße auch für Anwendungssysteme, die unter UNIX in einer Hochsprache geschrieben sind.

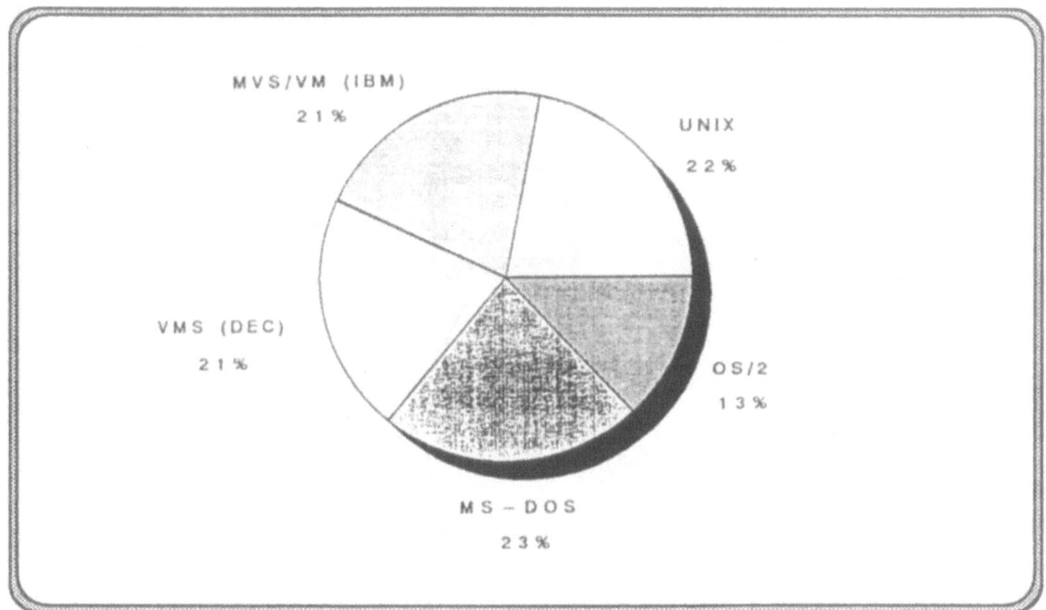

Abb. 2.7 Geschätzte Marktanteile von Betriebssystemen 1991 (Quelle: IDC)

Ein zweites Merkmal ist die **dialogorientierte Multi-User-Fähigkeit**. Der Betriebssystemkern von UNIX enthält Systemfunktionen für Ressourcenverwaltung, Prozeßmanagement und I/O-Steuerung (Input/Output), die echten Multi-User/Multi-Tasking-Betrieb ermöglichen.

Ein dritter Faktor ist die leistungsfähige **Programmentwicklungsumgebung**. Neben der Verfügbarkeit von Editoren, Compilern, Testprogrammen und Dokumentationswerkzeugen wird besonders die Erstellung, Verwaltung und Wartung großer Programmsysteme unterstützt.

Diese Eigenschaften und die Tatsache, daß sich inzwischen UNIX V von AT&T als der Standard unter den vielen UNIX-Varianten durchgesetzt hat (vgl. MUNTER[38]), hat ein großes Angebot von Dienstleistungen um das Betriebssystem entstehen lassen.

So existiert ein großes Angebot an Datenbanksystemen (darunter etwa 15 relationale Datenbanksysteme), Entwicklungswerkzeugen (s.o.) und Kommunikationsprodukten (bspw. Emulationen zu Ethernet oder SNA), aber auch an technischer und kommerzieller Standard-Anwendungssoftware.

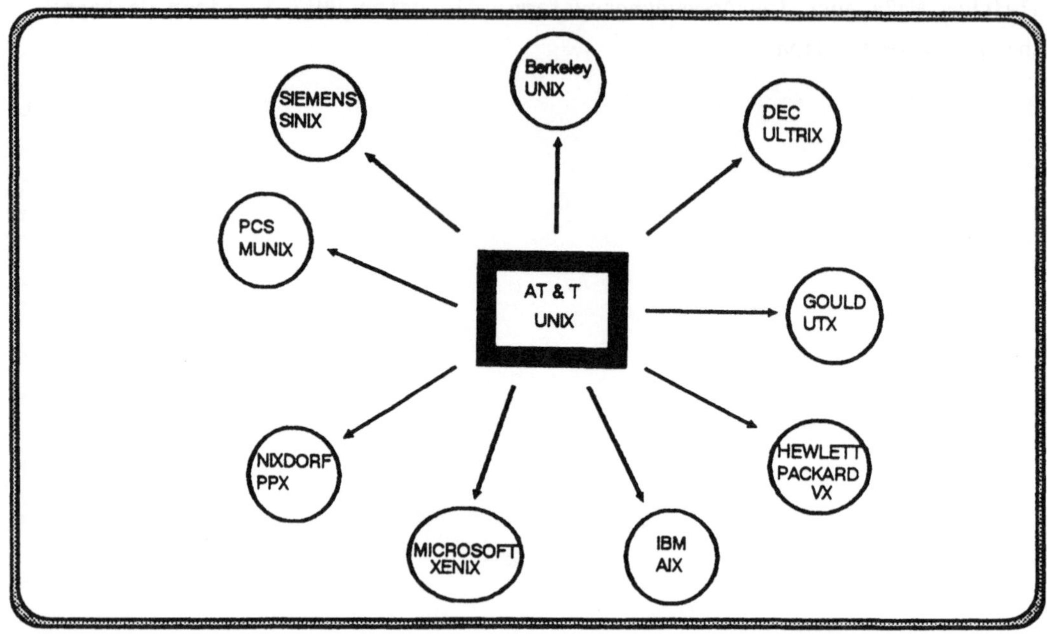

Abb. 2.8 UNIX und Derivate

2.3.5 Trend zum Einsatz von Systemen der Künstlichen Intelligenz (KI)

Nach STEINACKER[39] wird unter Künstlicher Intelligenz (Artificial Intelligence) ganz allgemein die Beschäftigung mit den **Methoden** verstanden, die es Maschinen ermöglichen, Aufgaben zu lösen, zu deren Lösung Intelligenz erforderlich ist, wenn sie von Menschen durchgeführt werden.

Auch wenn die Entwicklung von KI-Systemen für den Einsatz in der Produktion erst ganz am Anfang steht, sind aus dieser Entwicklungsrichtung der Informationstechnologie mittelfristig erhebliche Impulse zu erwarten (vgl. KUSIAK[40]). Auf die für den Gegenstand dieser Arbeit besonders relevanten Teilbereiche wird im folgenden kurz eingegangen.

2.3.5.1 Systeme zum Bildverstehen (Vision)

Im Bereich des Bildverstehens wird versucht, die in einer von einem visuellen Rezeptor (bspw. Videokamera) gelieferten Grauwertematrix enthaltenen Objekte zu separieren, diese als dreidimensionale Gebilde zu interpretieren, sie zu klassifizieren und in einen integrierenden Gesamtrahmen zu stellen (vgl. KOBSA[41]). Die dazu notwendigen Arbeitsschritte sind:

O Bildaufnahme,

O Bildvorverarbeitung,

O Bildsegmentierung,

O Bildobjektbeschreibung,

O Bilderkennung und

O Bildinterpretation.

Dabei macht insbesondere der letztgenannte Schritt noch die größten Probleme, da die Repräsentation des Wissens über die gegenseitigen Beziehungen der Objekte und ihre aufgabenspezifische Bedeutung sehr umfangreich sein muß. Für den Einsatz von Bildanalysesystemen prädestinierte Bereiche der Produktion sind das Gebiet der Sichtprüfung im Rahmen der Qualitätskontrolle, die Erkennung von Störungen bei kontinuierlichen Prozessen (z.B. beim Weben von Stoffen) und bei der Handhabung und Montage in Verbindung mit Industrierobotern.

2.3.5.2 Systeme zur Fertigungsautomation (Robotics)

Hierunter wird vor allem die Verbindung von Sensorik (zur Erkennung der Umweltbeschaffenheit), Künstlicher Intelligenz (bspw. Bildverstehen) und Robotertechnologie (als eigentliches Trägersystem) verstanden, um als Fernziel einen Roboter dazu zu bringen, eine Aufgabe auch unter geänderten Umweltbedingungen selbständig zu lösen.
Heute wird diese Problematik noch dadurch umgangen, daß die Arbeitsumgebung mit hohen Investitionskosten so an die Roboteranforderungen angepaßt wird, daß intelligentes Verhalten weitgehend überflüssig ist.
Ein klassisches Beispiel ist das Greifen ungeordnet gelagerter Teile "aus der Kiste", statt die Teile dem Roboter in definierter Position zuzuführen und sie in definierten Ablagen zurückzuerhalten. Die Voraussetzungen müssen aber erst z.B. durch den Einsatz leistungsfähiger Systeme des Bildverstehens geschaffen werden.

2.3.5.3 Systeme zur Erkennung und Verarbeitung natürlicher Sprache

Funktionen eines natürlichsprachigen Systems (NSS) sind Aufnehmen, Verarbeiten (Voice Recognition) und anschließendes Ausgeben natürlichsprachiger Nachrichten. Zur Verarbeitung von Nachrichten sind Verfahren zur Analyse und Generierung natürlicher Sprache erforderlich, die sich an Syntax, Semantik und Pragmatik der benutzten Sprache orientieren. Wegen der Problematik, sprachliche Mehrdeutigkeiten semantisch aufzulösen, vage Ausdrücke zu analysieren und methaphorische Wortbildungen zu verstehen, gibt es derzeit noch kein NSS, das universell einsetzbar wäre. Im Produktionsbereich einsatzfähig sind dagegen auf dedizierte Anwendungen zugeschnittene Systeme, die einen benutzerfreundlichen Zugang zu weiteren Anwendungen schaffen. So bspw. bei der Erfassung von Lagerbeständen, zur Verarbeitung der Ergebnisse von Qualitätsprüfungen, oder zur Steuerung automatischer Montagevorgänge. Die Hände des Benutzers bleiben frei für die eigentliche Tätigkeit, das Aufnehmen der Ergebnisse oder Befehle wird vom NSS übernommen, die Ausführung hingegen erledigt die eigentlichen Anwendung (Lagerverwaltungssystem, Qualitätssicherungssystem..).

2.3.5.4 Wissensbasierte Systeme (Expertensysteme)

Ein Expertensystem ist ein Computerprogramm, das zu einem speziellen Sachgebiet mit umfangreichem Wissen (Expertenwissen) ausgestattet ist und über Strategien und Heuristiken verfügt, dieses Wissen einem Benutzer, der kein Experte ist, zugänglich zu machen. Dadurch eröffnen sich neue Bereiche für die EDV, da Aufgaben, die durch keinen eindeutigen Algorithmus beschreibbar sind, in Zukunft mit Hilfe von Expertensystemen gelöst werden können, die hierfür einen besonders geeigneten Aufbau besitzen und einer eigenen Verarbeitungsstrategie folgen.

Die Hauptkomponente eines Expertensystems ist die **Wissensbasis**. In der Wissensbasis werden alle Fakten und die darauf anwendbaren Problemlösungsmechanismen gespeichert. Die Grundstruktur der Wissensbasis ist dabei der von Entscheidungstabellen mit Bedingungen und daraus abzuleitenden Aktionen nicht unähnlich.
Mittels der **Wissenserwerbskomponente** werden der Wissensbasis neue Daten zugeführt, sei es durch den Anwender oder durch Nachfragen des Systems selbst.

Sogar die Angabe von vagem Wissen kann vom System verarbeitet werden, wenn dieses mit numerischen Werten für die Wahrscheinlichkeit des Zutreffens (certainty factors) versehen wird.

Der **Inferenzmechanismus (Schlußfolgerungskomponente)** hat die Aufgabe, bei einer Anfrage des Benutzers die gewünschten Informationen unter Zuhilfenahme der gespeicherten Fakten und Regeln zu ermitteln. Dazu existieren mehrere Verfahren von denen die **Vorwärts-** und die **Rückwärtsverkettung** die wichtigsten sind. Bei der Vorwärtsverkettung (forward chaining) geht das System von bekannten Fakten aus, sucht die Entscheidungsregel(n) deren Bedingungsteil erfüllt ist und leitet neue Fakten ab, die sich aus dem Aktionsteil der Regel ergeben. Die Rückwärtsverkettung (backward chaining) geht von einer Hypothese aus und versucht, sie zu verifizieren. Dazu muß eine Regel ermittelt werden, die die Hypothese im Aktionsteil enthält und deren Bedingungsteil erfüllt ist.

Ein weiterer wichtiger Bestandteil eines Expertensystems ist die **Erklärungskomponente**, die auf Anfrage Erläuterungen zu der Arbeitsweise und den Ergebnissen des Systems gibt.

Die **Dialogkomponente** schließlich stellt die Schnittstelle zum Benutzer dar und ermöglicht eine einfache Kommunikation.

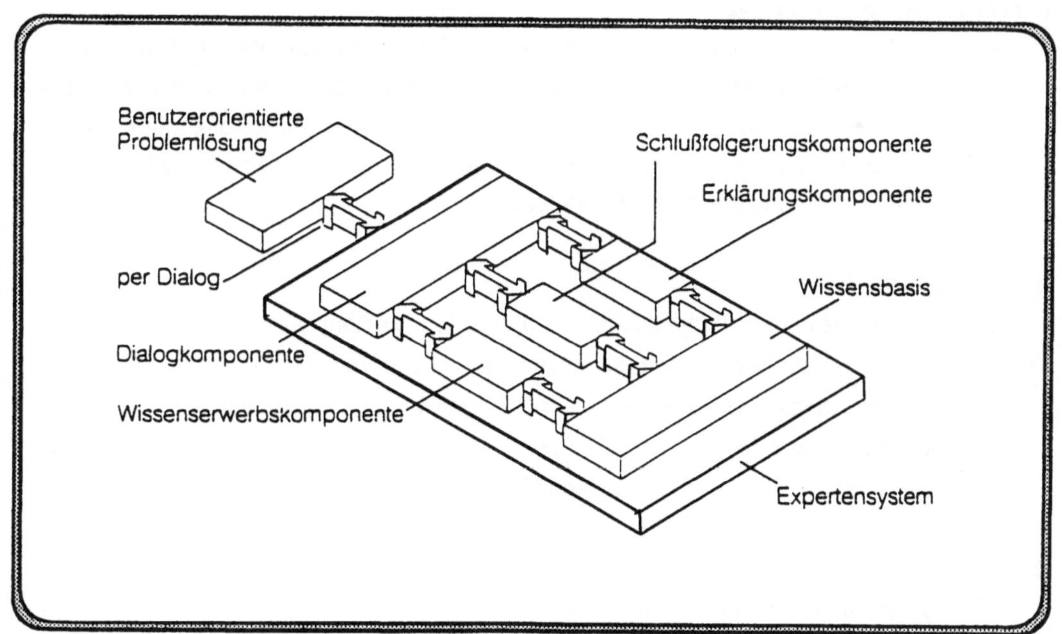

Abb. 2.9 Komponenten eines Expertensystems (Quelle: Nixdorf[42])

Der heutige Entwicklungsstand von Expertensystemen läßt sich in Anlehnung an WAHLSTER[43] wie folgt charakterisieren. Die meisten heute bekannten Expertensysteme beherrschen die Fähigkeit, in ihrem Aufgabengebiet eine Problemlösung schnell zu finden. Weniger gut gelingt es ihnen, die Lösung zu erklären und sich zusätzliches Wissen durch Lernen anzueignen. Die zahlreichen Ausnahmen von der Regel können sie kaum berücksichtigen und an den Grenzen ihres oft sehr engen Kompetenzbereiches zeigen sie einen totalen Leistungsabfall. Diese heutigen Schwächen dürfen jedoch nicht darüber hinwegtäuschen, daß hier eine der wichtigsten Entwicklungen für die Fabrik der Zukunft begonnen hat. Die für Anwendungen im Produktionsbereich derzeitig verfügbaren Systeme lassen sich in vier Anwendungsklassen einordnen:

O **Endproduktkonfiguration**

Hier geht es um das Umsetzen der verbalen Beschreibung eines Kundenwunsches in eine technisch formale Darstellung, die Stückliste. Das System erfragt bspw. Einsatzgebiet und Leistungsmerkmale eines Baukrans, ermittelt den entsprechenden Bautyp und arbeitet Kundenspezifika in eine Standardstückliste ein.

O **Arbeitsplangenerierung**

Viele Teile haben geometrische und fertigungstechnische Verwandtschaften, die beim Erstellen eines Arbeitsplans genutzt werden können. Der Funktionsumfang reicht vom reinen Kopieren über die Bemaßung gleicher Teile bis zur Komposition von vorhandenen Plänen für Teile, die jeweils Teilaspekte des zu planenden Objekts abdecken.

O **Fehlerdiagnose**

Ähnlich wie bei der Endproduktkonfiguration werden aus einer Fehlerbeschreibung die aufgetretenen Symptome ermittelt und in eine Fehlerdiagnose umgesetzt. Dies ist besonders dort sinnvoll und wirtschaftlich, wo für die Fehlerdiagnose nur eine kleine Anzahl von Experten vorhanden sind, die nicht immer rechtzeitig am Bedarfsort sein können.

O **Festlegung von Produktionsabläufen**

Wichtige Voraussetzung für eine wirtschaftliche Fertigung ist eine optimale Termin-, Reihenfolge- und Ablaufplanung. Fehlplanungen sind teuer und Planänderungen durch Verschiebung der Planungsparameter müssen schnellstmöglich bearbeitet werden. Erste Systeme, in denen Teilbereiche von PPS-Systemen realisiert sind, wachsen über das Laborstadium heraus.

2.4 IST-ZUSTAND AUS ANWENDERSICHT

Grundsätzlich kann davon ausgegangen werden, daß in nahezu jedem Unternehmen der Grundgedanke von CIM verstanden und der mögliche Nutzen erkannt wurde. Der Wille, sich mit CIM intensiver zu beschäftigen, kann bei fast allen Anwendern vorausgesetzt werden. Bei der Umsetzung von CIM in die Tat ist allerdings mit erheblichen Unterschieden zu rechnen. Wenigen finanzkräftigen Pilotanwendern steht eine Vielzahl von Klein- und Mittelbetrieben gegenüber, die mit der Realisierung sowohl finanziell als auch personell erhebliche Probleme haben. Darüber hinaus existieren große Unsicherheiten bei den Anwendern, da die Konzepte und die Realität der am Markt angebotenen Leistungen noch stark differieren.

2.4.1 Anwenderbefragung

Um eine Vorstellung über Status und Trends auf dem "CIM-Markt" aus Anwendersicht zu erhalten, wurde im Rahmen dieser Arbeit eine empirische Studie durchgeführt. Zielsetzung der Befragung war es, die Gründe und Ziele für die Beschäftigung mit CIM zu ermitteln. Darüber hinaus sollten Aussagen möglich sein über die Prioritäten bei der Planung, die Vorgehensweise bei der Erarbeitung einer unternehmensindividuellen CIM-Strategie und die größten Probleme bei der Realisierung und Einführung, soweit bereits Erfahrungen dazu vorliegen.
Gleichzeitig war jedoch zu berücksichtigen, daß der Umfang des Fragebogens in einem vertretbaren Rahmen für die Beantwortung blieb, um die Chancen der Beantwortung nicht zu beeinträchtigen.

2.4.1.1 Methodik der Studie

Um Mitarbeit gebeten wurden 33 Unternehmen, die aufgrund ihrer am Markt herausragenden Stellung, aufgrund von Veröffentlichungen oder aufgrund eigener Erfahrungen des Autors ausgesucht wurden. Dabei wurden bewußt solche Unternehmen gewählt, bei denen eine aussagekräftige Antwort in Bezug auf die Fragestellung erwartet werden konnte, auch wenn dadurch die Repräsentativität des Implementierungsstandes von CIM in der Gesamtwirtschaft verfälscht wiedergegeben wird, der aber auch nicht Gegenstand der Untersuchung sein sollte.

Die Rücklaufquote der schriftlichen Befragung betrug 96,97% (32), davon positive Rückläufe 96,87% (31) bzw. negative Rückläufe (d.h. keine Beschäftigung mit CIM) 3,12% (1). Diese hohe positive Beteiligungsquote ist auf die gezielte Auswahl der befragten Unternehmen zurückzuführen.
Die 31 Unternehmen, die positiv geantwortet haben, lassen sich folgenden Industriezweigen und Branchen zuordnen:

Branche	Anzahl	Anteil in %
1. Maschinenbau	17	55
2. Fahrzeugbau	7	23
3. Elektrotechn. Ind.	5	16
4. Luftfahrttechnik	2	6

Tab. 2.1 Branchen-Zusammensetzung der befragten Unternehmen

Dabei sind die folgenden Betriebsgrößenklassen vertreten:

Betriebsgröße	Anzahl	Anteil in %
1. Großunternehmen (> 1000 Beschäftigte)	21	68
2. Mittlere Unternehmen (300 - 1000 Beschäftigte)	8	26
3. Kleine Unternehmen (< 300 Beschäftigte)	2	6

Tab. 2.2 Betriebsgrößenklassen

Interessant ist in diesem Zusammenhang auch die Frage, welche Stellung die Ansprechpartner, die den Fragebogen beantwortet haben, im Unternehmen bekleiden:

Stellung	Anzahl	Anteil in %
1. CIM-Projektleiter/ CIM-Verantwortliche	19	61
2. Leiter EDV/ORG	9	29
3. Marketing/Sonstige	3	10

Tab. 2.3 Stellung der Befragten im Unternehmen

2.4.1.2 Ergebnisse der Studie

2.4.1.2.1 Motive und Ziele der Unternehmen für CIM

Die in einer offenen Frage ermittelten Ziele (Mehrfachnennung möglich) der
Unternehmen bei der Beschäftigung mit CIM lassen sich wie folgt zusammenfassen:

Ziel	Anteil in %
1. Senkung Kosten	84
2. Senkung Durchlaufzeiten	58
3. Transparentes Betriebsgeschehen	48
4. Verkürzung Entwicklungszeiten	35
6. Verbesserte Qualität	26
7. Verbesserte Wettbewerbsposition	26
8. Höhere Flexibilität	19
9. Sonstiges	26

Tab. 2.4 Motive und Ziele für CIM

Die bei weitem häufigste Nennung bezog sich auf das Ziel "Senkung Kosten".
Neben der allgemeinen Formulierung wurden auch differenziertere Angaben wie
bspw. Kostensenkung in der Materialwirtschaft, Kostensenkung durch Bestandssenkung in der Produktion oder Kostensenkung bereits bei der Konstruktion genannt. Es ist außerdem erkennbar, daß die operationalen Ziele,
die sich in Geldbeträgen, Lieferzeiten oder Ausschußanteil messen lassen,
die stärker strategisch ausgerichteten Ziele (Verbesserte Wettbewerbsposition, Höhere Flexibilität) dominieren.

2.4.1.2.2 Anforderungen an CIM-Systeme

Um die genannten Ziele erreichen zu können, sind aus Anwendersicht bestimmte Kriterien zu erfüllen. Welche es sind, zeigt die untenstehende Auswertung. Die in einer offenen Frage ermittelten Anforderungen wurden zu Anfor-
derungsgruppen zusammengefaßt und für die einzelnen Gruppen jeweils ein
Durchschnittswert der ermittelten Wichtigkeit (1= wenig wichtig; 10=sehr
wichtig) aus den Angaben der Befragten ermittelt.

Anforderungsgruppe	Durchschnitt der Gewichtung
1. Durchgängiger Informationsfluß	9,6
2. Hohe Kompatibilität der Komponenten/ Genormte Schnittstellen	9,4
3. Gesamtlösung "aus einer Hand" bei modularer Erweiterbarkeit und firmenindividueller Konfigurierbarkeit	8,6
4. Möglichst hohe Nutzung bereits im Einsatz befindlicher Systeme	5,3
5. Hohe Verfügbarkeit	4,9
6. Benutzerfreundlichkeit	4,7

Tab. 2.5 Anforderungen an CIM-Systeme

Ganz an der Spitze der Anforderungen steht der "durchgängige Informationsfluß". Dies formulierten die Befragten in der Mehrzahl der Fälle anhand konkreter Abläufe wie bspw. "Änderungswünsche des Kunden müssen sofort auf allen Stufen des Produktionssystems bekanntgemacht werden", "Konstruktionsänderungen müssen sicher an alle betroffenen Bereiche weitergegeben werden", "Qualitätskontrollen müssen den gesamten Entstehungsprozeß eines Produktes begleiten" usw.
Ebenso wichtig erscheint den Anwendern die Kompatibilität der Einzelkomponenten zu sein, wobei die Einhaltung von Standardschnittstellen, z.B. IGES (CAD-Datenaustausch), oder die Anwendung von Standards in der Kommunikationstechnik, z.B. MAP, großes Gewicht haben. Verständlich ist auch der Wunsch vieler Anwender, bestehende Systeme in neue Architekturen einbinden zu können, die zudem möglichst "aus einer Hand" stammen sollten. Trotz der nicht immer positiv bewerteten Herstellerbindung zwingt die Komplexität von CIM-Lösungen diese Vorgehensweise offensichtlich auf.

2.4.1.2.3 Implementierungsstand von CIM

Bevor die Anwender-Strategien zur Realisierung von CIM-Systemen behandelt werden können, soll der momentane Stand der Realisierung in den einzelnen Teilbereichen festgehalten werden.
Obwohl die Definition der einzelnen Bereiche von den Befragten sicher unterschiedlich ausgelegt wurde und auch eine gewisse Skepsis bezüglich des

Umfangs der jeweiligen Lösung angebracht erscheint, sind die Ergebnisse doch aufschlußreich. Es soll nicht unerwähnt bleiben, daß die Ergebnisse gerade in diesem Punkt nicht für die gesamte Fertigungsindustrie gelten dürften. Die Prozentangaben geben den Anteil der Unternehmen an den befragten Unternehmen wieder, die den jeweiligen Teilbereich als implementiert angaben.

Bei den Bereichen Office Automation, CAM und Logistik sind statistische Aussagen nicht möglich, da viele Befragte hier keine Angaben machten. Dies liegt zum einen sicher in der mangelnden Definiertheit der einzelnen Begriffe. Zum anderen wurde wiederholt auf die Problematik hingewiesen, daß zwar Teillösungen existierten (bspw. Automatisches Transportsystem, Automatisches Hochregallager,...), aber eine angestrebte Optimallösung für den Gesamtbereich noch weit entfernt sei. Immerhin ist der Bestand an PPS- und CAD-Systemen von um die 90% doch sehr erheblich. Der Anteil von CAP mit fast 60% erscheint ungewöhnlich hoch. Hierfür dürfte die sehr weite Auslegung des Begriffes durch die Befragten verantwortlich sein.

Bereich	Implementiert in x% der befragten Unternehmen
1. Office Automation	k.A. möglich
2. PPS/Vertrieb	83,87 (26)
3. CAD	93,55 (28)
4. CAM	k.A. möglich
5. CAP	58,06 (18)
6. CAQ	32,26 (10)
7. Logistik	k.A. möglich

Tab. 2.6 Implementierungsstand von CIM

2.4.1.2.4 Schwerpunkte bei der Konzeptionierung von CIM

Mit dieser Frage sollte ermittelt werden, welche Bereiche von CIM die befragten Unternehmen bei zukünftigen Entwicklungen als die wichtigsten ansehen. Zu den im Fragebogen vorgegebenen Bereichen konnte durch Vergabe einer Priorität das jeweilige Gewicht angegeben werden.

Bereich	Durchschnitt der Priorität
1. Office Automation	6,1
2. PPS/Vertrieb	8,7
3. CAD	7,9
4. CAM	6,9
5. CAP	3,9
6. CAQ	7,6
7. Logistik	5,6

Tab 2.7 Schwerpunkte der Konzeptionierung von CIM

Dabei waren Werte zwischen 1 (=niedrigste Priorität) und 10 (=höchste Priorität) zulässig. Die Nennungen zu jedem Bereich wurden addiert und darüber ein Durchschnittswert gebildet.

Zusätzlich wurden Ergänzungen von den Befragten angebracht, bspw. zu den sehr wichtigen Kopplungsbereichen (bspw. CAD/CAM-Kopplung) oder auch zum Kommunikationsbereich wie bspw. dem Einsatz von Lokalen Netzwerken, MAP usw. Diese konnten jedoch, da sie nicht von allen Befragten berücksichtigt wurden, nicht in die Betrachtung mit einbezogen werden.

Es zeigt sich, daß die Bereiche PPS, CAD und CAQ nahezu gleichgewichtig gesehen werden, mit Schwergewicht im PPS/Vertriebsbereich. Erstaunlich ist die hohe Bewertung des CAQ-Bereiches, in dem der Implementierungsstand und das offensichtlich hohe Interesse der Anwender noch stark divergieren. Mittleres Interesse genießen die Bereiche Office Automation, CAM und Logistik. Noch zurückhaltend wird der Bereich CAP bewertet.

2.4.1.2.5 Vorgehen bei der Realisierung von CIM

Nach der Erhebung der Schwerpunkte, die die befragten Unternehmen bei der Konzeptionierung ihrer zukünftigen CIM-Systeme verfolgen, sollte der Realisierungsstand erhoben werden. Ein gutes Indiz dafür ist die Tatsache, ob ein CIM-Rahmenplan oder sogar bereits ein Einführungsplan existiert. Dies war bei 19 Unternehmen (61,3%) der Fall, ein außergewöhnlich hoher Anteil gemessen an der Gesamtwirtschaft.

Ebenfalls von hohem Interesse ist in diesem Zusammenhang die Frage, ob und in welchen Bereichen Eigenentwicklung geplant und in welchem Ausmaß Standardsoftware eingesetzt werden soll. Grundsätzlich betreiben fast alle Unternehmen (26 von 31 oder 83,9%) und hier vor allem die Großunternehmen Eigenentwicklung. Die Gebiete sind so unterschiedlich, daß statistische Auswertungen nicht möglich sind. Zudem waren einige Unternehmen nicht zu Aussagen bereit. Den Schwerpunkt der Eigenentwicklungen bildet in den meisten Fällen der Fertigungsbereich im engeren Sinne. So gaben 17 (55%) Unternehmen an, Systeme zur Steuerung flexibler Fertigungseinrichtungen (DNC-Betrieb, Automatische Lagersysteme, Flexible Montagesysteme, etc.) selbst zu realisieren, 6 (19%) Unternehmen gaben an, eigene Fertigungssteuerungssysteme zu entwickeln, 4 (13%) Unternehmen beschäftigen sich mit eigenen Betriebsdatenerfassungssystemen (BDE) und 1 Unternehmen hatte die Konzeption für ein individuelles Qualitätssicherungssystem abgeschlossen.

Was den Einsatz von Standardsoftware betrifft, so ist dies bei 30 von 31 befragten Unternehmen, d.h. 96,8% der Fall. Genannt wurden hier hauptsächlich:

Systeme	Anteil der Nennungen in %
CAD-Systeme	84%
PPS-Systeme	73%
BDE-Systeme	41%
CAQ-Systeme	26%

Tab. 2.8 Standardsoftware-Anteile in den CIM-Bereichen

Wenn in solch hohem Maße Standardsoftware eingesetzt wird, stellt sich auch die Frage, ob bei der Konzeptionierung und Implementierung der Komponenten im Hinblick auf CIM auch externe Partner eingebunden werden. Dabei ist erstaunlich, daß dies in allen Fällen (100%) der Fall ist, wobei die Softwarehäuser dominieren. Die Einzelauswertung ergibt folgendes Bild:

Externe Partner	Nennung von x% der Befragten
Software/Systemhäuser	81%
Hardware-Hersteller	68%
Sonstige Beratungsunternehmen	45%

Tab. 2.9 Einbindung externer Partner bei der CIM-Realisierung

2.4.1.2.6 Erwartete Probleme bei der Einführung von CIM

Zum Abschluß der Studie sollte auf die Problemkategorien eingegangen werden, die die Unternehmen erwarten, oder auf die sie bei der Realisierung bereits gestoßen sind. Hier war neben der Angabe der Probleme wieder eine Gewichtung erbeten, mit Werten zwischen 1 (=kleines Problem) und 10 (=großes Problem). Die in einer offenen Frage ermittelten Nennungen wurden zu Problemkategorien zusammengefaßt, die Gewichte addiert und der Durchschnittswert gebildet.

Problemkategorie	Problemgewicht
1. Mangelnde Kompatibilitäten bei Hardware und Software	8,9
2. Fehlendes Fachpersonal mit "CIM-Know how"	8,8
3. Hohes Entscheidungsrisiko (Finanzielles Risiko, Technologisches Risiko, Komplexität der Entscheidung)	8,1
4. Fehlendes Angebot "CIM-fähiger", am Markt angebotener Systeme	7,9
5. Große Abhängigkeit durch Know-how-Bündelung (Eigenes Personal, Externe)	6,1
6. Unzureichende Anbieterunterstützung	4,9
7. Akzeptanzprobleme/Durchsetzbarkeit	4,3

Tab. 2.10 Probleme bei der CIM-Einführung

2.5 IST-ZUSTAND AUS HERSTELLERSICHT

Will man sich einen Überblick über die Konzepte und Produkte der Systeman-
bieter zu CIM verschaffen, so bereitet es kaum Schwierigkeiten, sich die
notwendigen "Informationen" zu beschaffen, werden doch die entsprechenden
Hochglanzbroschüren in den einschlägigen Fachzeitschriften auf Abruf angeboten. Wesentlich schwieriger ist es indess, die Aussagen der Hersteller
genauer daraufhin zu analysieren, inwieweit durchgängige Informationsflüsse
realisiert sind und nicht nur bereichsorientierte Teilsysteme "auf dem Papier" integriert werden. Gerade das soll aber im folgenden Abschnitt geschehen. Eine anschauliche Möglichkeit, die verschiedenen Konzepte zu ver-
gleichen, bieten die CIM-Schaubilder, über die nahezu jeder Anbieter verfügt. Obwohl nicht alle mit dem Schlagwort CIM am Markt auftretenden Unternehmen untersucht werden konnten, vermitteln die vorgestellten Konzepte ein
annähernd repräsentatives Bild. Die Vorstellung geschieht in alphabetischer
Reihenfolge, wobei jedes Konzept kurz kommentiert wird.

2.5.1 CIM von Data General (DG)

Obwohl Data General in den Vereinigten Staaten zu den großen Computerherstellern gehört, ist die Verbreitung von DG-Systemen in der Bundesrepublik
Deutschland noch vergleichsweise gering. Auch im Bereich CIM ist DG erst
mit einiger Verzögerung in Erscheinung getreten, lag der bisherige Schwerpunkt doch eher im Bürobereich. Hier bietet DG mit dem System CEO (Compre-
hensive Electronic Office) unter einer einheitlichen Benutzeroberfläche die
gängigen Funktionen wie Elektronische Post, Textverarbeitung, Ablage und
Kalender sowie Entscheidungshilfen wie Tabellenkalkulation, Präsentations-
grafik und Datenbankabfragen an. TEO (Technical Office) ist die Erweiterung
von CEO für den technischen Bereich und bietet die Nutzung von technischen
Anwendungen (CAD,CAM) innerhalb einer, vom Benutzer frei gestaltbaren
Fenstertechnikumgebung. Bei den Softwaresystemen stützt man sich auf Part-
nerfirmen wie Rotring (Euro-CAD), EXAPT (EXAPT-NC) und Strässle (PPS-System
PSK 2000).
An Hardware werden von Personal Computern über graphische Workstations
(DS/7500 Familie) bis hin zu 32-Bit Supermini-Computern (MV/2000-2 mit 12
MIPS) angeboten.

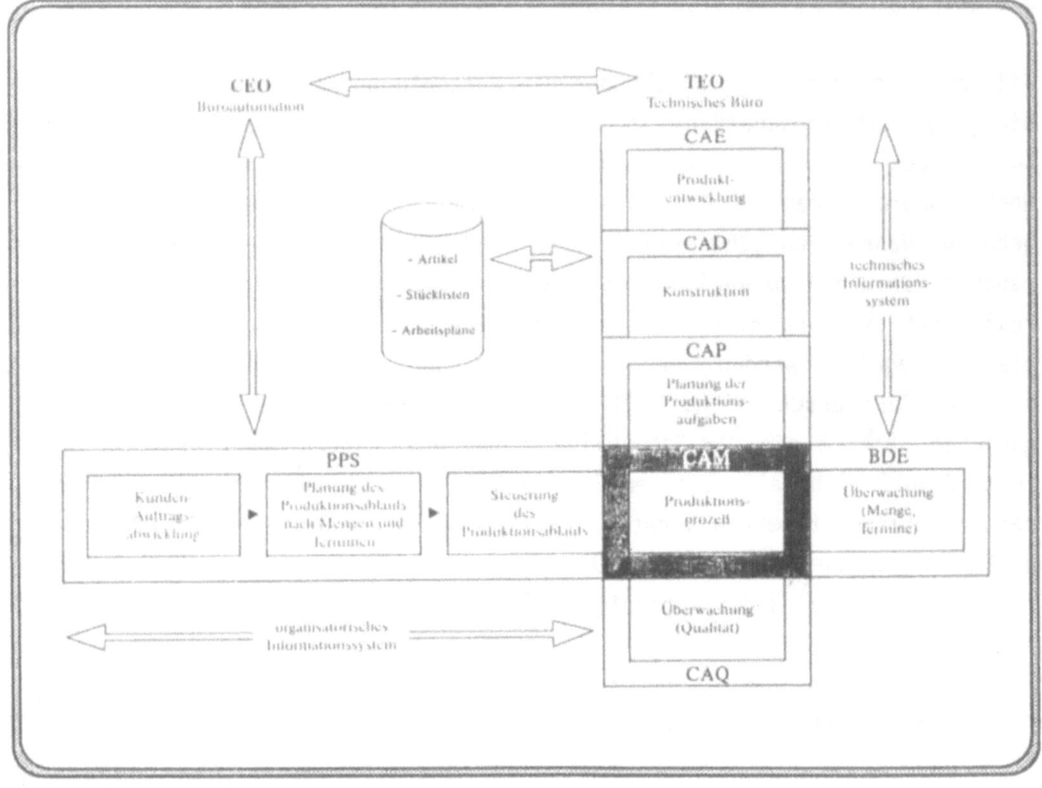

Abb. 2.10 CIM-Bild DG (Quelle: Data General[44])

Aus der Vielzahl der Partnerfirmen ist erkennbar, daß das erste Ziel von DG der Aufbau eines kompletten Produktangebotes für CIM war. Integration wird über eine Fenstertechnik-Umgebung simuliert, so daß für den Benutzer zumindest mehrere Anwendungen gleichzeitig am Bildschirm aktiv sein können.

2.5.2 CIM von Digital Equipment Corporation (DEC)

Digital Equipment ist heute der drittgrößte Computerhersteller der Welt. DEC betreibt seit Jahren eine konsequente Vernetzungsstrategie und kann als einer der führenden, wenn nicht als der führende Anbieter in den **technischen Teilgebieten** von CIM (CAD, CAM, CAP) bezeichnet werden. Die VAX-Rechner gelten wegen ihrer Leistungsfähigkeit als Standardrechner für CAD und CAE. Die PDP-11-Systeme sind als Rechner für die Fertigungsautomatisierung (Steuerung flexibler Automatisierungsinseln, NC-Programmierung/Verwaltung, CNC-Systeme) weit verbreitet.

Ein großer Vorteil neben der für Marketingpartner recht offenen Geschäftspolitik ist die durchgängige VAX/VMS-Architektur, die eine gute Ausbaufähigkeit der Systeme und damit einen Schutz gegen Technologieüberholung einer einmal getroffenen Architekturentscheidung gewährt. Wegen des recht hohen Marktanteils im Fertigungsbereich hat auch das Netzwerkprodukt DECnet eine weite Verbreitung in der deutschen Fertigungsindustrie gefunden.

Eine Besonderheit sind auch die "Softwareintegrationsprodukte" BASEVIEW und BASEWAY, die als Bindeglieder zwischen verschiedenen Anwendungssystemen und als Gateways in heterogenen Hardwareumgebungen der Fertigung angeboten werden.

Mit BASEVIEW können Zeichnungen, die auf CAD-Systemen unterschiedlicher Hersteller angefertigt wurden, unter Nutzung der IGES-(Initial Graphic Exchange Specification) Schnittstelle, auf einfachen Bildschirmterminals (bei verringerter Auflösung) dargestellt und so kostengünstig einer großen Anzahl betroffener Mitarbeiter zu Verfügung gestellt werden. Darüber hinaus können in Verbindung mit der Bürosoftware ALL-IN-ONE Zeichnungen zusammen mit Text verarbeitet werden.

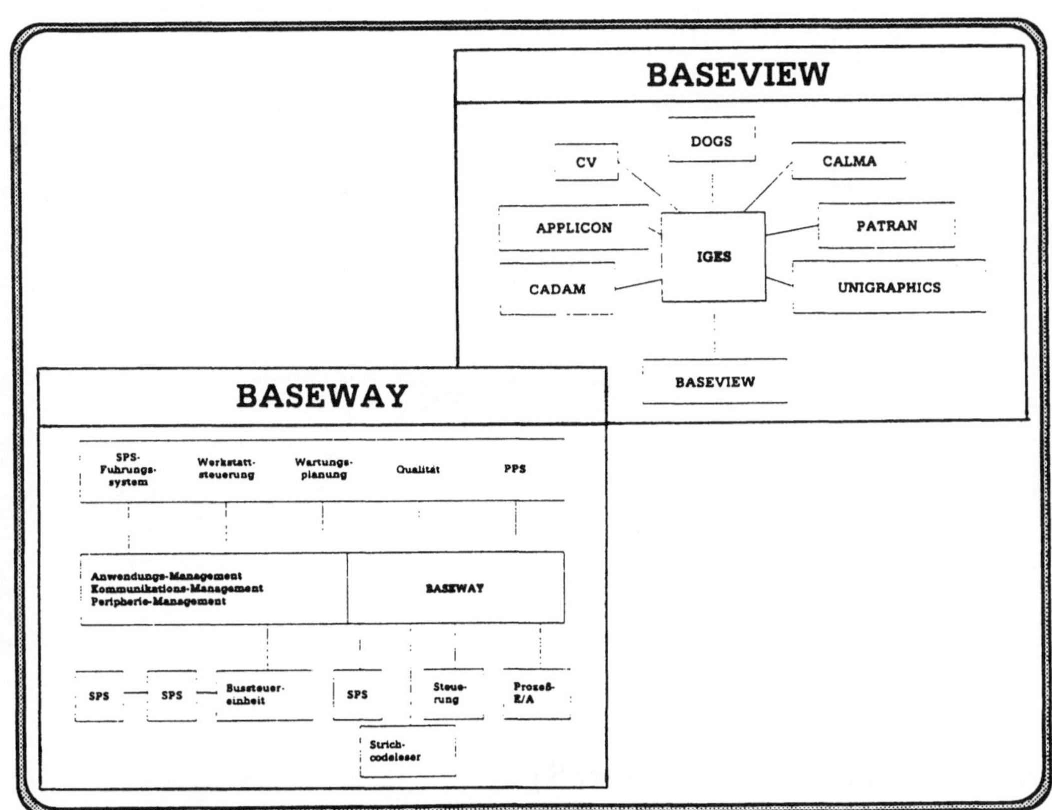

Abb. 2.11 Funktionen von BASEWAY und BASEVIEW (Quelle: SCHLEMPER[45])

BASEWAY wurde entwickelt, um industrielle Steuerungen unterschiedlicher Hersteller an DEC-Rechner anzuschließen, um damit eine Anbindung der Fabrikationsdaten an die Planungsdaten zu ermöglichen.

Als CIM-Schaubild präsentiert DEC das Funktionsdiagramm eines Fertigungsunternehmens.

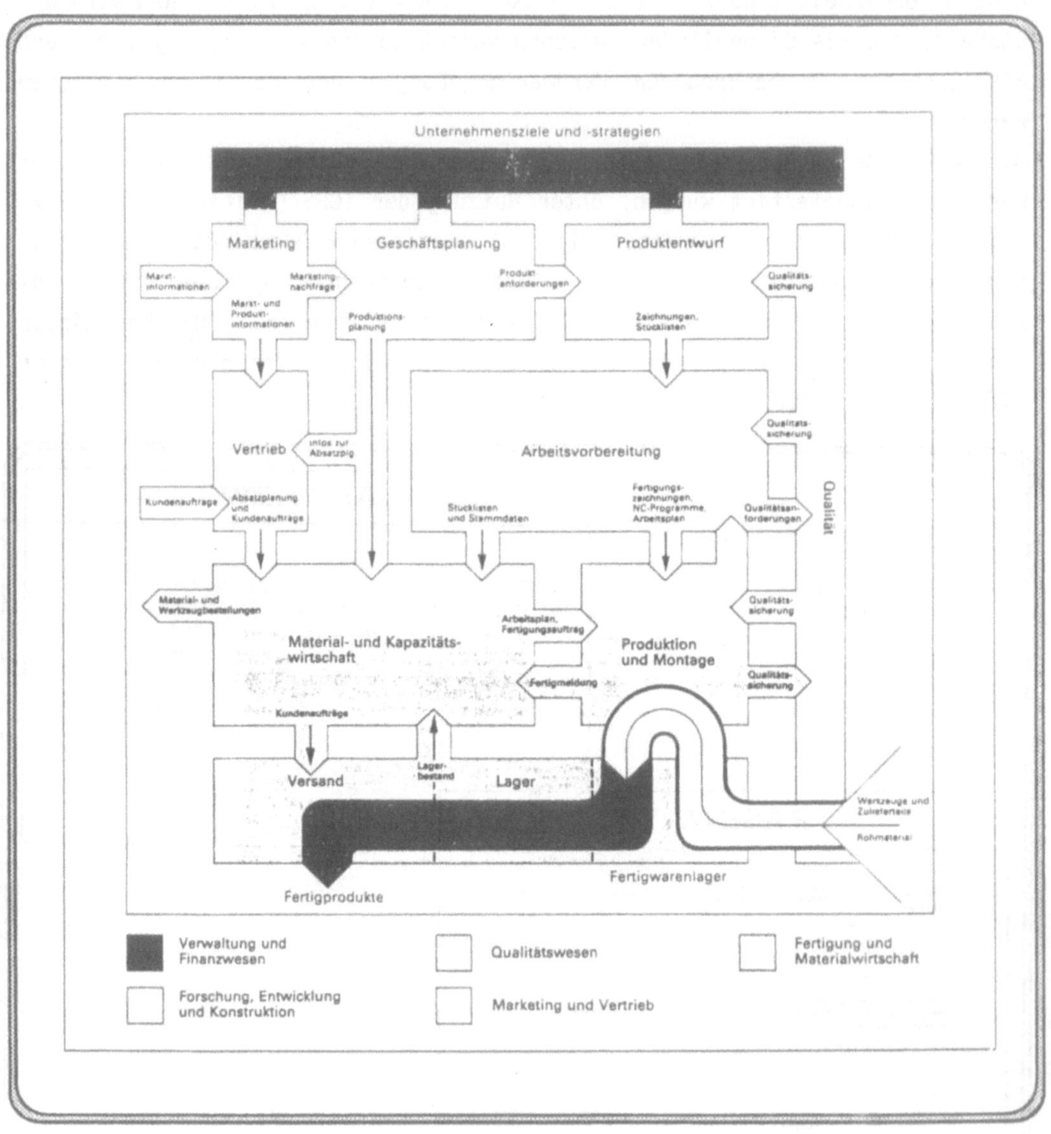

Abb. 2.12 CIM-Bild DEC (Quelle: DEC[46])

Die englischsprachigen CAx-Begriffe werden bewußt vermieden. Dafür werden zusätzliche Funktionalbereiche wie Marketing und Vertrieb aber auch Kategorien wie Unternehmensziele/-strategien und Geschäftsplanung eingeführt. Nur angedeutet ist die Funktion der Logistik als Materialfluß von Werkzeugen, Zulieferteilen und Rohmaterialien über Lager-, Produktions- und Versandbereich hinweg.
Laut Firmenphilosophie müssen für die Entwicklung einer unternehmensindividuellen Informationsarchitektur detaillierte Diagramme erstellt werden, um den Informationsfluß zwischen den angeführten Funktionen zu identifizieren. Auf die starke Ähnlichkeit zum CIM-Bild von NIXDORF sei an dieser Stelle bereits hingewiesen.

2.5.3 CIM von Hewlett-Packard (HP)

Obwohl HP als Hardware-Hersteller aufgrund der Qualität seiner Produkte einen sehr guten Ruf genießt, hat HP sich, was das CIM-Marketing angeht, bisher eher zurückgehalten. Vorsichtig spricht man von "Bausteinen für eine Computerintegrierte Fertigung". HP hatte seine Schwerpunkte in der Vergangenheit im technisch wissenschaftlichen Bereich (Meßtechnik, Medizintechnik) und bietet heute mehr als 3000 unterschiedliche Meßgerätetypen an.

Der Bereich der kommerziellen und produktionsnahen Datenverarbeitung wird erst in den letzten Jahren stärker bearbeitet. So bietet HP im PPS-Bereich sein bewährtes System MM/PM 3000 auf den Rechnern der HP-3000-Serie an. Für Echtzeitanwendungen in der Fertigung stehen Rechner aus der Familie HP 1000 zur Verfügung und in oberen Leistungsbereichen die Rechner HP 9000 Serie 800. Auch im CAD-Bereich wird das System HP DesignCenter ME auf der Basis der technisch wissenschaftlichen Rechner der 9000-Serie vertrieben (vgl. WARGIN, HITZLER[47]). Eine Integration, bspw. durch standardmäßig vorgesehene Stücklistenübertragung ist bisher noch nicht realisiert. Einen relativ hohen Anwendungsstand hat HP im Bereich der Qualitätssicherung vorzuweisen, wo die Strategie der "Totalen Qualitätskontrolle (TQC)" entwickelt wurde. Dies unterscheidet HP markant von anderen Anbietern am CIM-Markt.

Dennoch existieren auch hier nur ausgezeichnete Einzellösungen (bspw. SPC 9000 (HP 9000), QDM 1000 (HP 1000), moQuiss (HP 1000)) aber noch kein universelles Produkt, das die Qualität eines Erzeugnisses von der Entwicklung bis zum Versand begleitet.

Ganz generell ist festzustellen, daß sich das Unternehmen bis heute noch nicht ganz davon lösen konnte, hauptsächlich Anbieter von Hardware zu sein. Dieser Eindruck wird durch die Tatsache unterstrichen, daß der überwiegende Teil der Applikationen, die auf HP-Rechnern ablauffähig sind, von Partnern stammt, die von HP mit in ihr CIM-Marketingkonzept eingebunden werden. Ein firmenspezifisches CIM-Schaubild ist dem Autor nicht bekannt.

2.5.4 CIM von International Business Machines (IBM)

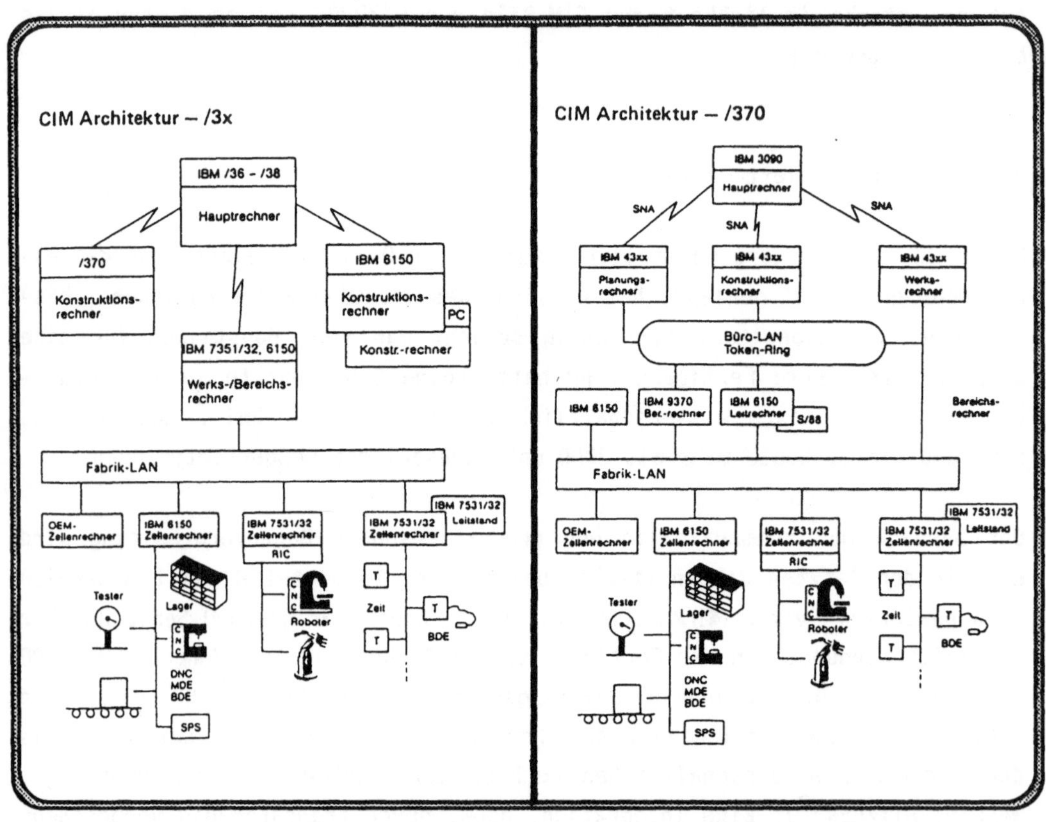

Abb. 2.13 IBM-CIM-Rechnerhierarchie /370- versus /36,/38-Architektur
        (Quelle: LECHNER[48])

IBM, der mit Abstand größte Anbieter im Bereich der Informationstechnologie, war das erste Unternehmen, das den CIM-Gedanken in der Bundesrepublik Deutschland propagiert hat. Dabei sind gerade bei IBM die Probleme bei der technischen Realisierung der durchgängigen Informationsflüsse durch die verschiedenen Rechnerarchitekturen und die damit verbundenen Softwarearchitekturen besonders groß.

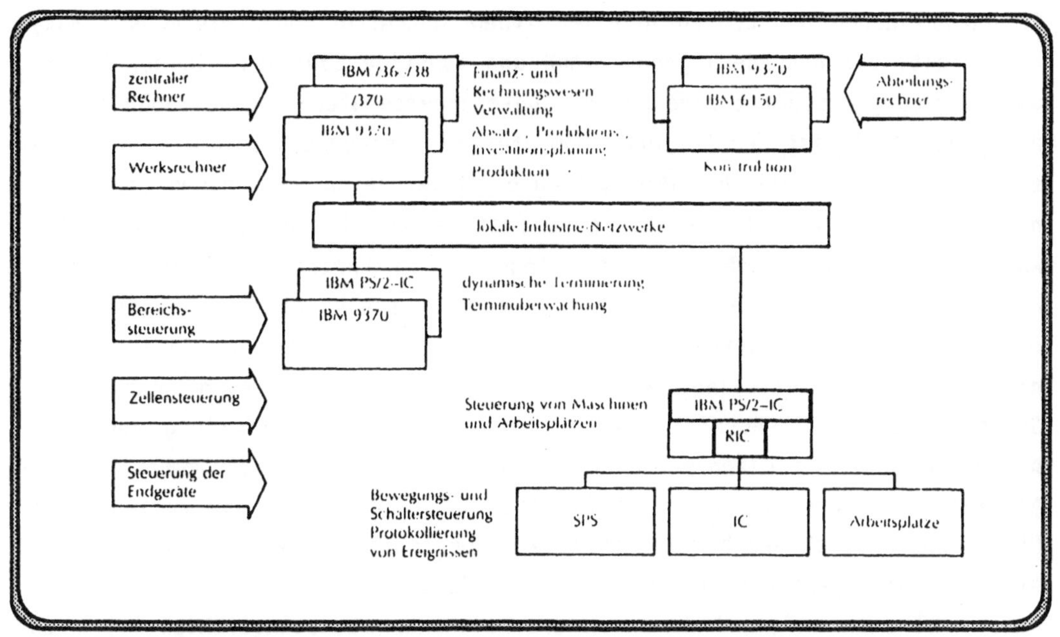

Abb. 2.14 IBM-CIM-Strategie für die Rechnerhierarchie (Quelle: FRISCH-
KORN[49])

So vertreibt das Unternehmen im Großrechnerbereich (Anwendergruppe der
Großunternehmen und Konzerne) die /370-Architektur. Dazu werden die System-
familien 309x und 43xx mit verschiedenen Betriebssystemen, insbesondere
aber MVS und VM gezählt. Die Vormachtstellung in diesem Marktsegment ist
nach wie vor unstrittig.
Anders ist die Situation im weitgehend national und funktional segmentier-
ten Markt der sog. Midrange-Systeme, wo weltweit ca. 150 Wettbewerber erfolgreich gegen den Marktführer kämpfen. Für die Anwendergruppe der Mittelbetriebe ist die Systemfamilie /36,/38 und seit kurzem die Ablösung mit den
AS/400-Rechnern konzipiert, die zum Leidwesen der Kunden und des Herstellers keinerlei Aufwärtskompatibilität besitzen.
Daneben werden immer neue Rechner für dedizierte Aufgaben in den Markt
eingeführt. Für administrative Aufgaben ist dies die 937x-Serie (/370-
Architektur), für technisch orientierte Aufgaben wie CAD-Einsatz, die 6150.
Auf der unteren Ebene sind die Personal Computer angesiedelt, die zwar wie-
derum unter anderen Betriebssystemen laufen (bisher MS-DOS in Zukunft
OS/2), durch ihre offene Architektur aber relativ einfach in bestehende
Strukturen eingebunden werden können. IBM hat diese Eigenschaften früh er-
kannt und genutzt.

So wurden neben den konventionellen Typen spezielle Industrie-PC`s (753x) entwickelt, die besonders gegen Staub und sonstige Einflüsse in der Fertigungsumgebung geschützt sind und für unterlagerte Steuerungsaufgaben geeignet sind. Damit ist der Personal Computer als Integrationselement und wesentlicher Bestandteil der IBM-Strategie im Vergleich zu anderen hervorzuheben. Daneben verfügt IBM über eine fast unübersehbare Palette von Softwaresystemen, die noch durch das Angebot von Vertriebspartnern ergänzt wird. Das bis Anfang der 80er Jahre bestehende starke Übergewicht der kommerziellen und administrativen Anwendungssysteme ist in der Zwischenzeit nicht mehr festzustellen. Notwendige Ergänzungen im Bereich graphischer Systeme und im CAM-Bereich wurden z.T. durch Eigenentwicklung und z.T. durch Übernahme von Lizenzprodukten (bspw. CADAM/CATIA) vorgenommen.

Als Vernetzungsprodukt vertreibt IBM die SNA-Produktlinie, die zumindest im Großrechnerbereich und bei kommerziell ausgerichteten Anwendungen als Industriestandard gelten kann. Das auf der PC-Ebene vertriebene PC-Netzwerk hat, wohl auch aufgrund der noch unzureichenden Leistungsfähigkeit, noch keine ähnlich große Verbreitung gefunden.

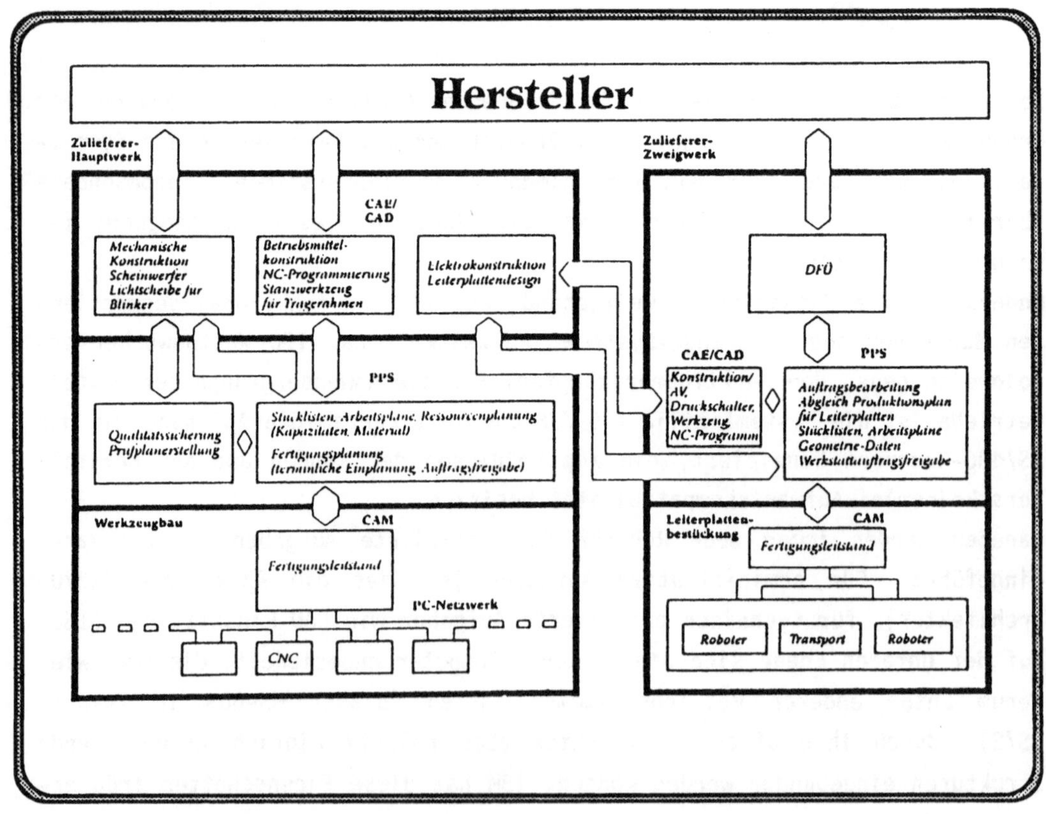

Abb. 2.15 CIM-Bild IBM (Quelle: IBM[50])

Vor diesem Hintergrund ist die Konzeption eines mehrstufigen und unternehmensübergreifenden CIM-Verbundsystems zu sehen, das auf Messen und in abgewandelter Form auch im CIM-Center der IBM in München zu sehen ist. Das Zusammenspiel wird am Beispiel eines Automobilherstellers, eines Zulieferers und eines Zweigwerks des Zulieferers dargestellt. Damit können sowohl Anwendungen auf Großrechnern (bspw. CADAM, CATIA für die Konstruktion; COPICS im PPS-Bereich; AQUA für die Qualitätssicherung), auf mittleren Rechnern (bspw. MAPICS-II und FAS im PPS-Bereich) als auch auf der PC-Ebene (Fertigungsleitstand, low-cost-CAD-Systeme) im Verbund gezeigt werden.

Um aus dem geschilderten Dilemma der Inkompatibilitäten herauszukommen, hat IBM Anfang 1987 einen neuen Standard unter dem Namen System Anwendungs-Architektur (SAA) angekündigt. Dabei handelt es sich um Strategiefestlegungen, die zwar für IBM-Umgebungen allgemein, besonders aber auch für CIM-Realisierungen, von größter Bedeutung sein werden. Unter dem Dach von SAA soll das Zusammenspiel von PC`s, Minicomputern und Mainframes neu organisiert werden, so daß eine Portierbarkeit von entwickelten Anwendungen über alle Rechnerarchitekturen hinweg möglich wird. SAA umfaßt die wesentlichen Bestandteile:

O **Einheitliche Benutzerunterstützung**
   Hier geht es vor allem um die einheitliche Benutzeroberfläche mit identischem Bildschirmaufbau, identischen Interaktionstechniken, gleichartig gestalteten Tastaturen, Funktionstasten usw.

O **Einheitliche Anwendungsunterstützung**
   Unter diese Kategorie fallen die bei der Systementwicklung zu verwendenden Sprachen (Problemorientierte Programmiersprachen der dritten Generation, Anwendungsgeneratoren der vierten Generation, Datenbankanfragesprachen, usw.) und die Präsentationsmanagement-Systeme zur Dialogunterstützung (Editoren, Ablaufsteuerungen).

O **Einheitliche Kommunikationsunterstützung**
   Ziel dieser Festlegungen ist es, für alle nach SAA-Regeln geschriebene Anwendungen den Zugang zu allen Datenstationen und Systemen innerhalb eines (heterogenen) Rechnernetzes zu ermöglichen. Dazu sind Datenströme (bspw. 3270-Datenstrom, DCA (Document Content Architecture)), Anwendungsdienste für Netzwerke (bspw. SNA (System Network Architecture), SNADS (SNA Distributed Services), DIA (Document Interchange Architecture)) und Übertragungs- (bspw. SDLC (Synchronous Data Link Control)) bzw. Zugriffsprotokolle (bspw. IEEE 802.2, IEEE 802.5) normiert vorzugeben.

2.5.5 CIM von ICL

Der britische Hersteller gilt auf dem bundesdeutschen Markt und erst recht im Fertigungsbereich als Außenseiter. Dennoch tritt das Unternehmen sehr selbstbewußt mit seiner Strategie "CIM 2000" auf. Grundlage sind die PPS-Systeme CAUSO für Klein- und Mittelbetriebe, SUPER-SAFES für die mittelständische Industrie und OMMAC für Großanwendungen.

Daneben existieren auf den Großrechnern (bspw. Serie 39) CAD-Anwendungen (DIAD) und ein graphisches NC-Programmiersystem (GNC), die in Zukunft auch auf Workstations (SUN-Rechner als OEM-Produkt für ICL) angeboten werden sollen. Integration wird vom Marketing im wesentlichen an zwei Stellen hervorgehoben. Zum einen existieren lokale Netzkonzepte für kleine (MICRO-LAN), mittlere (OSLAN) und Hochgeschwindigkeits-Anwendungen (MACRO-LAN), die zumindest die technische Grundlage eines Anwendungsverbundes schaffen. Die zweite Besonderheit ist die technische Datenbank CADENS. In dieser technischen Datenbank (nur auf den Großsystemen verfügbar) werden Konstruktionsteile und Baugruppen so verwaltet, daß bei neuen Konstruktionsaufträgen die Überprüfung auf Verwendung bereits vorhandener Konstruktionsteile computergestützt abgewickelt werden kann[51].

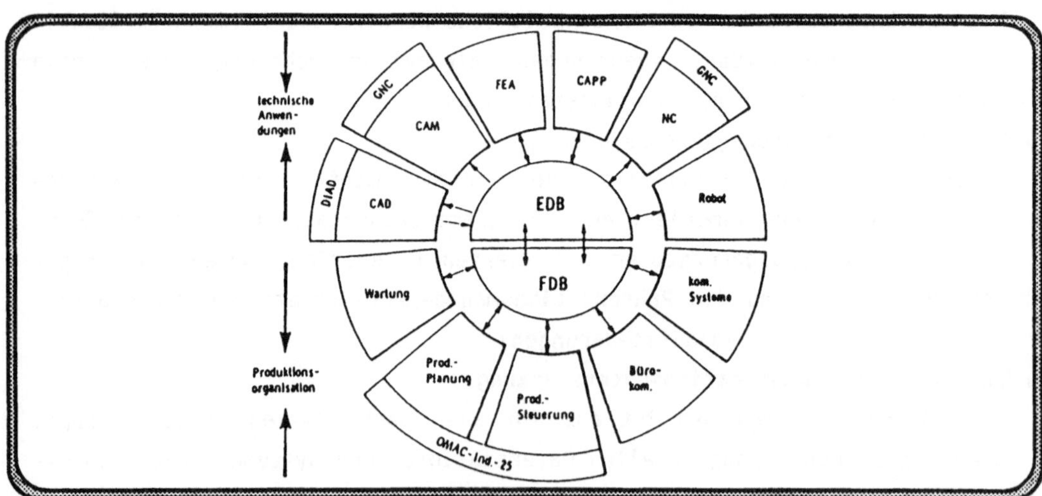

Abb. 2.16 CIM-Bild ICL (Quelle: LAUKEMANN[52])

2.5.6 CIM von NCR

Der überwiegende Teil der Kunden der Firma NCR ist im Bereich der mittelständischen Wirtschaft, einem in der Bundesrepublik sehr großen Marktsegment, anzusiedeln. Obwohl NCR seinen Schwerpunkt auch heute noch im Handel
(Kassensysteme, Warenwirtschaftssysteme) und im Banken- und Dienstleist-
ungsbereich hat, werden in letzter Zeit verstärkt Unternehmen der Fertigungsindustrie umworben. Angeboten werden Rechner vom PC über Minicomputer
bis zu Super-Minis (TOWER-Serie, I-9000), typische Großrechner dagegen sind
nicht die Domäne des Unternehmens.

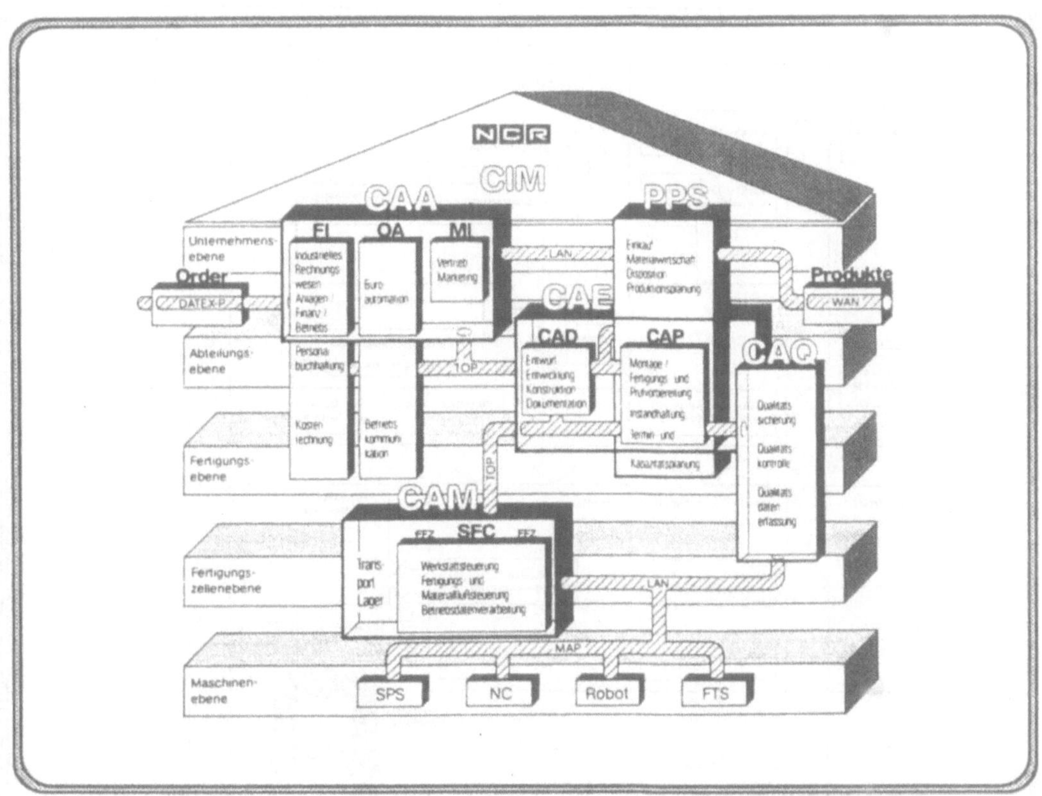

Abb. 2.17 CIM-Bild NCR (Quelle: RUFF[53])

Als Software existiert das bewährte, von seiner Konzeption her allerdings
nichtmehr ganz neue IMMAC mit den vorgelagerten Systemen EKS (Einkauf) und
VAS (Vertrieb), dem auf der Fertigungssteuerungsebene das BDE-System DPS 5
unterlegt ist. Hinzu kommt das Qualitätssicherungssystem DPQ 5, mit
Schnittstellen zum PPS-Bereich. In den technischen Funktionen wird das CAD-

System IMCAD vertrieben, im CAM-Bereich existieren noch Lücken. Das CIM-Schaubild von NCR führt als Neuerung eine Zuordnung der betrieblichen Funktionen zu Hierarchieebenen ein, die von der Unternehmensebene bis zur Maschinenebene reichen.

2.5.7 CIM von Nixdorf

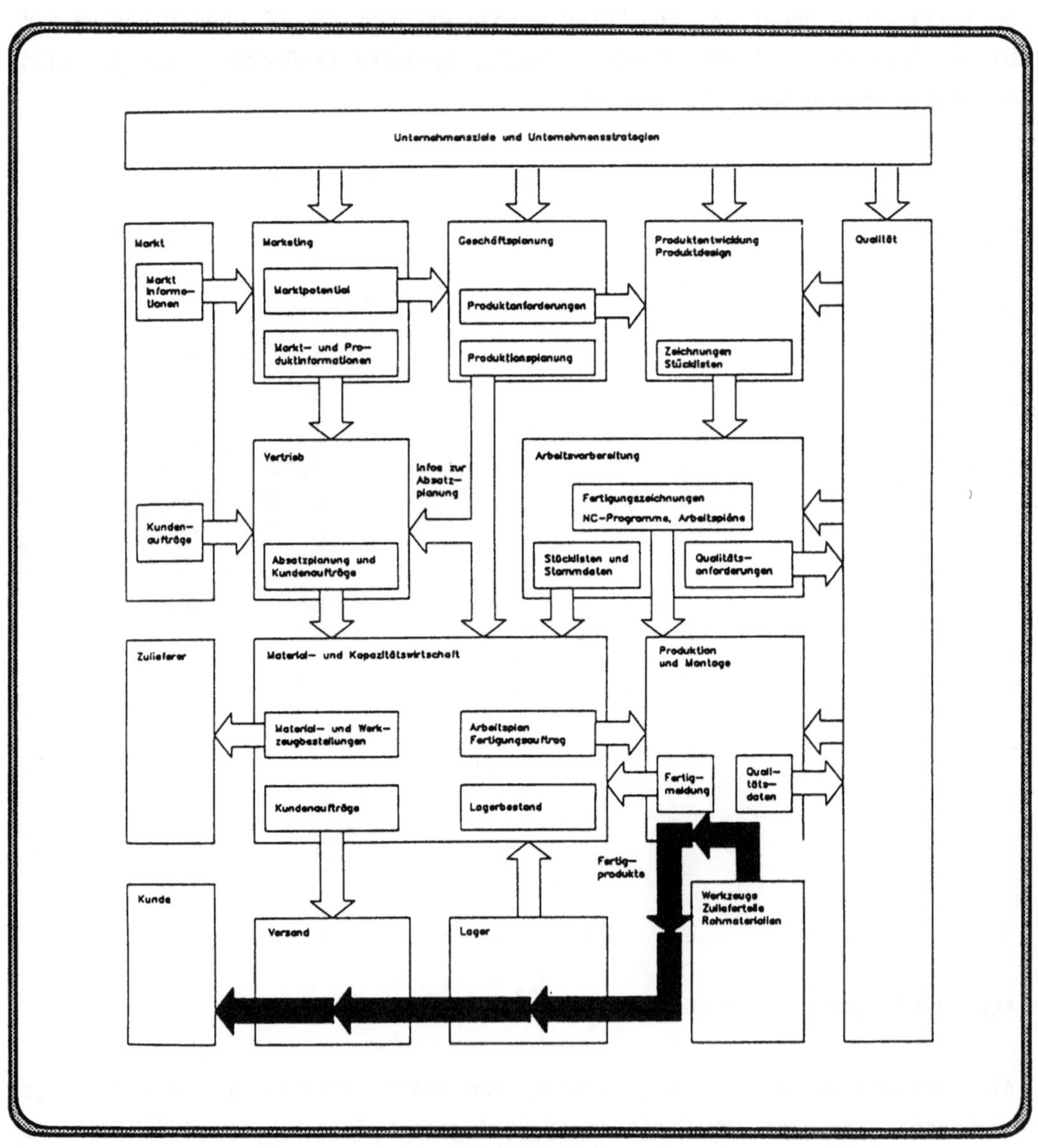

Abb. 2.18 CIM-Bild Nixdorf (Quelle: NIXDORF[54])

Die gleiche Zielgruppe wie NCR bearbeitet die in letzter Zeit offensiv auftretende Nixdorf AG. Auch hier lag der Schwerpunkt in der Vergangenheit eindeutig im Handel und im Dienstleistungssektor (Banken, öffentliche Verwaltungen). Dies hat sich seit Beginn der 80er Jahre erheblich geändert. Aus dieser Zeit stammen die verschiedenen Lösungen (COMET-Serie, FEROS, FIS, RUKON, RUPLAN), die auf der 88xx-Hardware-Linie basieren.

Mit Einführung der neuen TARGON-Rechnerfamilie, die als verteilte Systeme unter dem Betriebssystem UNIX eine moderne Hardwarearchitektur darstellen, steht seit neuerem ein zweites geeignetes Instrumentarium zur Verfügung. Die Leistungsklassen reichen auch hier von Personal Computern bis zu Super-Minicomputern der gehobenen Leistungsklasse.

Bei der Software ging man ebenso wie bei der Hardware den Weg, innovative Systeme von Drittfirmen zuzukaufen, zu adaptieren und unter eigenem Namen zu vertreiben. Im PPS-Bereich ist dies das System PROFIS, im CAD-Bereich wird PROREN mit dem entsprechenden NC-Programmier- und Verwaltungsteil von EXAPT angeboten. Auch wenn man von einer hohen Integrationsstufe bisher noch weit entfernt ist, existieren durch die innovative Architektur (verteilte Systeme, UNIX, relationale Datenbank REFLEX, moderne Softwaresysteme) gute Voraussetzungen.

Das von Nixdorf propagierte CIM-Schaubild (vgl. Abb. 2.18) ähnelt, wie schon erwähnt, dem von DEC, führt zusätzlich aber noch die Kategorien Markt, Lieferanten und Kunden auf. Es wird ebenso wie bei anderen Herstellern weniger auf die Produkte als vielmehr auf die generellen Zusammenhänge in "Administration und Logistik einer Fabrik" (Nixdorf) abgehoben.

2.5.8 CIM von Philips

Ein weiterer Anbieter, der sich um die produzierenden Klein- und Mittelbetriebe bemüht, ist der Bereich kommerzielle Datenverarbeitung des Großkonzerns Philips. Entsprechend ist das Angebot ausgerichtet. Das bewährte Programmpaket "Fertigungsorganisation 4000" (ablauffähig auf Rechnern der Serie P 4000) bietet die wesentlichen Funktionen zur PPS einschließlich der vorgelagerten kaufmännischen Systeme zur Finanzbuchhaltung, Nachkalkulation, Personalabrechnung usw.

Neu hinzugekommen ist das Programmpaket "CAD 4000" (ablauffähig auf Personal Computern P 3200 und nicht wie die Bezeichnung vermuten ließe auf der P 4000) mit Schnittstellen zum PPS-System und zur NC-Programmierung. Obwohl Philips auch ein bedeutender Hersteller von Maschinensteuerungen ist, fehlt, bedingt durch die divisionale Struktur des Großunternehmens, eine Integration in den CAM-Bereich. Ein Entwicklungssprung ist durch die kürzlich erfolgte Einführung einer neuen Rechnergeneration (Serie P 9000) zu erwarten.

2.5.9 CIM von Siemens

Eine Besonderheit ergibt sich bei einem weiteren Großkonzern, der Firma Siemens. Hier ist die divisionale Struktur bereits so weit fortgeschritten, daß von einem Unternehmen sogar zwei CIM-Konzeptbilder existieren, die durchaus unterschiedlich sind.

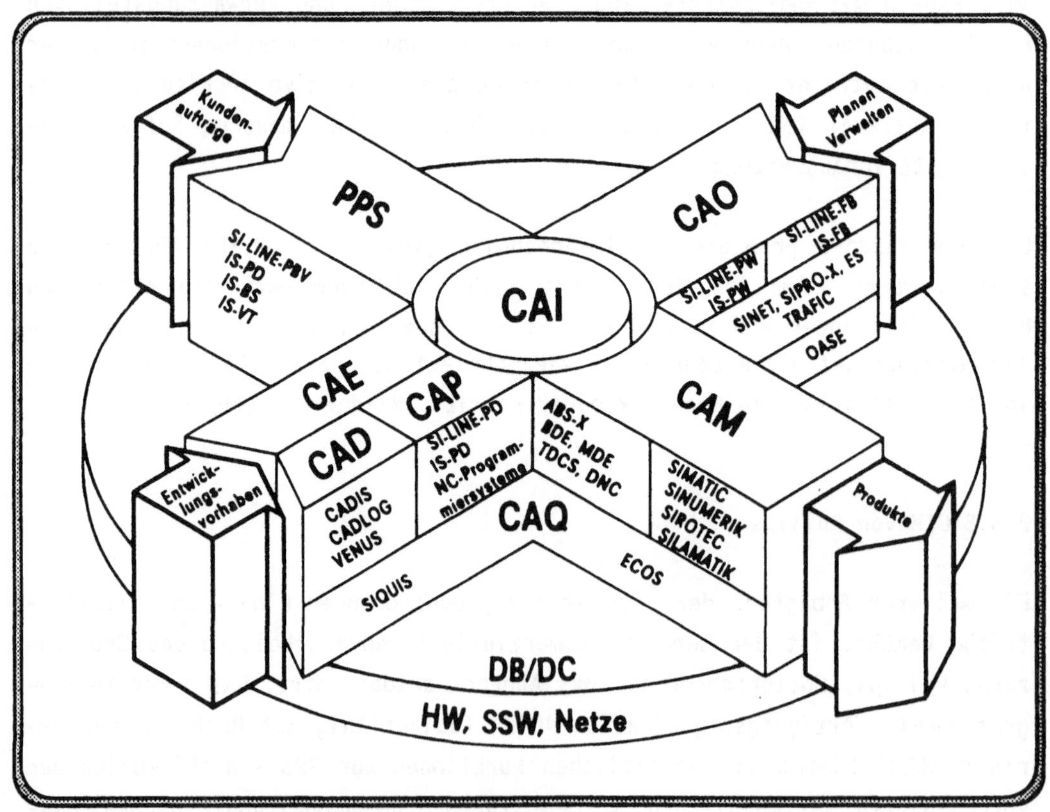

Abb. 2.19 CAI Siemens (Quelle: SIEMENS[55])

Das eine stammt vom Bereich Datentechnik ((kommerzielle) Datenverarbeitung)
und zeigt graphisch den Funktionsumfang des von Siemens geprägten CAI-Be-
griffes (Computer Aided Industry = Computer Assistierte Industrie).

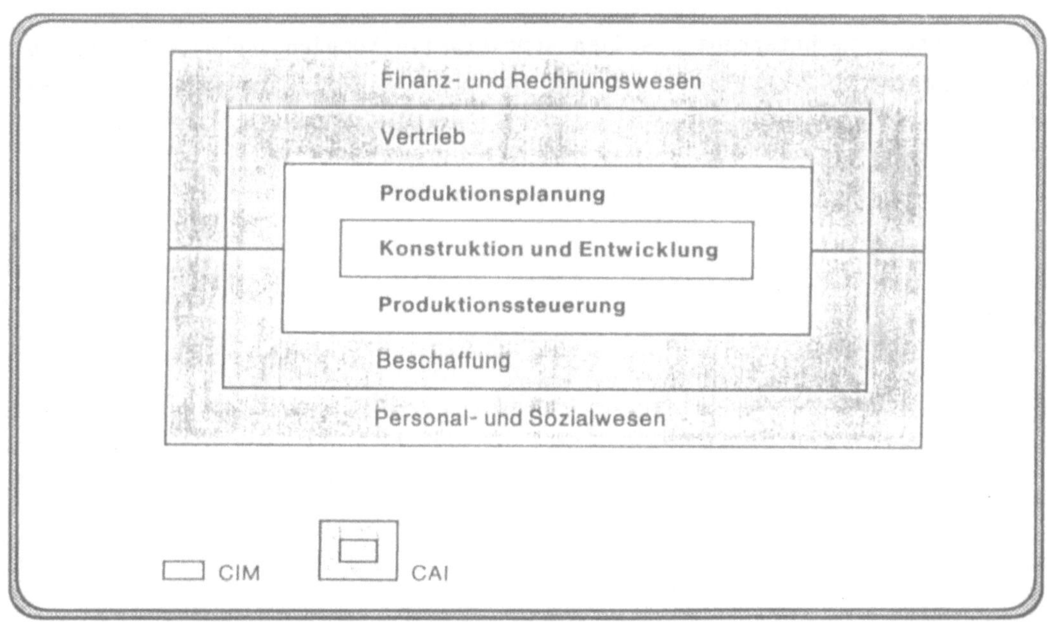

Abb. 2.20 Verhältnis CIM/CAI (Quelle: SIEMENS[56])

Im wesentlichen handelt es sich bei den Erweiterungen um den sog. CAO-Be-
reich, der planende und verwaltende Funktionen umfaßt, bspw. Personal- und
Sozialwesen, Rechnungswesen und Bürokommunikation.
Als Produktphilosophie steht hinter diesem Konzept die bekannte 7.5xx-
Rechnerserie unter dem Betriebssystem BS 2000, erweitert um zahlreiche
Personal-Computer-Varianten (MX2, MX500,...) unter SINIX (UNIX).

Als Software wird seit neuestem die SI-Line propagiert, die in zwei Ausbau-
stufen SI-Line 200 (Mittelständische Unternehmen) und SI-Line 400 (Großunternehmen und Konzerne) angeboten wird (vgl. KNORR[57]). Zielgruppe sind
die heutigen Anwender des IS genannten PPS-Systems von Siemens (vgl.
ZENNER[58]). Die Realisierung liegt noch hinter den Ankündigungen zurück,
hauptsächlich bei der "großen" Lösung. Realisiert sind von der "200-Linie"
bisher die Funktionen:

Beschaffung   BS-200
Produktion   PD-200

Vertrieb   VT-200
Personalwesen   PW-200 und
Finanzbuchhaltung FB-200.

Beim Einsatz im Unternehmen sollen schrittweise Kopplungsschnittstellen zu den Siemens CAD-Produkten CADIS und CADLOG, dem Werkstattsteuerungssystem ABS-X auf MX-PC`s oder zum Bürokommunikationssystem OASE realisiert werden.

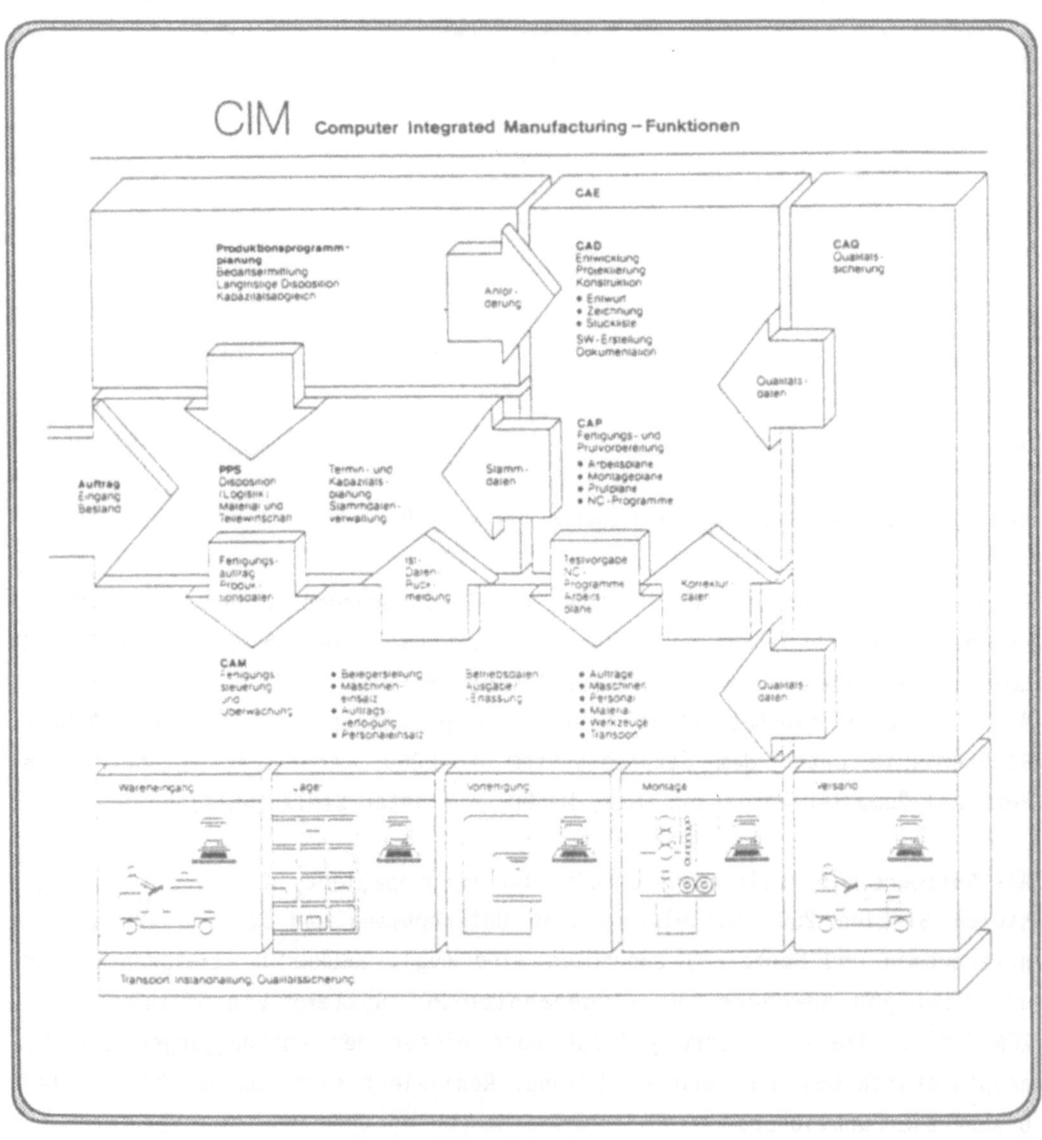

Abb. 2.21 CIM-Bild Siemens (Quelle: WALLER[59])

Das zweite CIM-Schaubild stammt vom Geschäftsbereich Produktionsautomatisierung und Automatisierungssysteme und gleicht den bereits bekannten Konzepten anderer Hersteller. Bewußt werden der CAO-Bereich, sowie die Funktionen Marketing und Vertrieb ausgelassen, die ja nicht zum Aufgabengebiet der Produktionsautomatisierung zählen. Dafür kann SIEMENS in dem fertigungsnahen Bereich, insbesondere was die Steuerung der im Schaubild aufgeführten Systeme für Fertigung, Lagerung, Handhabung und Transport angeht, das umfassendste Angebot an Hard- und Steuerungssoftware anbieten.
Dazu gehört zum einen die SICOMP-Reihe, die zwar auch über die Eigenschaften kommerzieller DV-Anlagen verfügt, andererseits aber auch mit Leistungsmerkmalen für die Industrieautomation wie Echtzeitverarbeitung, speziellen Prozeß-Ein- und Ausgabesteuerungen und umfangreicher Prozeßperipherie ausgestattet ist. Auf diesen Systemen werden Standardlösungen wie Personendatenerfassung (SIPASS), Qualitätsmanagement (SIQUIS), Materialbeschriftung (SILAMATIK) und Produktionssteuerung (FERTIS) angeboten. Weitere Produktreihen, die z.T. marktbeherrschende Stellungen haben, sind die SIMATIC S5-Serie (Speicherprogrammierbare Steuerungen) und SINUMERIK (Numerische Steuerungen). Trotz des umfassenden Angebotes ist aber festzustellen, daß auch hier die propagierte Durchgängigkeit der Informationsflüsse noch nicht einmal innerhalb der Produktreihen eines Herstellers gegeben ist.

2.5.10 CIM von UNISYS

UNISYS entstand Ende 1986 als Zusammenschluß der beiden amerikanischen Computerfirmen BURROUGHS und SPERRY und ist heute der weltweit zweitgrößte Computerhersteller. Die meisten der bisher implementierten Systeme werden für kommerzielle Anwendungen eingesetzt. Im Bereich CIM ist UNISYS (im Gegensatz zu den Gründungsfirmen in den USA) auf dem deutschen Markt erst sehr spät gestartet.

Die derzeit verfügbaren Softwaresysteme (SUBAS für betriebswirtschaftliche Anwendungen, PERSOS bzw. SUPER als Personalinformationssysteme, UNIS III als PPS-System; OFIS zur Bürokommunikation) werden als Basislösungen vermarktet und die potentiellen Anwender auf Softwarepartner und das hohe Innovations- und Entwicklungspotential eines Großunternehmens verwiesen. Die CIM-Realisierung soll in einem 3 Stufen-Konzept erfolgen:

1. Stufe - UNICIM (Manufacturing Key System)

Unterstützung der wichtigsten organisatorischen und technischen Funktionsbereiche rund um die eigentliche Fertigung.

2. Stufe - UNICOM (Commercial and Manufacturing System)

Verknüpfung der organisatorischen und betriebswirtschaftlichen Komponenten.

3. Stufe - UNICOS (Industry Communication System)

Systematischer Ausbau aller Anwendungen zur Gesamtlösung.

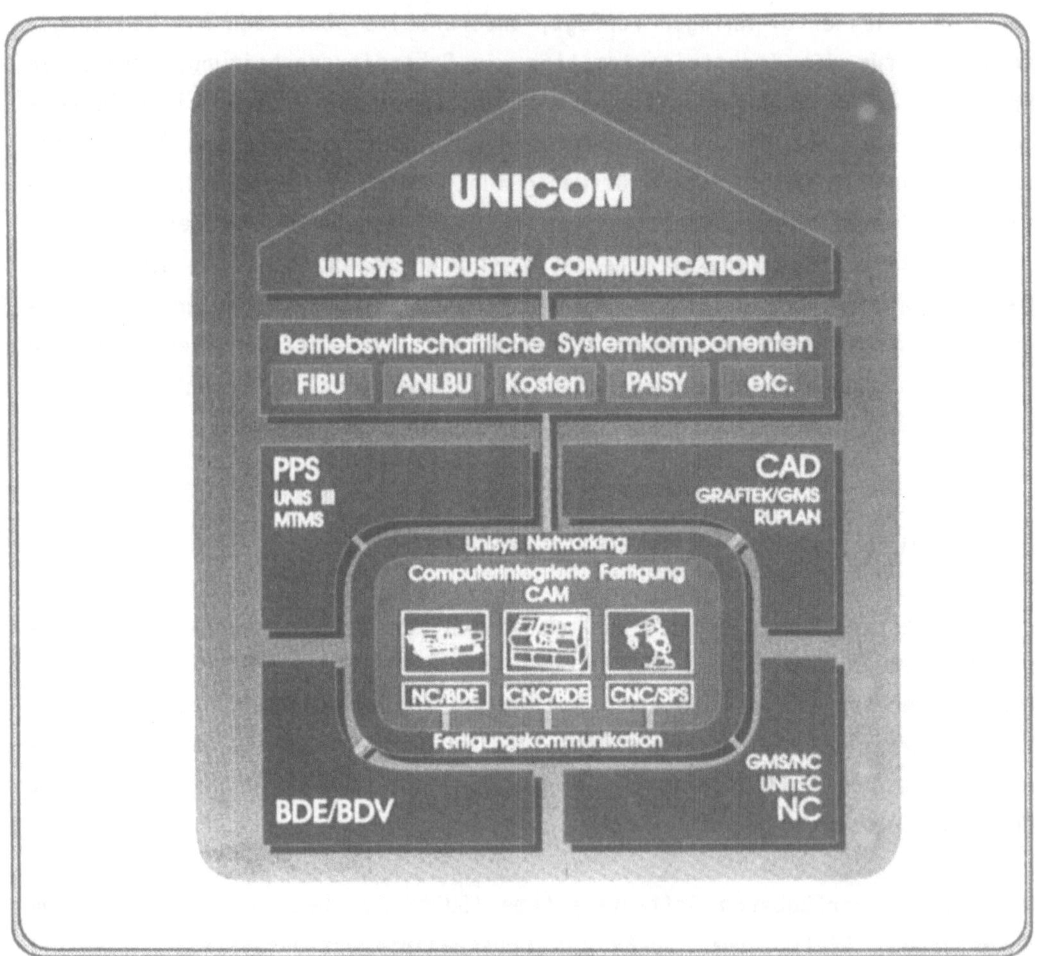

Abb. 2.22 CIM-Bild UNISYS (Quelle: UNISYS[60])

LITERATUR ZU KAPITEL 2

1. BERNSDORF, W.:
    Integration;
    in: Wörterbuch der Soziologie; 6. Auflage; Fischer Verlag; Frankfurt
    (1979); S. 373
2. LAWRENCE, P.R.:
    Organization and Environment - Managing Differentiation and Integration;
    Harvard University, Boston (Mass.) (1967)
3. FRESE, E.:
    Grundlagen der Organisation;
    2. Auflage; Gabler Verlag Wiesbaden (1984)
4. LEHMANN, H.:
    Integration;
    in: Handwörterbuch der Organisation (HWO); 2. Auflage; Poeschel Verlag;
    Stuttgart (1980); Sp. 1976-1984
5. HACKSTEIN, R.:
    Arbeitswissenschaft im Umriß;
    Band 2: Grundlagen und Anwendung; Girardet Verlag Essen (1977); S. 1ff
6. GEITNER, U.:
    CIM Handbuch;
    Vieweg Verlagsgesellschaft; Braunschweig (1987); S. 5
7. SCHEER, A.-W.:
    CIM - Der computergesteuerte Industriebetrieb;
    Springer Verlag, Berlin Heidelberg (1987); S. 4-6
8. HARRINGTON, J.:
    Computer Integrated Manufacturing;
    Industrial Press; New York (1973)
9. LEDERER, K.G.:
    EDV-unterstützte Kommunikationssysteme in der Automobilindustrie;
    in: Fortschrittliche Betriebsführung/Industrial Engineering (FB/IE) 33;
    Heft 1 (1984); S. 23-29
10. MAIER-ROTHE, C.; BUSSE, K.; THIELE, R.:
    Computerverbundsysteme planen, steuern und kontrollieren den Produkt-
    ionsprozeß;
    in: Maschinenmarkt 89; Heft 8 (1983); S. 106-109
11. SPUR, G.:
    Die Roboter verschwinden in der automatischen Fabrik;
    in: VDI-Nachrichten 38; Heft 52 (1984); S.6
12. GRABOWSKI, H.:
    CAD/CAM - Grundlagen und Stand der Technik;
    in: Fortschrittliche Betriebsführung/Industrial Engineering (FB/IE) 32;
    Heft 4 (1983); S. 224-233
13. MAJOR, F.W.:
    Computer-Graphics steuert die Produktivität;
    in: VDI-Nachrichten 38; Heft 40 (1984); S. 29
14. FÖRSTER, H.-U.:
    CAD-PPS-Kopplung - Ein Meilenstein auf dem Weg zur rechnerintegrierten
    Produktion;
    in: CAD/CAM Report 4; Heft 1/2 (1985); S. 54-59
15. SCHEER, A.-W.:
    Factory of the Future; Vorträge im Fachausschuß "Informatik in Produktion
    und Materialwirtschaft" der Gesellschaft für Informatik e.V.;
    Heft 42 der Veröffentlichungen des Institut für Wirtschaftsinformatik;
    Saarbrücken; Dezember 1983; S. 2

16. AUSSCHUß FÜR WIRTSCHAFTLICHE FERTIGUNG (AWF) e.V. (Hrsg.):
  AWF-Empfehlung - Integrierter EDV-Einsatz in der Produktion - CIM
  (Computer Integrated Manufacturing);
  Eschborn; November 1985; S. 1-12
17. AUSSCHUß FÜR WIRTSCHAFTLICHE FERTIGUNG (AWF) e.V. (Hrsg.):
  AWF Empfehlung - Integrierter EDV-Einsatz in der Produktion CIM -
  (Computer Integrated Manufacturing);
  Eschborn; November 1985; S. 10
18. SCHEER, A.-W.:
  EDV-orientierte Betriebswirtschaftslehre
  Springer Verlag; Berlin-Heidelberg New York Tokyo (1984); S.156
19. WALLER; S.:
  Die automatisierte Fabrik;
  in: VDI-Zeitung 125; Heft 20 (1983); S. 838-842
20. GEITNER, U.W.:
  CIM-Handbuch;
  Vieweg Verlagsgesellschaft; Braunschweig (1987); S. 5
21. BULLINGER, H.-J.; NIEMEYER, J.; HUBER, H.:
  Computer Integrated Business (CIB)-Systeme;
  in: CIM Management; Oldenbourg Verlag München; Heft 3 (1987); S.12-21
22. BULLINGER, H.-J.; NIEMEIER, J.; HUBER, H.:
  Computer Integrated Business (CIB)-Systeme;
  in: CIM-Management; Oldenbourg Verlag München; Heft 3 (1987); S. 14
23. KRALLMANN, H.:
  CAO - Eine Komponente von CIM;
  in: CIM-Management, Oldenbourg Verlag München; Heft 3 (1987); S. 5
24. MAIER-ROTHE, C.:
  Gemeinsame Strategie für Logistik und Computer Integrated Manufacturing;
  RKW-Handbuch Logistik; E. Schmitt Verlag Berlin (1986); 10. Lieferung;
  August 1986; S. 3-18 (6820)
25. HANDKE, G.:
  Das Zusammenwirken von Logistik und CIM-Systemen in der Unternehmensstruktur;
  RKW-Handbuch Logistik; E. Schmitt Verlag Berlin (1986); 10. Lieferung;
  August 1986; S. 3-25 (6810)
26. STENZEL, J.:
  CIM und Logistik - ein Widerspruch?;
  in: CIM-Management; Oldenbourg Verlag München; Heft 2 (1987); S. 70-76
27. ROY, S.:
  Die Versorgungskette integrieren;
  in: Computerwoche extra; 12. Juni 1987; S.62/63
28. BULLINGER, H.-J.; TRAUT, L.:
  Die Fabrik der Zukunft;
  in: Fortschrittliche Betriebsführung/Industrial Engineering (FB/IE) 35;
  Heft 1 (1986); S. 4
29. WÖHE, G.:
  Einführung in die Allgemeine Betriebswirtschaftslehre;
  15. überarbeitete Auflage; Verlag Vahlen München (1984); S. 597
30. BULLINGER, H.J., LENTES, H.-P.:
  The future of work;
  in: International Journal of Production Research 20; No. 3 (1982); S. 261
31. CODD, E.F.:
  A Relational Model for Large Shared Data Banks;
  in: Communications of the ACM; Vol. 13; No. 6 (1970); S. 377-387

32. WAHLSTER, W.:
  Datenbanksysteme;
  Skript zur Vorlesung im Fachbereich 10 der Universität des Saarlandes im
  WS 1987/88; Saarbrücken (1987); S. 235
33. o.V. :
  IBM-Entwickler basteln an NF^2- Erweiterung;
  in: Computerwoche vom 25.03.1988; S. 11
34. KÜSPERT, K.:
  Non-Standard-Datenbanksysteme;
  in: Informatik Spektrum; Heft 9 (1986); S. 184-192
35. RELATIONAL TECHNOLOGIE (Hrsg.):
  POSTGRES, das Datenbanksystem der nächsten Generation;
  in: INGRES News; Nr. 1 (1987); S. 5
36. DEMMER, H.:
  Datentransportkostenoptimale Gestaltung von Rechnernetzen;
  Reihe Betriebs- und Wirtschaftsinformatik; Band 21; Springer Verlag;
  Berlin Heidelberg (1987); S. 16-20
37. MEYER-WEGENER, K.:
  Transaktionssysteme-Verteilte Verarbeitung und verteilte Datenhaltung;
  in: Informationstechnik (it); Oldenbourg-Verlag München; Schwerpunktthema
  Datenbanken; Heft 3 (1987); S. 120-126
38. MUNTER, H.:
  UNIX;
  in: Office Management; FBO Verlag Baden Baden; Heft 10 (1987); S. 116
39. STEINACKER, I.:
  Intelligente Maschinen;
  in: RICHTER, L.; STUCKY, W. (Hrsg.); Leitfaden für angewandte Informatik;
  Artificial Intelligence; Stuttgart (1984); S. 8
40. KUSIAK, A. (Hrsg.):
  Artificial Intelligence - Implications for CIM;
  IFS Publications UK and Springer Verlag; Berlin 1988)
41. KOBSA, A.:
  Artificial Intelligence und kognitive Psychologie;
  in: RICHTER, L.; STUCKY, W. (Hrsg.); Leitfaden für angewandte Informatik;
  Artificial Intelligence; Stuttgart (1984); S. 103
42. o.V.:
  Expertensysteme, Angewandte Künstliche Intelligenz;
  Informationsbroschüre der Nixdorf Computer AG, Paderborn (1986)
43. WAHLSTER, W.:
  Expertensysteme;
  Skript zur Vorlesung im Fachbereich 10 der Universität des Saarlandes im
  WS 1986/87; Saarbrücken (1986); S. 84,85
44. DATA GENERAL (Hrsg.):
  Data General CIM-Konzept;
  Firmenschrift; Schwalbach/Ts.; Januar 1988; S. 7
45. SCHLEMPER, K.:
  Brücken zwischen Inseln schaffen;
  in: MEGA; Franzis Verlag München; Heft 1 (1986); S. 51
46. DEC (Hrsg.):
  Computerintegrierte Fertigung mit CIM;
  Firmenschrift; München; o.J.; S. 6
47. WARGIN, J.; HITZLER, D.:
  Einführung von CIM - Strategisches Konzept und praktische Anwendung;
  in: Zeitschrift für wirtschaftliche Fertigung (ZwF) 81; Heft 11 (1986);
  S. 599

48. LECHNER, K.O.:
CIM-Architektur: Grundlage für wirtschaftliche Unternehmensführung;
in: KOMMTECH 87; Computer Integrated Manufacturing und Unternehmenslogistik; Online Verlag Velbert (1987); S. 10.3.16
49. FRISCHKORN, H.-G.:
CIM - Das Konzept der IBM;
in: Office Management; FBO Verlag Baden Baden; Heft 9 (1987); S. 41
50. IBM (Hrsg.):
CIM - Computer Integrated Manufacturing;
Informationsbroschüre zur CEBIT 85 in Hannover; o.O. und o.J.;
51. o.V.:
CIM 2000 - Konzept für ein rechnergesteuertes Informationssystem;
in: CAE-Journal; Heft 1 (1987); S. 63-65
52. LAUKEMANN, K.:
CIM bei ICL;
in: CIM Management; Oldenbourg Verlag München; Heft 2 (1986); S. 61
53. RUFF, K.:
Büroautomation bei NCR;
in: CIM Management; Oldenbourg Verlag München; Heft 3 (1987); S. 39
54. NIXDORF (Hrsg.):
Wer morgen CIM will, muß heute anfangen;
in: CIM REPORT - Ein Nixdorf Magazin; Paderborn; März 1987; S. 7
55. SIEMENS (Hrsg.):
CAI Computer Aided Industry; Faltblatt;
in: SAVE aktuell - Nachrichten und Berichte aus dem Siemens-Informati-
onstechnik Anwenderverein; München; Heft 1; April 1987; S. 36
56. SIEMENS (Hrsg.):
CAI Computer Aided Industry; Faltblatt;
in: SAVE aktuell - Nachrichten und Berichte aus dem Siemens-Informati-
onstechnik Anwenderverein; München; Heft 1; April 1987; S. 36
57. KNORR, G.:
SI-LINE die neue Software-Linie für die computer-assistierte Industrie
CAI;
in: SAVE aktuell - Nachrichten und Berichte aus dem Siemens-Informati-
onstechnik Anwenderverein; München; Heft 1; April 1987; S. 32
58. ZENNER, D.:
IS-Anwender - der harte Kern für CAI;
in: SAVE aktuell - Nachrichten und Berichte aus dem Siemens-Informati-
onstechnik Anwenderverein; München; Heft 1; April 1987; S. 32;
59. WALLER, S.:
Die automatisierte Fabrik;
in: VDI-Zeitung 125; Heft 20 (1983); S. 84
60. UNISYS (Hrsg.):
Produktivitätsfortschritt durch CIM;
Firmenschrift; Sulzbach/Taunus (1988); S. 6

3. PRODUKTIONSTECHNISCHES TEILKONZEPT

Eine tragende Säule jedes CIM-Konzeptes sind die auf das jeweils herzustellende Produktspektrum abgestimmten Produktionseinrichtungen eines Unternehmens, auch wenn sich die Anforderungen an die Systeme durch CIM nachhaltig verändern. Die Verbesserung der **Fertigungseinrichtungen, Fertigungsverfahren und der dabei eingesetzten Materialien** mit den Zielen einer Steigerung der Produktivität und einer Verringerung der Fertigungskosten ist die Aufgabe der Produktionstechnik. Die externen Faktoren die, auf die moderne Produktionstechnik einwirken, sind gekennzeichnet durch:

O abnehmende Fertigungslosgrößen,

O abnehmende Produktlebensdauer,

O zunehmende Variantenzahl und

O unzureichende Nutzung der Produktionsanlagen.

Neben der Forderung nach verbesserter Mengenleistung und Arbeitsgenauigkeit (Qualität) gewinnt die Verbesserung der **Flexibilität** von Fertigungseinrichtungen und Fertigungsabläufen immer mehr an Bedeutung. Unter Flexibilität soll hier die Anpassungsfähigkeit der Produktionseinrichtungen an unterschiedliche Produktionsaufgaben verstanden werden.

Die **Umrüstflexibilität** bewertet dabei den Aufwand für die Umstellung zwischen bekannten Fertigungsaufgaben im Rahmen des aktuellen Produktionsprogramms.

Die unvergleichlich anspruchsvollere **Umbauflexibilität** bewertet den Aufwand, der für die Umstellung auf neue, bei der Installation des Systems noch nicht bekannte Fertigungsaufgaben aufgrund von Änderungen im Produktionsprogramm, erforderlich ist.

In zunehmendem Maße werden daher Programme, Einrichtungen und Anlagen für rechnergestützte und flexibel automatisierte Produktionsabläufe entwickelt. Ziel ist es dabei, die prinzipbedingten Nachteile der Werkstattfertigung, die im wesentlichen in einem unübersichtlichen Materialfluß und komplexen Transportbeziehungen bestehen, zu überwinden, und durch die Komplettbearbeitung eines Werkstücks auf einer Maschine bzw. die Bearbeitung unterschiedlicher Werkstücke in unterschiedlicher Folge bei automatisiertem Materialfluß zu ersetzen. Die geforderte Flexibilität ist fast zwangsläufig mit einem hohen Kapitaleinsatz verbunden.

Soll das Ziel einer flexiblen und hochproduktiven Fertigung zu möglichst geringen Kosten erreicht werden, ist es erforderlich, ein **fertigungstechnisches Konzept** zu entwickeln, das alle Möglichkeiten berücksichtigt:

o **neue computergesteuerte Produktionseinrichtungen** einzusetzen, die mit

o **neuen Fertigungsverfahren/Fertigungstechniken** und mit geeigneten

o **neuen Werkzeugen** arbeiten, die aus

o **neuen Werkzeugwerkstoffen** in

o **neuer Oberflächentechnik** hergestellt sind.

3.1 COMPUTERGESTEUERTE PRODUKTIONSEINRICHTUNGEN

3.1.1 Flexible Fertigungseinrichtungen

Im Bereich der Metallbearbeitung, auf die sich die folgenden Ausführungen hauptsächlich beziehen, reicht die Bandbreite flexibler Produktionsanlagen, in aufsteigender Reihenfolge (am Komplexitätsgrad gemessen), von:

O NC-Maschinen,

O über Bearbeitungs- und Drehzentren,

O Flexible Fertigungszellen,

O Flexible Fertigungsinseln

O bis zu Flexiblen Fertigungssystemen und

O (Flexiblen) Transferstraßen.

Der Unterschied dieser Anlagen liegt neben dem bearbeitbaren Teilespektrum (Einsatz in der Groß-, Mittel-, und Kleinserienproduktion) und den typischen Anwendungsbereichen (Maschinen-, Kraft- und Nutzfahrzeugbau) vor allem in der quantifizierbaren Größe der **Flexibilität**. Grundlage der Einteilung ist die Überlegung, daß sämtliche flexibel automatisierten Anlagen aus den Systemkomponenten:

O Bearbeitungssystem,

O Werkstückaufnahmesystem,

O Werkstücktransfersystem,

O Ver- und Entsorgungssystem,

O Überwachungssystem sowie

O Steuerungssystem

aufbaubar sind (vgl. STUTE[1], WEGGEN[2]), wobei jede Struktur gedanklich durch Hinzufügen oder Entfernen einzelner Komponenten aus jeder anderen erzeugt werden kann. Den Zusammenhang zwischen Produktivität (dargestellt in durchschnittlichen Stückzahlen pro Fertigungslos) und Flexibilität (gemessen in der Anzahl unterschiedlicher bearbeitbarer Werkstücke) der o.g. Produktionsanlagen zeigt Abb. 3.1.

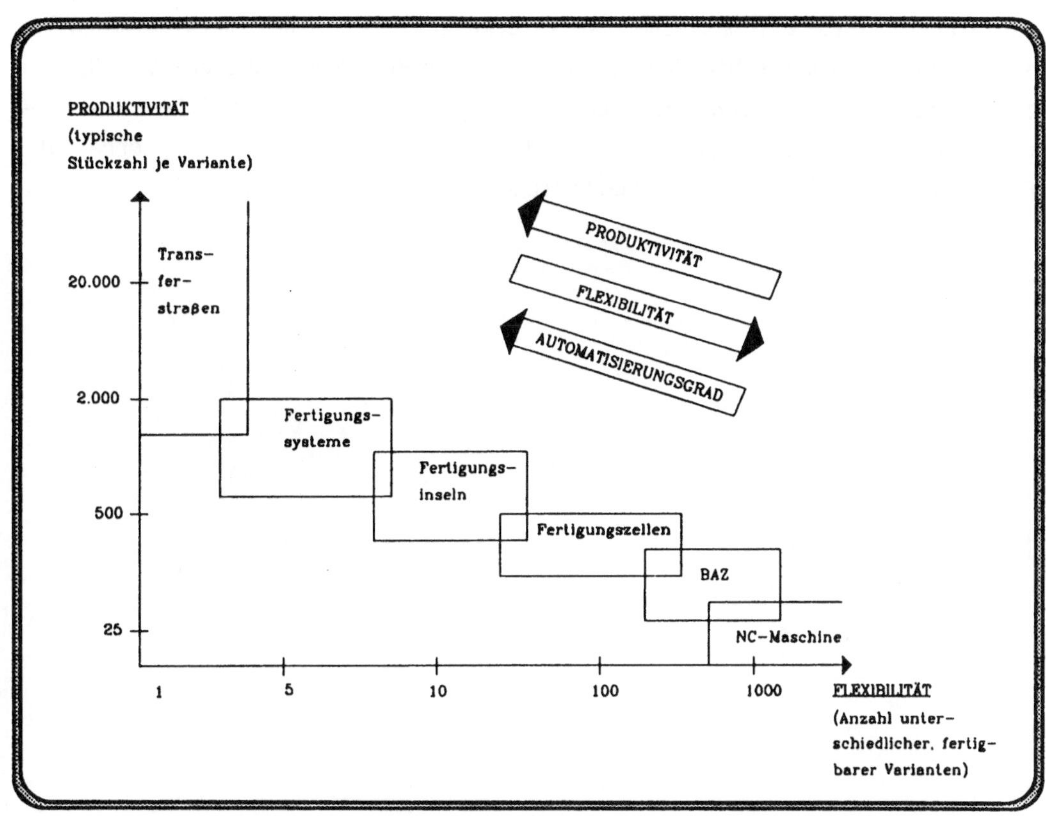

Abb. 3.1 Zusammenhang zwischen Produktivität und Flexibilität

Darüber hinaus werden in diesem Abschnitt als weitere Komponenten der automatisierten Fertigung Industrieroboter, Automatische Lager- und Transportsysteme sowie Flexible Montagesysteme betrachtet.

3.1.1.1 Bearbeitungs- und Drehzentren

Ein **Bearbeitungszentrum (BAZ)** unterscheidet sich von einer NC- (**N**umerical
Control) oder CNC- (**C**omputerized **N**umerical **C**ontrol) Maschine als reine Ein-
verfahrensmaschine dadurch, daß sie zur Ausführung von **mindestens zwei** Bearbeitungsoperationen und zu automatischem Werkzeugwechsel aus einem Magazin entsprechend dem Bearbeitungsprogramm fähig ist. Dies geschieht durch
Hinzufügen eines automatischen Werkstückwechslers, eines Werkzeugmagazins
sowie einer automatischen Überwachung von Prozeß und Produktion. Die Option
zur Mehrseitenbearbeitung wird durch Integration von zusätzlichen Positio-
nierachsen sowie der Erweiterung auf Mehrverfahrensbearbeitung erreicht.
Ein Werkstückspeicher ist im Bearbeitungszentrum nicht vorgesehen.

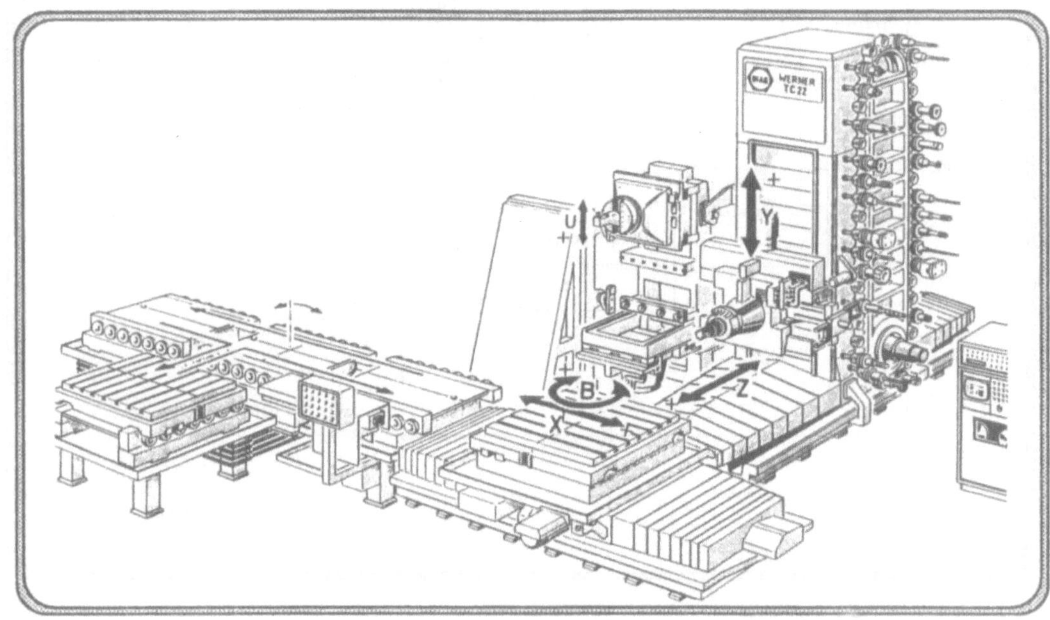

Abb. 3.2 Fünfachsiges Drehzentrum mit Paletten- und Werkzeugwechsler
        (Quelle: WERNER und KOLB (Hrsg.))[3]

Ein typische Ausprägungsform sind Drehzentren. Ein Drehzentrum entspricht
einer NC-Drehmaschine mit automatischem Werkzeugwechsel, Werkzeugen in einem angetriebenen Revolvermagazin und der Möglichkeit zum NC-gesteuerten
Verfahren der Hauptspindel. Dies erlaubt neben Drehbearbeitungen beispielsweise auch Bohr-, Fräs- und Schleifoperationen, wodurch eine außerordentlich hohe Formenvielfalt erzeugt werden kann (vgl. PRITSCHOW[4]).

Als eine zweite Erscheinungsform seien Blechbearbeitungszentren angeführt, die alle zur Komplettbearbeitung von Blechteilen notwendigen Trenn- und Umformoperationen wie Schneiden, Stanzen, Biegen und Tiefziehen ausführen können.

3.1.1.2 Flexible Fertigungszellen (FFZ)

Flexible Fertigungszellen sind die kleinsten autonomen Fertigungssysteme[5]. Sie stellen standardisierte, in sich geschlossene, hochproduktive Systeme dar. Eine charakteristische Konfiguration besteht aus mehreren **gleichartigen, sich ersetzenden** Bearbeitungszentren, die durch eine gemeinsame automatisierte Werkstück- und Werkzeugversorgung verbunden sind. Die Koordination übernimmt ein integrierter Rechner (Zellenrechner).

Voraussetzung für eine Entkopplung des Bedienpersonals vom Arbeitstakt der Maschinen und damit Voraussetzung für den (zumindest zeitweilig) bedienerlosen Betrieb, ist der Einsatz von standardisierten Paletten, auf denen die zu bearbeitenden Rohteile in definierter Position aufgespannt sind. Diese werden von einem Palettenförderer bewegt. Die Bearbeitungszeit pro Teil und die Anzahl der einsetzbaren Paletten, die wiederum von der Größe des Palettenpuffers abhängt, bestimmen die Zeit, in der das System mannlos arbeiten kann.

Der übergeordnete Zellenrechner koordiniert, steuert und überwacht alle Funktionen. Neben der Versorgung der Fertigungseinrichtungen mit Werkstücken, Werkzeugen und NC-Programmen erfüllt er auch dispositive Aufgaben wie:

O Führen der Werkstück- und Werkzeugdatei
O NC-Programmverwaltung
O Dialog mit dem Bediener.

Flexible Fertigungszellen sind besonders für die wirtschaftliche Fertigung eines vergleichsweise breiten Werkstückspektrums bei kleineren bis mittleren Losgrößen geeignet.

3.1.1.3 Flexible Fertigungsinseln

Den Kern einer flexiblen Fertigungsinsel bilden neben NC-Maschinen meist **mehrere, sich** hinsichtlich der Fertigungsverfahren **ergänzende** CNC-gesteuerte Bearbeitungszentren (BAZ), die aufgrund ihrer mehrachsigen Ausführung und Bahnsteuerung eine Komplettbearbeitung sämtlicher Varianten einer Teilefamilie durchführen können. Dabei erfolgt die Bearbeitung mindestens einer Variante mehrstufig unter Einbeziehung aller Maschinen des Systems. Die Verkettung der Maschinen ist begrenzt wahlfrei, die Maschinen selbst werden durch das Werkstückspektrum bestimmt.
Auch hier gehört eine automatische Werkstückträger-Wechseleinrichtung bereits zur Grundausstattung, deren fakultative Erweiterung in Form von Linear-, Kreis- oder Ovalspeichern die nötige Kapazität für ein oder zwei Schichten bereitstellt. Ist die Werkzeuganzahl nicht ausreichend, besteht bei einigen Maschinentypen die Möglichkeit, das komplette Magazin auszutauschen und ggf. mit einem Flurförderfahrzeug zum zentralen Werkzeuglager zu transportieren. Der Werkzeugwechsel erfolgt i.d.R. ebenfalls automatisch durch Werkzeugwechsler in Doppelgreiferausführung zum gleichzeitigen Ein- und Ausbringen der Werkzeuge in Spindel und Magazin.

Flexible Fertigungsinseln sind, was ihr wirtschaftliches Einsatzgebiet anbelangt, zwischen den Flexiblen Fertigungszellen und den, in der Großserienfertigung vorzufindenden, Flexiblen Transferstraßen einzuordnen. Den Fertigungszellen sind sie dort vorzuziehen, wo zur Komplettbearbeitung sich ergänzende Maschinen gefordert sind. Andererseits können sie aber auch dort wirtschaftlich sein, wo vergleichsweise hohe Jahresstückzahlen vieler Produktvarianten zu fertigen sind.

3.1.1.4 Flexible Fertigungssysteme (FFS)

Der Begriff "Flexibles Fertigungssystem" wurde vor fast 20 Jahren von DOLEZALEK[6] eingeführt. Heute versteht man darunter eine Gruppe numerisch gesteuerter Werkzeugmaschinen (Einzelmaschinen, Bearbeitungszentren, Fertigungszellen, Fertigungsinseln), die über ein zentrales Steuerungs- und Überwachungssystem und ein gemeinsames Transportsystem miteinander verbunden sind. Dabei ist die Gewährleistung der **ungetakteten, indirekten Stationsanbindung** Bedingung.

In Abhängigkeit vom Teilespektrum (Fertigungstechnik, Geometrie, Größe, Gewicht) kommen zusätzlich NC-gesteuerte Ladeportale, mehrachsige Handhabungsgeräte und Industrieroboter zum Einsatz. In den Bearbeitungs- und Informationsfluß können außerdem Meßsysteme, z.B. maschinenintegrierte Meßtaster, mehrdimensionale Koordinatenmeßmaschinen, automatische Werkzeug-, Drehmoment- und Standzeitüberwachungssysteme integriert sein.

Anders als bei Flexiblen Transferstraßen ist ein gleichzeitiges Bearbeiten verschiedener Werkstücke, die das System auf verschiedenen Pfaden durchlaufen, möglich. Diese mit Hilfe der Gruppentechnologie definierten Teile müssen sich fertigungstechnisch jedoch stark ähneln.

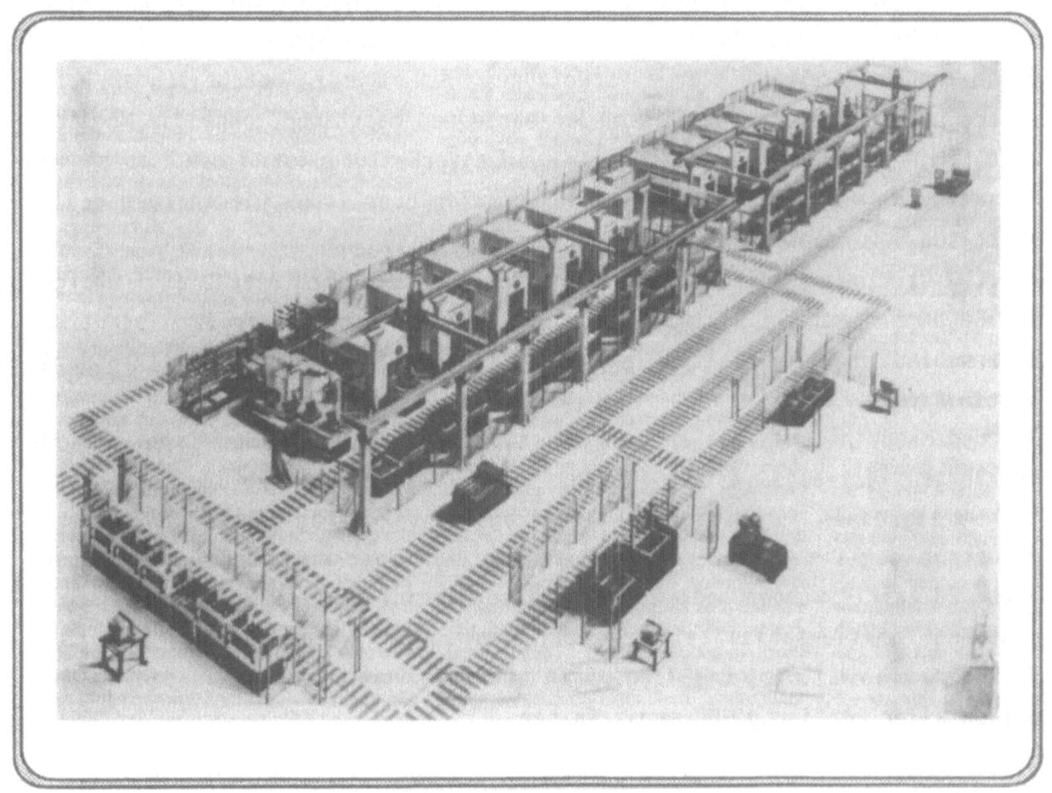

Abb. 3.3 Systemaufbau eines, aus 12 Bearbeitungszentren bestehenden FFS
(Quelle: HAMMER/SCHUSTER)[7])

Für jedes zu fertigende Teil des Werkstückspektrums sind ausgetestete, optimierte NC-Programme in einer zentralen Datenstation, dem Fertigungsleitrechner gespeichert. Damit ist es möglich, eine fortlaufende Anpassung an

Konstruktions- und Bearbeitungsänderungen vorzunehmen, ohne zeitraubende Umrüstarbeiten in Kauf nehmen zu müssen. So ist ein flexibles Fertigungssystem auch in der Lage, nicht nur Mindestlosgrößen, sondern auch Einzelstücke in beliebiger Reihenfolge zu bearbeiten. Es besteht damit auch die Möglichkeit, das Produktionsverfahren zu Gunsten der Flexibilität und damit zu Lasten der Ausbringungsmenge, oder umgekehrt zu Gunsten der Produktivität und damit zu Lasten der Werkstückvielfalt zu verändern.

3.1.1.5 (Flexible) Transferstraßen

Transferstraßen bestehen aus einer sequentiellen Maschinenfolge zur mehrstufigen Bearbeitung. Dabei erfolgt der Materialtransport i.d.R. taktweise durch **Innenverkettung** (starre Verkettung), d.h. die zu bearbeitenden Werkstücke passieren den Arbeitsraum der einzelnen Maschinen, ohne die Möglichkeit, eine Maschine zu umgehen. Die Innenverkettung ist i.d.R. durch den Einsatz von Transportbändern, Flächenportalen oder Industrierobotern realisiert und erfordert eine Abstimmung der Taktzeiten der in das System integrierten Werkzeugmaschinen. Daher wird hier der Begriff "Flexible" Transferstraße auch immer in Klammern geführt. Bei begrenzt wahlfreier Verkettung unterschiedlicher Taktzeiten kann evtl. eine Pufferung durch das Transportsystem erfolgen.
Bei den Maschinen handelt es sich meist um mehrachsige NC-Maschinen mit integrierten Werkzeugmagazinen (Teller- oder Kettenmagazine), die in begrenztem Umfang einen automatisierten Auftragswechsel ermöglichen. Der Funktionsumfang der Prozeßsteuerungssysteme ist zur Zeit noch sehr unterschiedlich. Zukünftig werden aber überwiegend systemintegrierte Prozeßrechner den gesamten Funktionsablauf steuern und überwachen. Hierzu gehören u.a. die NC-Programmverwaltung, die Transport- und Lagerverwaltung sowie die Koordination aller Fertigungsführungsaufgaben.

Die Flexiblen Transferstraßen stehen außerhalb der bisher dargestellten Entwicklungslinie flexibler Fertigungseinrichtungen, da ihr Anwendungsbereich ausschließlich in der Massen- bzw. Großserienproduktion liegt. Sie sind darauf ausgelegt, große Stückzahlen von einigen wenigen Werkstücken kostengünstig zu produzieren, die Flexibilität des Gesamtsystems ist dementsprechend gering einzustufen.

3.1.2 Flexible Handhabungs-, Transport- und Lagereinrichtungen

3.1.2.1 Industrieroboter

Im Roboter als flexible, integrationsfähige und "lernfähige" Maschine treffen die Fortschritte der Informationstechnik, der Antriebstechnik und der Mechanik zusammen. Daher ist der Industrieroboter als die wichtigste Entwicklung im Rahmen der Handhabungstechnik anzusehen (vgl. HAHN[8]). Zur Einordnung dient Abb. 3.4.

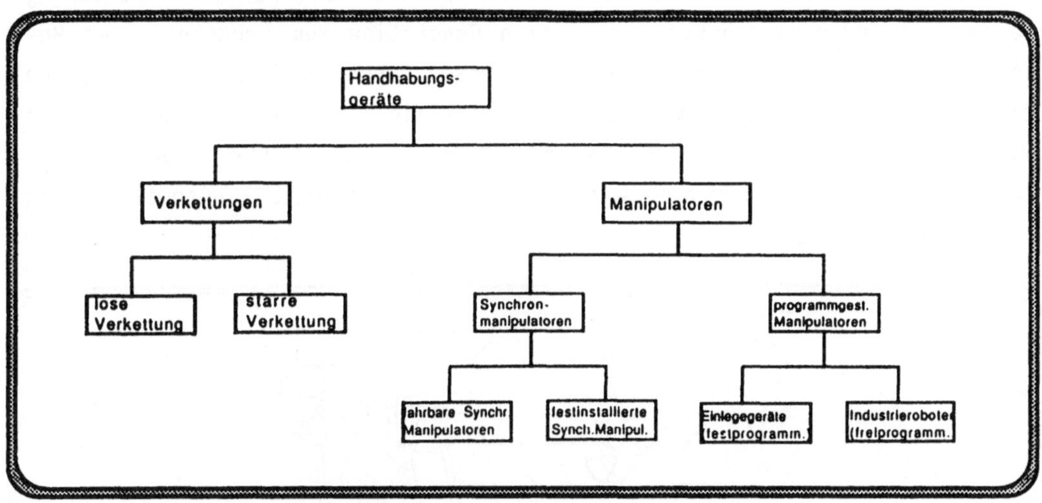

Abb. 3.4 Systematik der Handhabungsgeräte (VDI[9])

Die Auslegung von Robotern der **ersten** Generation erfolgte für Aufgaben der **Werkstückhandhabung**. Für die Durchführung einfacher Arbeitsaufgaben wie Palettieren, erwiesen sich Punkt-zu-Punkt-Steuerungen als sinnvoll. Die Speicherung der Arbeitsaufgabe wurde z.B. mit Hilfe von Nocken an einer Programmwalze vorgenommen. Sowohl die Zahl der Programmschritte als auch die Zahl der zu speichernden Soll-Positionen war durch den elektromechanischen Aufbau begrenzt.

Der Einsatz von **Mikroprozessoren** wurde zum entscheidenden Stimulanz für die Weiterentwicklung zur **zweiten** Generation. Der aktuelle Entwicklungsstand erlaubt die Ausführung komplexer Aufgaben auf dem Gebiet der Werkstück- und Werkzeughandhabung. Leistungsfähige Mikroprozessor-Steuerungen, fotoelektrische Wegmeßsysteme und ruckfreie Antriebe führen zu Positioniergenauigkeiten bis +/- 0,5mm.

Linear- und Kreisinterpolatoren sowie der Einsatz taktiler Sensoren ermöglichen das exakte Verfahren der Effektorspitze auf vorprogrammierten Bahnen und eine begrenzte Reaktion auf sich ändernde Prozeßbedingungen. Visuelle Sensoren in Form von lernfähigen Bildverarbeitungssystemen befähigen den Roboter zur Durchführung "intelligenter" Operationen und erweitern den Einsatzbereich insbesondere auf dem Gebiet der Teilemontage.

Dieser Trend zur Verfeinerung der **Sensorik** und **Steuerungstechnik** prägt die gegenwärtige Entwicklung der **dritten** Generation (vgl. SPUR[10]). Schnittstellen zu übergeordneten Leitsystemen sowie ausreichendes Logikpotential zur Achsenpositionierung, Sensordatenverarbeitung und Peripheriesteuerung werden den Industrieroboter der dritten Generation zum unumgänglichen Bestandteil der "Factory of the Future" machen. Durch die heute noch gängigen Einsätze zur Werkstückhandhabung sowie für kleinere Bearbeitungsoperationen wie Entgraten, Gußputzen, etc. sind die Geräte unterfordert. Der Schwerpunkt zukünftiger Anwendungen wird sicher in der "flexibel automatisierten Teilemontage" liegen.

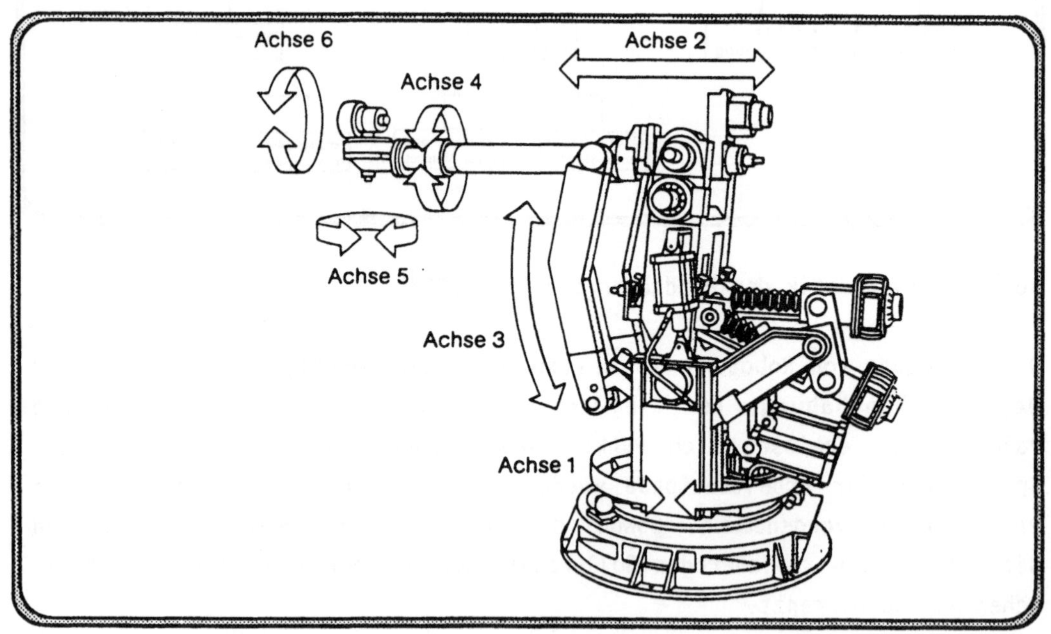

Abb. 3.5 Aufbau eines sechsachsigen Industrieroboters (Quelle: KIEF[11])

3.1.2.2 Automatische Transportsysteme

Transportsysteme dienen der Ver- und Entsorgung von Fertigungs- und Montageeinrichtungen und der räumlichen Verbindung von Fertigungsbereich und Lägern. Aufgrund der unterschiedlichen Anforderungen des Handhabungsgutes (Rohstoff/Rohteil, Fertigteil, Werkzeug, Abfall, Hilfsstoff) wurden unterschiedliche Techniken entwickelt.
Neben den konventionellen mannbedienten Techniken, die hier außer Betracht bleiben sollen, lassen sich bei den automatisierten (mannlosen) Techniken stetige und intermittierende Transportsysteme unterscheiden.

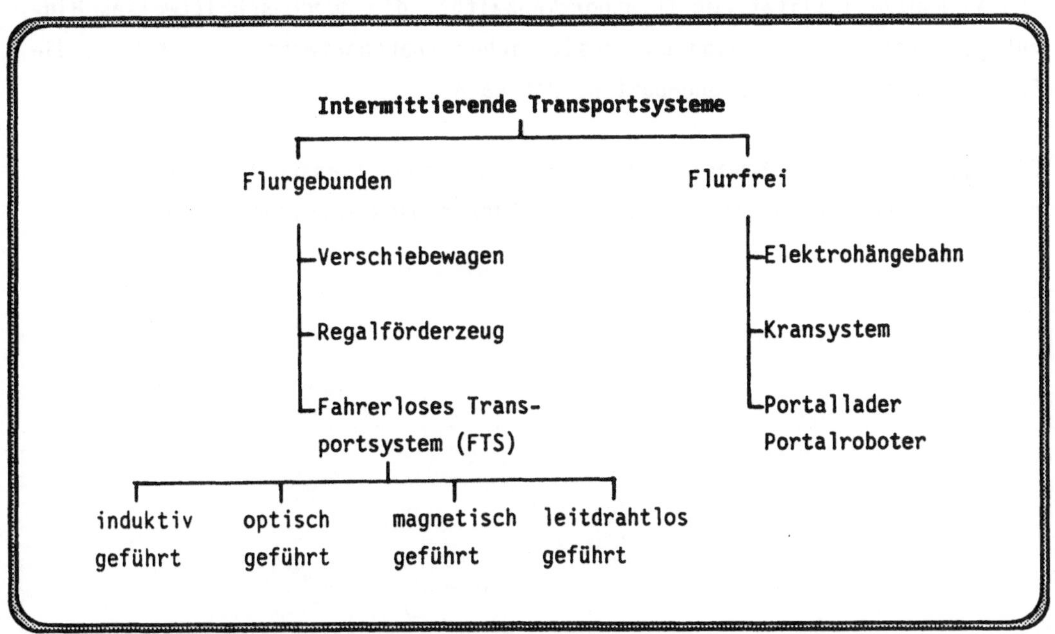

Abb. 3.6 Systematik intermittierender Transportsysteme

O Stetige Transportsysteme

Der **kontinuierliche Transportvorgang** ist das Charakteristikum stetiger Transportsysteme. Man unterscheidet:
O Rollenbahnen
O Bandförderer
O Kettenförderer (Schlepp-, Kreis-, Tragkettenförderer).

Wesentliche Vorteile sind der im Vergleich zu intermittierenden Systemen geringere technische Aufwand und die gute Eignung für starr automatisierte Prozesse (Serien). Nachteilig ist die starre Transporttopologie und damit die mangelnde Flexibilität.

O Intermittierende Transportsysteme

Die Transport**flexibilität** ist das herausragende Argument für intermittierende Systeme, die wechselndes Transportgut **auf unterschiedlichen Wegen** transportieren können. Einen Überblick gibt Abb. 3.6. Hinzu kommt die Auf- und Ausbauflexibilität der Transportkapazität, die durch schrittweises Hinzufügen weiterer Fahrzeuge und zusätzlicher Transportwege organisch an die Fertigungsgegebenheiten angepaßt werden kann.

Eine Variante der automatischen intermittierenden Transportsysteme, die zunehmend an Bedeutung gewinnt, sind die Fahrerlosen Transportsysteme (FTS).

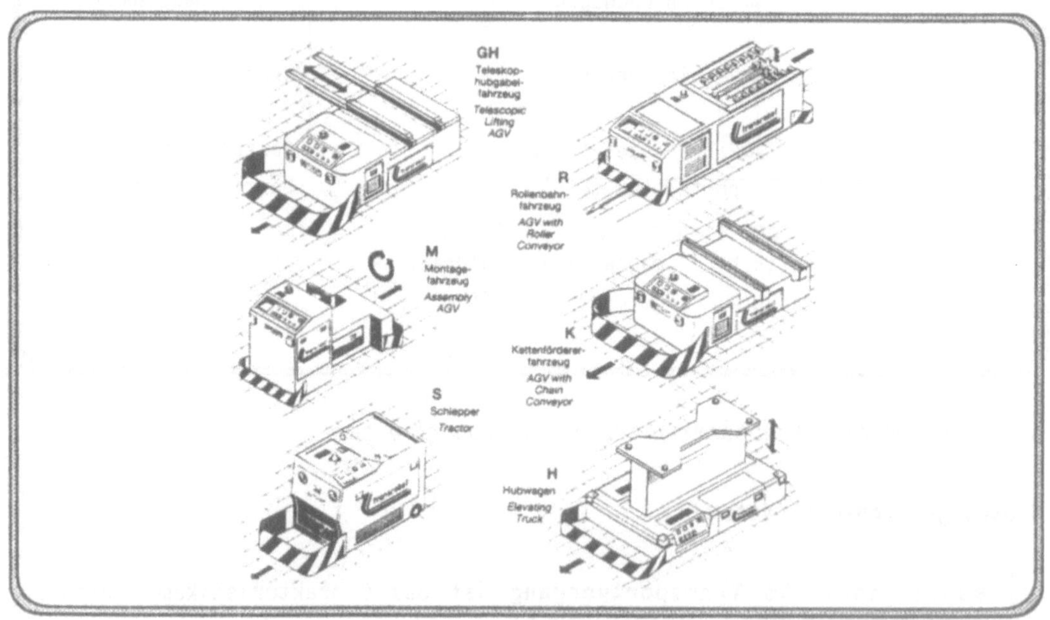

Abb. 3.7 Beispiele Fahrerloser Transportsysteme (Quelle: BLEICHERT[12])

FTS sind nach VDI-Richtlinie 3562 Fahrzeuge mit eigenem Antrieb, die durch eigene Steuerungssysteme geführt werden. Der Aufbau der Steuerungen ist hierarchisch gegliedert und richtet sich nach der Anlagenkomplexität.

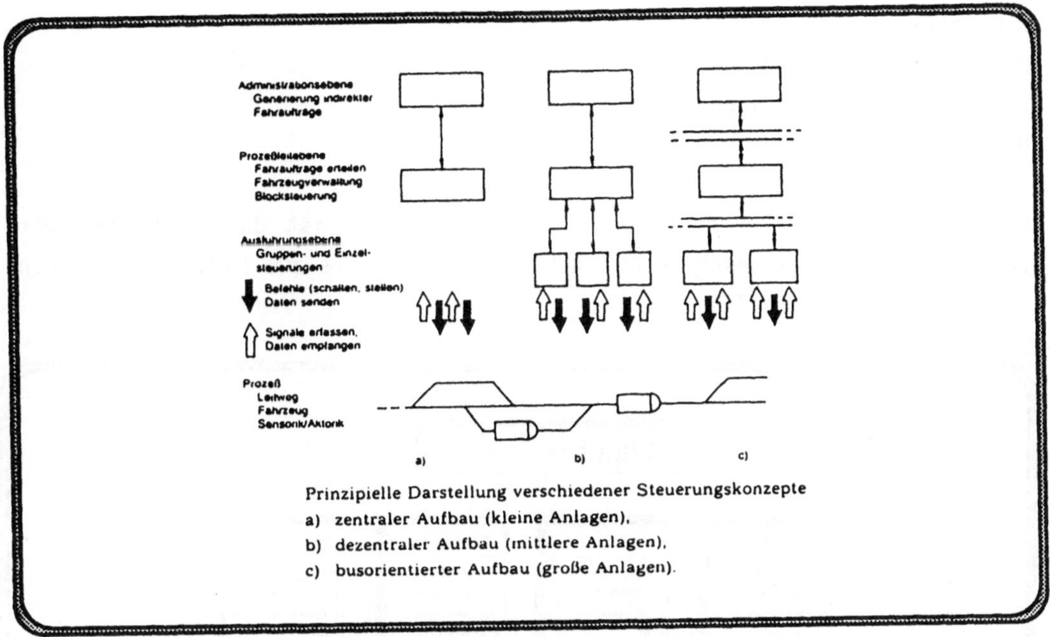

Prinzipielle Darstellung verschiedener Steuerungskonzepte
a) zentraler Aufbau (kleine Anlagen),
b) dezentraler Aufbau (mittlere Anlagen),
c) busorientierter Aufbau (große Anlagen).

Abb. 3.8 Prinzipdarstellung einer FTS-Steuerung[13]

Während bei zentraler Steuerung die Fahrzeuge zyklisch mit ihrer Fahrzeug-
nummer direkt aufgerufen werden (Polling), nimmt bei den dezentralen Verfahren das Fahrzeug seinerseits bei Erreichen einer Datenübertragungsstelle
durch Übersenden eines Telegramms Kontakt mit der zentralen Steuerung auf.

3.1.2.3 Automatische Lagersysteme

Die Lagertechnik kennt im wesentlichen zwei verschiedene Verfahren,

O die Bodenlagerung und
O die Regallagerung.

Die früher am häufigsten eingesetzte Bodenlagerung wird, obschon die ko-
stengünstigste Lösung, wegen ihrer Flächenintensität und geringen Automati-
sierungseignung immer mehr an Bedeutung verlieren. Die Regallagerung wird
dagegen immer stärker verfeinert. Je nach Anforderung des Lagergutes werden
eingesetzt:

O Palettenregale

O Einfahr- und Durchfahrregale

O Umlauf- und Einschubregale

O Verschieberegale usw.

Wesentlicher noch als der eigentliche Regalaufbau ist dabei die Art der Lagerbedienung/Lagerbeschickung. Abb. 3.9 zeigt alle zum Einsatz kommenden Techniken der Lagerbedienung.

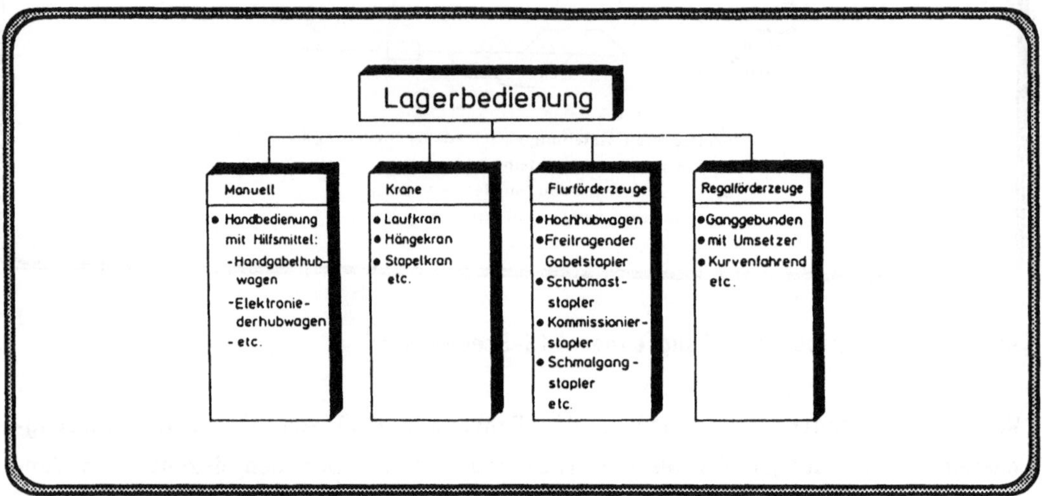

Abb. 3.9 Techniken der Lagerbedienung[14]

Automatische Lagersysteme, bestehend aus einem Regallager und einem automatischen Lagerbediengerät, ermöglichen die effizienteste Lagerstrategie, die chaotische Lagerung. **Chaotische Lagerung** bedeutet, daß die Einlagerung am, im Vergleich zum Standort des Lagerbediengerät nächsten, freien Lagerplatz erfolgt, der mit seinen Koordinaten in einem Lagerrechner vermerkt wird. Auf diese Weise erzielt man eine optimale Raumausnutzung, da keine Reservierungen im vorhinein für einzulagernde Objekte vorgenommen werden müssen. Diese Lagerorganisation findet sich vor allem bei Hochregallagern (Bauhöhe über 15 m), die entweder von manuell gesteuerten Regalbediengeräten oder von automatischen Regalförderzeugen (RFZ) beschickt werden. Bei den letzteren übernimmt der Lagerrechner, der wegen der Realzeitanforderungen meist als Prozeßrechner ausgelegt ist, die Steuerung.

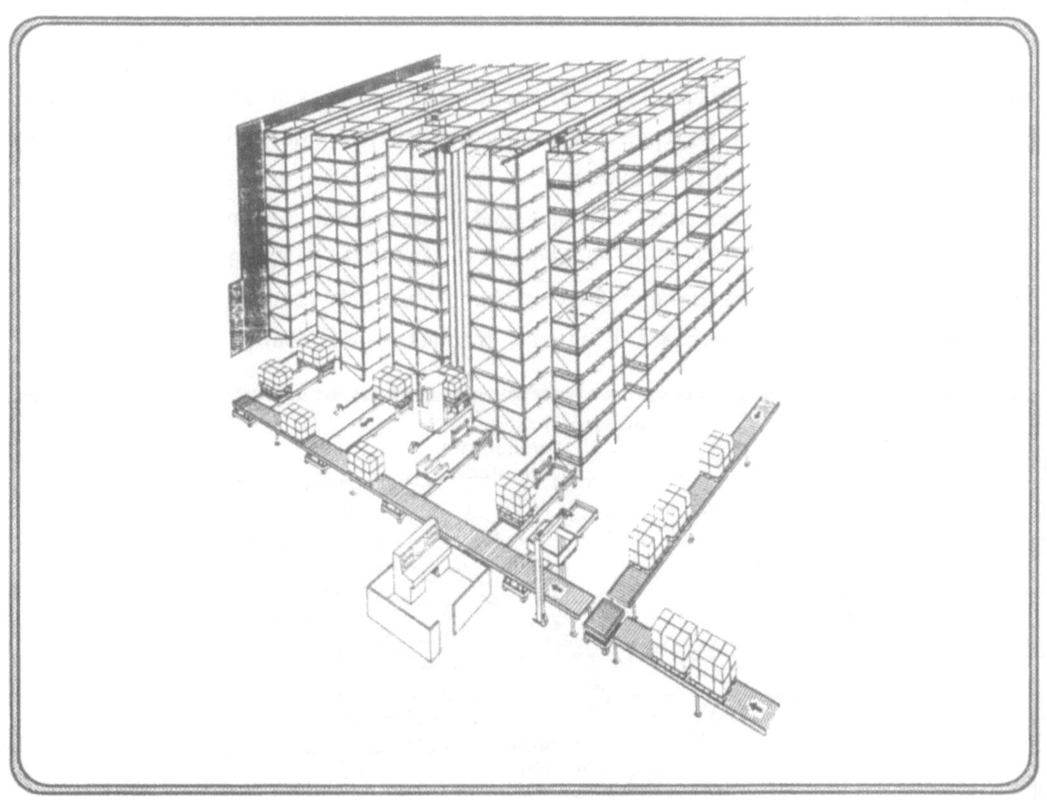

Abb. 3.10 Schematische Darstellung eines Hochregallagers
(Quelle: EVERSHEIM[15])

3.1.3 Flexible Montageeinrichtungen

In der Montage gelten ähnliche Strukturierungsgesichtspunkte wie in der Teilefertigung. Automatisierte Montagesysteme sind durch den **selbsttätigen Ablauf von Montageprozessen** gekennzeichnet. Je nach Komplexitätsgrad des zusammenzubauenden Produkts sind eine Vielzahl von Montagefunktionen erforderlich. Dazu gehören die Funktionen des Handhabens, des Fügens und der Justage sowie einige Sonderfunktionen wie Reinigen, Beschichten usw. Die Montagefunktionen werden durch automatische Montagemittel ausgeführt, die i.d.R. in mehreren Stationen angeordnet sind. Der Montageablauf erfordert üblicherweise eine Transferbewegung (Transportsystem), um die teilmontierten Baugruppen von Station zu Station zu befördern.

3.1.3.1 Montagezellen

Nach der Komplexität automatisierter Montageanlagen kann zwischen Montagezellen und verketteten Montagesystemen unterschieden werden. **Montagezellen**
bestehen aus einem Industrieroboter und den in seinem Arbeitsraum angeord-
neten peripheren Geräten wie Zuführ- und Fügeeinrichtungen. In Abb. 3.11
ist das Layout einer flexiblen Montagezelle für die Montage von Kleinelek-
tromotoren zu sehen. Wegen der Beschränkung des Arbeitsraumes ist ein der-
artiges Montagekonzept nur auf kleinere Produkte anwendbar.

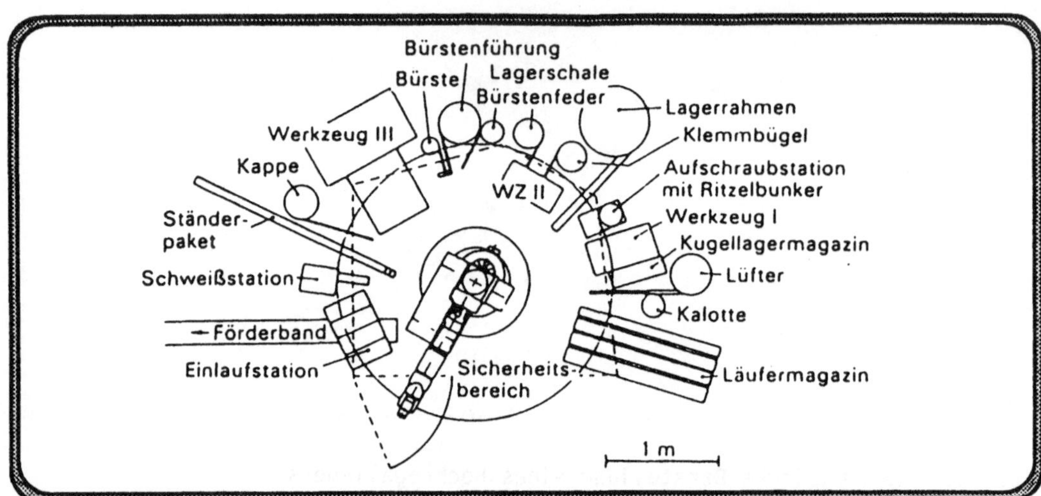

Abb. 3.11 Flexible Montagezelle (Quelle: MILBERG[16])

3.1.3.2 Montagesysteme

Bei komplexeren Produkten muß auf **Montagesysteme** übergegangen werden, die
aus mehreren verketteten Industrierobotereinsätzen bestehen. In Abb. 3.12
ist beispielhaft das Layout eines flexibel verketteten Montagesystems zur
Montage von Elektronik-Bauteilen dargestellt. Dieses Montagekonzept unterscheidet sich von dem vorher beschriebenen vor allem dadurch, daß Be-
schickungsoperationen von mehreren Industrierobotern übernommen werden, die
mit geeigneten Greifern und Werkzeugen ausgerüstet sind und daß der Transfer der teilmontierten Baugruppen zu den Montagestationen durch ein eigenes
System erfolgt.

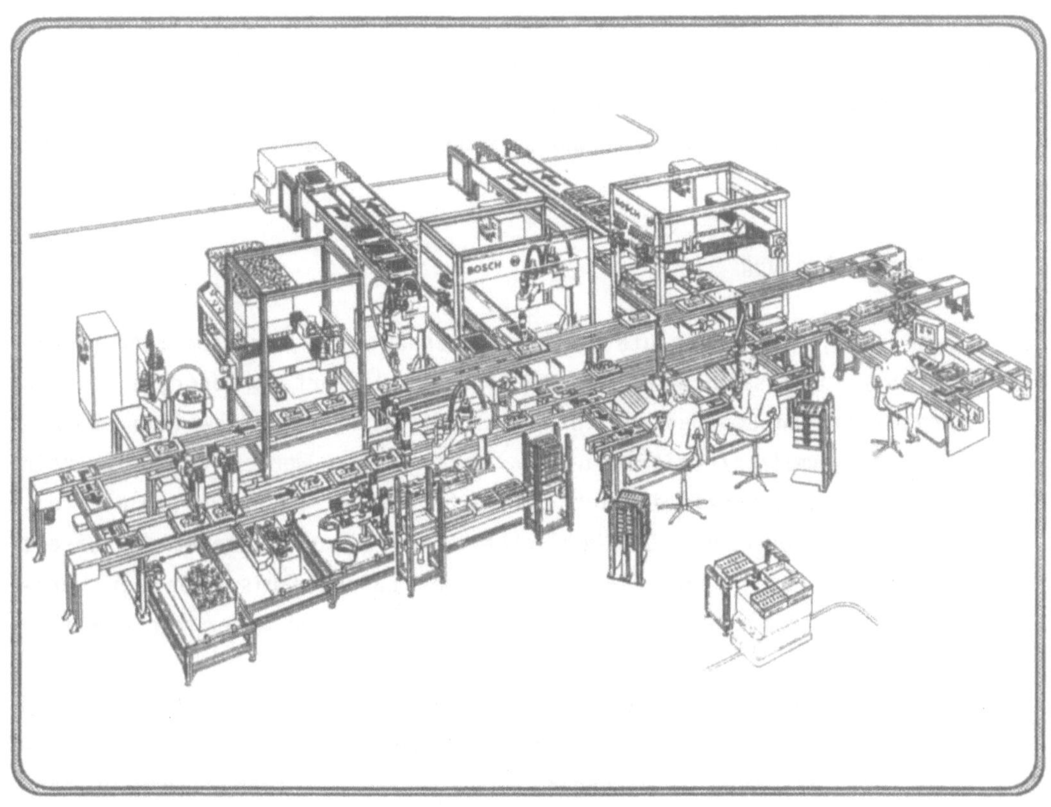

Abb. 3.12 Flexibel verkettetes Montagesystem (Quelle: BOSCH[17])

3.2 NEUE FERTIGUNGSVERFAHREN UND -TECHNOLOGIEN

Bei der Diskussion über flexible Fertigungseinrichtungen wird oft die Tatsache vernachlässigt, daß der Fortschritt der Produktion ebenso wie der der Produkte ganz wesentlich auch durch neue Fertigungstechnologien und Verfahren bestimmt wird (vgl. EVERSHEIM et al.[18]). So bietet z.B. bei den klassischen Verfahren (vgl. KILGER[19]) die Umformtechnik mit ihrer großen Zahl an Technologien und Prozessen einen breiten Spielraum für Innovationen. Ein Beispiel aus der jüngeren Vergangenheit ist die Isothermschmiedetechnologie, die für pulvermetallurgische Bauteile der Luft- und Raumfahrt, etwa für Triebwerksscheiben, inzwischen einen festen Platz hat. Weitere Beispiele stellen das Taumelpressen oder aber das Querfließpressen bspw. von Kreuzgelenken dar.

Da hier nicht alle neuen Ansätze erwähnt werden können, soll stellvertretend auf zwei Verfahren eingegangen werden, die sich durch ihre Computersteuerung besonders gut für die Prozeßautomatisierung eignen, und von denen aller Voraussicht nach starke technologische Rückwirkungen ausgehen werden.

3.2.1 Laserbearbeitung

Der **Laser** wird, das ist heute bereits absehbar, die Schlüsseltechnologie der näheren Zukunft sein (vgl. HERZINGER[20]). Er liefert Wirkenergie, die zu den verschiedensten Bearbeitungsverfahren wie Schneiden, Schweißen, Wärmebehandeln, Umschmelzen/Legieren u.v.m. herangezogen werden kann. Da kein eigentliches Werkzeug erforderlich ist, arbeitet der Laser verschleißfrei, kräftefrei und geräuscharm. Die Möglichkeit, die Steuerparameter des Lasers elektronisch zu regeln und die Bewegung des Laserstrahls oder der Werkstücke im Raum numerisch zu steuern, prädestinieren den Laser für die flexible Fertigung.

Die Entwicklung, die erst 1960 mit dem ersten Festkörperlaser begann, wird vielfach mit der Entwicklung der Computertechnik verglichen. Die Lasertechnik erschließt oft neue Anwendungen, etwa in der Elektronik (bspw. "Einbrennen" der Schaltungen bei Computerchips) oder der Feinwerktechnik. Andererseits substituiert der Laser konventionelle Bearbeitungsverfahren, etwa beim Blechschneiden oder beim Schweißen (vgl. POWELL et al.[21]).

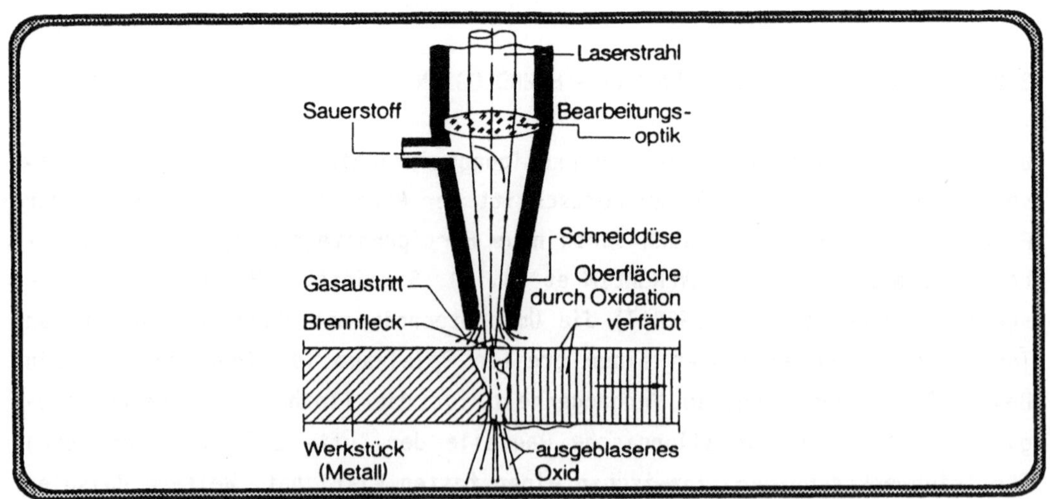

Abb. 3.13 Prinzipdarstellung Laser (Quelle: Messer Griesheim[22])

Durch die Verknüpfung der Robotertechnologie mit der Lasertechnologie werden gänzlich neue Anwendungen, bspw. das Schneiden/Beschneiden von dreidimensionalen Karosserieteilen in der Automobilindustrie, erschlossen. Dies gilt auch für die Möglichkeit, die Laserenergie über Glasfasern zu führen, was bisher erfolgreich nur für relativ kleine Laserleistungen möglich ist (bspw. NEODYM-YAG-Laser bis 500 W Laserleistung).

3.2.2 Water-Jet-Bearbeitung

Die Bearbeitung mit **Hochdruck-Wasserstrahl** ist ebenfalls ein Verfahren mit Wirkenergie und ähnlich gut wie die Laserbearbeitung für die Prozeßautomatisierung geeignet. Allerdings ist die Anwendung auf Trennverfahren beschränkt. Besonders gut geeignet ist das Wasserstrahlschneiden für faserverstärkte Kunststoffe wie auch für die meisten anderen nichtmetallischen Werkstoffe.
Die heutige Hochdruck-Wasserstrahltechnik arbeitet mit Drücken bis 4000 bar, bei Düsenöffnungen von 0,1 mm bis 0,5 mm Durchmesser mit Schneidgeschwindigkeiten bis zu 1 m/min. Sie ist die ideale Ergänzung zur Laserstrahltechnik, da keine thermisch bedingten Materialveränderungen auftreten. Dies ist bei nichtmetallischen Werkstoffen oft ausschlaggebend.
Eine Weiterentwicklung, das abrasive Strahlschneiden, ist auch für Metalle, Beton oder Keramik einsetzbar. Dabei wird dem Hochdruckwasserstrahl ein abrasives Schleifmittel zugesetzt. Das Verfahren ist zwar noch in der Entwicklungsphase, jedoch wurden schon Betonteile bis etwa 700 mm Dicke und praktisch alle metallischen Werkstoffe geschnitten. Ein großer Vorteil des abrasiven Hochgeschwindigkeits-Strahlschneidens ist in der praktisch eigenspannungsfreien Trennung bei geringer Erwärmung zu sehen.

3.3 NEUE WERKSTOFFE

Ebenso wie die Entwicklung neuer Bearbeitungsverfahren, ermöglichen neue
Werkstoffe Innovationen, die zu einer nachhaltigen Veränderung der Produktionstechnik und damit der Fabriken führen (vgl. FRANZEN[23]).

3.3.1 Faserverstärkte Werkstoffe

Das Prinzip der Faserverstärkung ermöglicht es, die Eigenschaften und die
Beanspruchung von Bauteilen in Einklang zu bringen. Die Faserverstärkung
wird gegenwärtig für Metalle, Glas, Kunststoffe und Keramik untersucht
(vgl. AEBI[24]). Bei metallischen Werkstoffen stehen faserverstärkte Aluminiumlegierungen im Mittelpunkt des Interesses. Durch SiC-(Siliziumkarbid)
Kurzfasern kann die Festigkeit/Warmfestigkeit von Aluminiumlegierungen ver-
doppelt werden. Ein wesentliches Problem ist jedoch noch die schlechte Zer-
spanbarkeit dieser Legierungen, was wiederum neue Ansätze für die Werkzeug-
technik erfordert.
Die Glasfaserverstärkung von Kunststoffen ist schon länger Stand der Technik. Gegenwärtig werden jedoch zunehmend auch hochfeste Fasern aus Kohlen-
stoff untersucht und teilweise schon eingesetzt, so bspw. in der Luft- und
Raumfahrttechnik (vgl. BENNINGHOFF[25]).

Die große Gewichtseinsparung und das hohe Dämpfungsvermögen ergeben für
kohlefaserverstärkte Werkstoffe günstige Voraussetzungen für dynamisch
hochbeanspruchte Teile. Beispiele wie Pleule oder Antriebswellen für Kraft-
fahrzeuge oder aber Spindeln für Werkzeugmaschinen oder Roboterarme wurden
im Labor geprüft und finden ihren Weg in die Serienproduktion.

3.3.2 Keramische Werkstoffe

Keramische Werkstoffe haben in der Elektronik und in der Chemie als Funkti-
onskeramik bereits seit längerer Zeit einen festen Platz. Die Ingenieurke-
ramik in Motoren (Auslaßkrümmer), Turbinen (Turbinenrad für Turbolader)
oder Maschinen dringt jedoch nur langsam vor. Der überlegenen Warmfestigkeit, dem geringen Gewicht und der geringen Wärmeleitfähigkeit steht das
Problem der Sprödigkeit entgegen.

Ein schneller Durchbruch ist hier nicht zu erwarten, denn der Fortschritt wird getragen durch ein ganzes Bündel verbesserter Technologien, die Weiterentwicklung des Werkstoffs, der Fertigungstechnologie und der Konstruktions- und Berechnungsmethoden (vgl. BENNINGHOFF[26]).

3.3.3 Metallische Werkstoffe

Eine der wichtigsten Entwicklungsrichtungen bei metallischen Werkstoffen ist die bereits erwähnte Erhöhung der Warmfestigkeit. Schwerpunkte sind gegenwärtig warmfeste Aluminiumlegierungen und Nickelbasislegierungen. Pulvermetallurgische Aluminiumlegierungen mit hoher Warmfestigkeit lassen sich durch Schnellabkühlung des Pulvers herstellen.
Bei Nickelbasislegierungen können höchste Warmfestigkeit durch ODS (Oxid-Dispersion Strengthening) und anschließende gerichtete Rekristallisation erreicht werden. Diese Legierungen erfordern neue Ansätze für die Bauteilherstellung, da sie nicht durch Gießen, sondern nur durch Umformen, abtragende Verfahren oder durch eine noch entwicklungsfähige Zerspanungstechnologie bearbeitbar sind.

3.4 NEUE WERKZEUGE

Bei der Entwicklung neuer Werkzeuge bzw. von Materialien für Werkzeuge sind im wesentlichen zwei Faktoren bestimmend. Zum einen sind verbesserte Werkzeugwerkstoffe, einschließlich Verbundwerkstoffen und zum anderen Oberflächenbeschichtungen als Grundlage der Leistungserhöhung von Werkzeugen zu nennen.

3.4.1 Werkzeugwerkstoffe

O Synthetische Diamanten

Das härteste Material, der Diamant, hat in neuer Form als polykristalliner, synthetischer Diamant neue Anwendungen bei spanabhebenden Werkzeugen erschlossen (vgl. FRYATT[27]). Tiefbohren, Räumen, Abrichten von Schleifscheiben, Bearbeitungen von siliziumhaltigen Aluminiumlegierungen sind typische Anwendungen (vgl. LAUFFER/ZBINDEN[28]).

O Keramische Werkstoffe

Keramische Werkstoffe haben ausgezeichnete Eigenschaften wie hohe Härte/ Verschleißbeständigkeit und extreme Warmfestigkeit. Keramikschneidplatten aus Oxidkeramik (Aluminiumoxid, Zirkonoxid) werden für die Zerspanung von gehärtetem Stahl, Werkstücken mit Guß- oder Schmiedehaut, aber auch bei Nickelbasislegierungen eingesetzt.
Erste Erfahrungen liegen für den Einsatz von Zirkonoxid und Aluminiumoxid für Matrizen von Werkzeugen zum Absteckziehen, Fließpressen, Stabziehen und Strangpressen vor. Dabei wird die Keramik für Werkzeuge zweifellos von den Forschungs- und Entwicklungsanstrengungen profitieren, die in Japan, in den USA und in Europa für den Einsatz von keramischen Werkstoffen in Flugzeug- motoren, Turboladern und Gasturbinen unternommen werden.

O Gesinterte Werkstoffe

Durch isostatisches Heißpressen (HIP=Hot-Isostatic Pressing) werden Werk- zeuge bei hohem Druck und angepaßt hoher Temperatur gesintert bzw. poren- frei nachverdichtet. Neben der Herstellung pulvermetallurgischer Schnell- stähle wird das Verfahren auch zur Nachverdichtung von Hartmetall- und Werkzeugstählen eingesetzt.

3.4.2 Oberflächentechnik

Die neuesten Entwicklungen der Oberflächentechnik erlauben die Verbesserung der Werkzeugstandzeit durch Auftragen harter, verschleißfester Schichten oder eine Kostenreduktion durch den Einsatz von preisgünstigeren Grundwerk- stoffen (vgl.BENNINGHOFF[29]).

O Chemische Verfahren

Durch chemische Reaktionen aus der Gasphase (CVD = Chemical Vapour Deposi- tion) werden in großem Umfang Hartmetall-Wendeschneidplatten mit dünnen (3 bis 6 ym), aber harten und verschleißfesten Schichten aus Titankarbid

(TiC), Titannitrid (TiN) oder Hafniumkarbid, neuerdings auch in Sandwich-
schichten erzeugt. Damit können Standzeitverbesserungen um das Acht- bis
Zehnfache erreicht werden. Die gleichen Verfahren werden auch für Tief-
ziehwerkzeuge, Fließpreßstempel und Kunststoff-Spritzgußwerkzeuge verwendet.

O Physikalische Abscheideverfahren

Mit pysikalischen Abscheideverfahren (PVD = Physical Vapour Deposition) wie
Bedampfen, Sputtern und Ionenplattinieren können Schichten aus TiC, TiN
oder Aluminiumoxid bei tiefen Temperaturen auf Stahl- und Hartmetallwerk-
zeuge aufgebracht werden, die unterhalb der Anlaßtemperatur von Stählen
liegen.

O Plasmaspritztechnik

Mit der Plasmaspritztechnik an Luft (PS) oder bei Unterdruck (LPPS) lassen
sich metallische und keramische Schichten in Dicken bis etwa 1 mm auftragen. Allerdings reicht die Haftfestigkeit i.d.R. für Umformwerkzeuge nicht
aus. Hier könnten gespritzte Schichten, die durch Laserschmelzen (Laser
Cladding) mit dem Grundmaterial verbunden werden, den Durchbruch bringen.

O Ionenplattinieren

Ein neues Verfahren, das ursprünglich in der Elektronik entwickelt wurde,
ist das Ionenplattinieren (vgl. EHNIGER et al.[30]). Durch den Beschuß mit
Stickstoffionen in speziellen Beschleunigern (20 bis 200 kV) werden Ionen
in einer dünnen Oberflächenschicht (etwa 0,1 ym) implantiert. Anwendungen
zeichnen sich bei Führungsflächen von Bohrern, Reibahlen, Schneidstempeln
usw. ab.

LITERATUR ZU KAPITEL 3

1. STUTE, G.:
    Planung und Auswahl von Maschinen und Systemen;
    in: wt-Werkstattstechnik 73; Springer Verlag; Berlin Heidelberg; Heft 4
    (1983); S. 199-203
2. WEGGEN, E.:
    Bausteine flexibler Fertigungssysteme;
    in: Werkstatt und Betrieb 115; Heft 9 (1982); S. 599-601
3. WERNER und KOLB (Hrsg.):
    Vertriebsinformationen Werner und Kolb Werkzeugmaschinen GmbH; Fritz Wer
    ner: Flexible Fertigungssysteme mit Rechnerintelligenz; Berlin (1988)
4. PRITSCHOW, G.:
    Die flexible Fertigungszelle. Chance und Herausforderung auch für den
    mittelständischen Betrieb;
    in: wt-Werkstattstechnik 75; Springer Verlag; Berlin Heidelberg; Heft 11
    (1985); S. 663-669
5. SPUR, G.; AUER, B.H.:
    Die automatisierte Handhabung bei flexiblen Fertigungszellen;
    in: wt-Werkstattstechnik 65; Springer Verlag; Berlin Heidelberg; Heft 3
    (1975); S. 117-123
6. DOLEZALEK, C.M.;
    Flexible Fertigungssysteme, die Zukunft der Fertigungstechnik;
    in: wt-Werkstattstechnik 60; Springer Verlag; Berlin Heidelberg; Heft 8
    (1970); S. 446-451
7. HAMMER, H.; SCHUSTER, J.:
    Planung und Realisierung von Flexiblen Fertigungssystemen für die Bohr-
    und Fräsbearbeitung;
    Sonderdruck aus "Technische Zeitung (tz) für die Metallbearbeitung" 79;
    Heft 8 (1985); S. 3-10
8. HAHN, R.:
    Montageautomatisierung und Industrieroboter;
    in: Zeitschrift für wirtschaftliche Fertigung (ZwF); Carl Hanser Verlag;
    München; Heft 9 (1988); S. 433
9. VDI (Hrsg.):
    VDI-Richtlinie 2860; Handhabungsgeräte;
    VDI-Verlag; Düsseldorf (1987); S. 3
10. SPUR, G.:
    Flexible Fertigungssysteme: Zukünftige Entwicklung aus der Sicht der
    Wissenschaft;
    in: Technische Rundschau 77; Hallwag Verlag Bern; Heft 30/31 (1985); S. 9
11. KIEF, H.B.:
    NC/CNC-Handbuch;
    NC-Handbuch-Verlag; Michelstadt (1988); S. 370
12. BLEICHERT (Hrsg.):
    Vertriebsinformationen der Bleichert Förderanlagen GmbH; Transrobot;
    Osterburken 1988; Beiblatt
13. GUNSSER, P.:
    Innerbetrieblicher Transport am Beispiel von fahrerlosen Flurförderfahr-
    zeugen;
    in: Handbuch der modernen Datenverarbeitung (HMD) 22; Forkel Verlag Wies-
    baden; Heft 122 (1985); S. 84
14. SCHULZE, L.:
    Transport und Lagerung;
    in: GEITNER, U. (Hrsg.); CIM Handbuch ; Vieweg Verlag Braunschweig
    (1987); S. 356

15. EVERSHEIM, W.:
Organisation in der Produktionstechnik; Band 4; Fertigung und Montage;
VDI-Verlag; Düsseldorf (1981); S. 92

16. MILBERG, J.:
Entwicklungstendenzen in der automatisierten Produktion;
in: Technische Rundschau 77; Hallwag Verlag Bern; Heft 37 (1985); S. 46

17. BOSCH (Hrsg.):
Vertriebsinformationen der Robert Bosch GmbH; Geschäftsbereich Industrieausrüstung; Erbach (1987); S. 2-3

18. EVERSHEIM, W.; KÖNIG, W.; WECK, M.; PFEIFER, T.:
Produktionstechnik auf dem Weg zu integrierten Systemen;
in: VDI-Zeitung 129; Heft 6 (Juni 1987); S. 60-65

19. KILGER, W.:
Industriebetriebslehre; Band 1;
Gabler Verlag; Wiesbaden (1986); S. 30-31

20. HERZIGER, G.:
Laser heute und morgen;
in: Werkstatt und Betrieb 121; Carl Hanser Verlag; München; Heft 8
(1988); S. 655

21. POWELL, J.; MENZIES, I.A.; SCHENZINGER, G.:
Metallschneiden mit dem CO_2-Laser;
in: Werkstatt und Betrieb 121; Carl Hanser Verlag; München; Heft 8
(1988); S. 656-660

22. MESSER GRIESHEIM (Hrsg.):
Vertriebsinformationen der Messer Griesheim AG; Laserstrahlschneiden;
Firmenprospekt; Frankfurt; o.J.; S. 3

23. FRANZEN, V.:
Bedeutung der Werkstoffe für die technische und wirtschaftliche
Entwicklung;
in: Technische Rundschau 80; Hallwag Verlag Bern; Heft 21 (1988); S. 20-31

24. AEBI, F.M.:
Innovation und neue Werkstoffe;
in: Technische Rundschau 80; Hallwag Verlag Bern; Heft 10 (1988); S. 24-27

25. BENNINGHOFF, H.:
Verstärkte Kunststoffe auf dem Weg ins Jahr 2000;
in: Technische Rundschau 80; Hallwag Verlag Bern; Heft 33 (1988); S. 8-19

26. BENNINGHOFF, H.:
Keramik, ein Werkstoff mit vielen Gesichtern;
in: Technische Rundschau 80; Hallwag Verlag Bern; Heft 7 (1988); S. 23-27

27. FRYATT, A.:
Preiswertes Herstellen von Diamantwerkzeugen;
in: wt-Werkstattstechnik 77; Springer Verlag; Berlin Heidelberg; Heft 9
(1987); S. 489-490

28. LAUFFER, H.-J.; ZBINDEN, B.:
Räumen gehärteter Innenverzahnungen mit diamantbelegten Werkzeugen;
in: wt-Werkstattstechnik 77; Springer Verlag; Berlin Heidelberg; Heft 9
(1987); S. 498-500

29. BENNINGHOFF, H.:
Fortschritte durch Oberflächentechnik;
in: Technische Rundschau 80; Hallwag Verlag Bern; Heft 27 (1988); S. 18-24

30. EHNIGER, M.; BÖHM, P.; LAUFFER, H.-J.:
Ionenimplantieren und Anwendungspotentiale ionenimplantierter spanender
Werkzeuge;
in: wt-Werkstattstechnik 77; Springer Verlag; Berlin Heidelberg; Heft 9
(1987); S. 475-478

4. GEOMETRISCH/VERFAHRENSTECHNISCHES TEILKONZEPT

Eng mit den im dritten Kapitel betrachteten produktionstechnischen Gegebenheiten und damit dem herzustellenden Produktspektrum, sind Entscheidungen
über den DV-Einsatz in den geometrisch/verfahrenstechnischen Funktionen
verbunden. Hierzu gehören alle diejenigen rechnergestützten Funktionen, die
in der Ablaufkette von der Produktentwicklung und Konstruktion (CAE, CAD),
über die Erstellung von Fertigungsvorschriften wie Arbeitsplänen und NC-
Programmen (CAP) bis hin zur eigentlichen Fertigung (CAM) angeordnet sind.

Der Entscheidung für geometrieerzeugende Systeme (CAD-Systeme) im Bereich
der Entwicklung und Konstruktion kommt eine besonders hohe Bedeutung zu, da
hier der größte Teil des für die Ablaufkette insgesamt erforderlichen Da-
tenvolumens (Geometriedaten) erzeugt wird.
Bei der Entscheidung für ein konkretes CAD-System ist insbesondere den
Aspekten:

O Eignung für das vom Produktspektrum vorgegebene Einsatzgebiet,
O Hardwaretechnischer Aufbau,
O Geometrische Modellart,
O Benutzeroberfläche,
O Angebot an Arbeitstechniken zur Zeichnungserstellung,
O Fähigkeit zur Geometriedaten-Übertragung mittels neutraler Schnittstellen
Rechnung zu tragen.

Den zuletzt erwähnten neutralen Schnittstellen kommt dabei eine besonders
hohe Bedeutung zu, stellen sie doch den Baustein dar, der es erlaubt, die
einmal im CAD-System generierten Geometrieinformationen, ohne zusätzlichen
manuellen Eingriff in anderen Komponenten der Verfahrenskette, d.h.:

O in anderen CAD-Systemen,
O bei der Arbeitsplanerstellung (CAP),
O bei der NC- und Roboterprogramm-Erstellung (CAM),
O bei der Computergestützten Qualitätssicherung (CAQ) und
O in PPS-Systemen
weiterzuverwenden und damit Übertragungsfehler, Doppelarbeiten sowie redun-
dante Datenhaltung und zu vermeiden.

4.1 SYSTEME ZUR ERZEUGUNG VON GEOMETRIEINFORMATIONEN (CAD-SYSTEME)

Bevor auf die technischen Einzelheiten von CAD-Systemen näher eingegangen wird, sollen kurz die Arten und Phasen der Konstruktionstätigkeit erläutert werden, da sie die Grundlage zum Verständnis der Arbeitsweise von Systemen zur Erzeugung von Geometrieinformationen darstellen.

Nach PAHL/BEITZ[1] unterscheidet man die **Konstruktionsarten** Neukonstruktion, Anpasskonstruktion und Variantenkonstruktion.

Unter einer **Neukonstruktion** versteht man das Erarbeiten eines **neuen** Lösungsprinzips für die Aufgabenstellungen eines Systems (Anlage, Apparat, Maschine, Baugruppe).

Bei der **Anpasskonstruktion** wird dagegen ein bereits bekanntes Lösungsprinzip an eine veränderte Aufgabenstellung zur Überwindung offenbar gewordener Grenzen angepaßt. Dazu kann durchaus die Neukonstruktion einzelner Baugruppen oder Teile notwendig sein.

Im Fall der **Variantenkonstruktion** geht es dann darum, bei Erhalt der Funktionalität und des Lösungsprinzips, lediglich noch Größe und/oder Anordnung von Komponenten innerhalb der Grenzen vorgedachter Systeme zu variieren.

Von den Konstruktionswissenschaften sind Vorgehenspläne entwickelt worden, die die Art der Konstruktionstätigkeit in verschiedene **Phasen** aufteilen (vgl. HANSEN[2], RODENACKER[3], KOLLER[4]). Obwohl vom Grundprinzip her ähnlich, unterscheiden sich die Ansätze der Autoren in Nomenklatur und Detailausprägung, je nach ihrer Zuordnung zu den Spezialdisziplinen der Konstruktionswissenschaft. Um hier eine gemeinsame Basis zu schaffen, wurde die VDI-Richtlinie 2221 entwickelt, die von vorneherein auf eine breite Anwendung in den Bereichen Maschinenbau, Feinwerktechnik, Elektrotechnik und verfahrenstechnischer Anlagenbau ausgerichtet ist. Sie unterteilt dazu den Konstruktionsprozeß in die vier Hauptphasen Klären der Aufgabenstellung, Konzipieren, Entwerfen und Ausarbeiten.

Die **Klärungsphase** dient der Informationsbeschaffung über die Anforderungen, die an die Lösung gestellt werden.

Die **Konzipierungsphase** legt aufbauend auf den Anforderungen und unter Berücksichtigung von Lösungsvarianten die **prinzipielle** Lösung fest.

Die **Entwurfsphase** dient dann der **gestalterischen** Festlegung der Lösung, wobei bereits die Funktionalität, Haltbarkeit, räumliche Verträglichkeit und Kostengünstigkeit endgültig geklärt werden müssen.

Den Abschluß des Konstruktionsprozesses bildet dann die **Ausarbeitungsphase**, deren Ziel die **herstellungstechnische** Festlegung der Lösung bezüglich Form, Werkstoff, Oberflächenbeschaffenheit usw. ist.

Analysiert man nun die durch den Einsatz eines rechnergestützten Konstruktionssystems erzielbaren wirtschaftlichen Vorteile, so stellt man fest, daß diese mit Abnahme der kreativen Tätigkeiten (Prinzipfindung durch Ideenassoziation, Brainstorming, etc.) und Zunahme der standardisierbaren Arbeitsabläufe steigen. Bezogen auf die Arten und Phasen der Konstruktionstätigkeit heißt das, daß sie bei der Neukonstruktion und in der Klärungsphase am geringsten sind, während sie bei der Anpaßkonstruktion und in der Ausarbeitungsphase ihr Maximum erreichen.

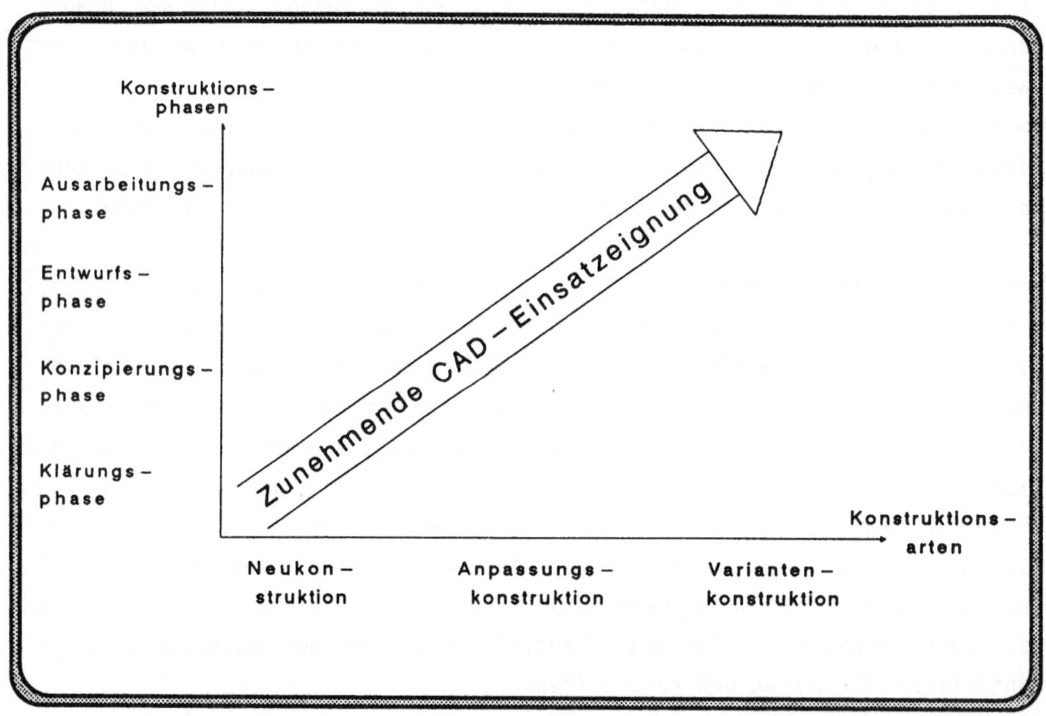

Abb. 4.1 Einsatzeignung von CAD in den Konstruktionsarten und -phasen

4.1.1 Einsatzeignung

Analysiert man die am Markt angebotenen CAD-Systeme auf ihre Einsatzeignung für unterschiedliche Aufgabenstellungen, lassen sich noch erhebliche Unterschiede feststellen. So werden die meisten CAD-Systeme für die **mechanische**

Konstruktion angeboten. Eine grobe Zuordnung zu bestimmten Anwendungsspektren läßt sich mit Hilfe der objekterzeugenden Fertigungsverfahren vornehmen.

Bei der **spanenden Bearbeitung** entstehen i.d.R. ebene, rotationssymetrische und andere einfach zu beschreibende Flächen. Daher reichen CAD-Systeme aus, deren Elementevorrat sich aus analytisch leicht beschreibbaren Flächen (Ebenen, Zylinder,..) oder Profilflächen bzw. -körpern, die aus der Verschiebung einer Kontur entlang einer Geraden oder beliebigen Kurve entstehen, zusammensetzt. Diese werden als 2D-(zweidimensionale) bzw. 2 1/2D-Systeme bezeichnet.

Bei der **spanlosen Bearbeitung** (Gießen, Schmieden, Tiefziehen,..) dominieren Flächen höheren Grades, die analytisch nur schwierig beschreibbar sind. Eine Annäherung erfolgt durch Flächensegmente (surface patches). Hier spricht man von 3D-(dreidimensionalen) Systemen.

Auch wenn für viele Anwendungen die Funktionalität von 2D-Systemen noch ausreicht, ist der Einsatz von 3D-Systemen für zukunftsorientierte Lösungen anzustreben. Dies gilt vor allem für Branchen wie Flugzeug-, Automobil- und Schiffsbau, sowie Unternehmen der Kunststoffverarbeitung, bei denen Freiformflächen häufig vorkommen, aber auch für Unternehmen mit ausgeprägtem Formen-, Werkzeug- oder Modellbau (vgl. SPUR/KRAUSE[5]).

Daneben existieren, z.T. in Systeme zur mechanischen Konstruktion integriert, CAD-Systeme zur Projektierung verfahrenstechnischer Anlagen (z.B. Piping für Chemieanlagen) und Bauplanung (Architektur). Weitere dedizierte CAD-Systeme wurden für die Anwendung in der Elektrotechnik (Schaltungsentwurf) geschaffen. Die letzgenannten Systeme machen jedoch nur einen vergleichsweise geringen Anteil aller am Markt angebotenen Systeme aus.

4.1.2 Hardwaretechnischer Aufbau

Lag der Schwerpunkt der eingesetzten CAD-Systeme in der Vergangenheit im Bereich der **HOST-Rechner** mit Arbeitsplatzkosten von 200 bis 300 TDM, so dominieren heute autonome Arbeitsplatzrechner (Workstations) auf der Basis von mehrplatzfähigen **Superminicomputern** (Arbeitsplatzkosten 50 bis 100 TDM) oder **Personalcomputern** (Arbeitsplatzkosten ab 10 TDM).

Bei den PC-basierten Systeme überwiegen heute noch die 2D-Anwendungen, allerdings werden auch schon im Funktionsumfang reduzierte 3D-Systeme angeboten.

Der Anteil der PC-Lösungen wird jedoch mehr und mehr steigen, da sich die Leistungsunterschiede zu den Workstations immer stärker verwischen. In diese Richtung wirkt auch die Entwicklung von Mehrprozessorsystemen, die die Verteilung von Spezialaufgaben auf angepaßte Processoren erlauben.

Großrechner als CAD-Hardware behalten für gezielte Anwendungen auch weiterhin ihre Berechtigung, überwiegend aber als zentrales Archivierungs-, Koordinations- und Kommunikationsinstrument. Damit gewinnt die Frage der standardmäßig vorgesehenen Kommunikationsfähigkeit einer CAD-Hardware über ein Netzwerk immer stärker an Bedeutung (vgl. Kap. 6).

4.1.3 Geometrische Modellart

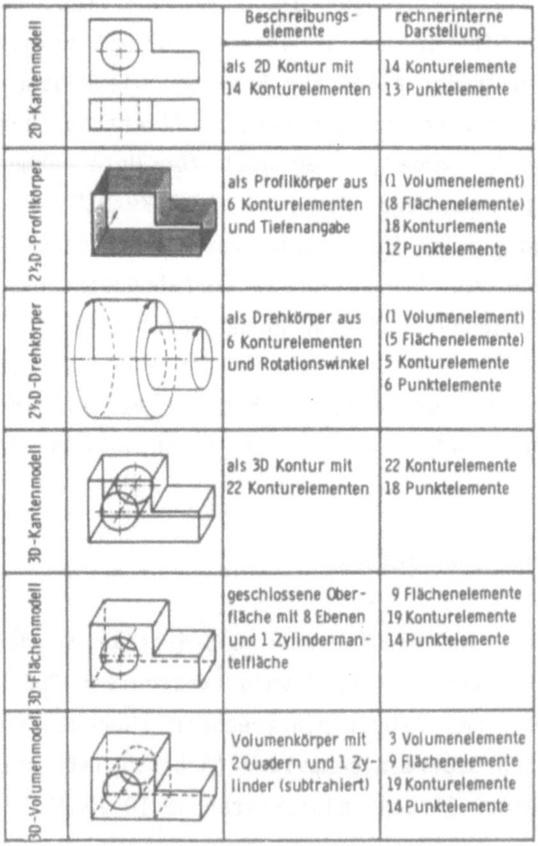

		Beschreibungs-elemente	rechnerinterne Darstellung
2D-Kantenmodell		als 2D Kontur mit 14 Konturelementen	14 Konturelemente 13 Punktelemente
2½D-Profilkörper		als Profilkörper aus 6 Konturelementen und Tiefenangabe	(1 Volumenelement) (8 Flächenelemente) 18 Konturlemente 12 Punktelemente
2½D-Drehkörper		als Drehkörper aus 6 Konturelementen und Rotationswinkel	(1 Volumenelement) (5 Flächenelemente) 5 Konturelemente 6 Punktelemente
3D-Kantenmodell		als 3D Kontur mit 22 Konturelementen	22 Konturelemente 18 Punktelemente
3D-Flächenmodell		geschlossene Oberfläche mit 8 Ebenen und 1 Zylindermantelfläche	9 Flächenelemente 19 Konturelemente 14 Punktelemente
3D-Volumenmodell		Volumenkörper mit 2 Quadern und 1 Zylinder (subtrahiert)	3 Volumenelemente 9 Flächenelemente 19 Konturelemente 14 Punktelemente

Abb. 4.2 Modelle zur rechnerinternen Geometriedarstellung (Quelle: KIEF[6])

Wichtig für den Umfang der möglichen Zeichnungsmanipulationen (siehe Gliederungspunkt 4.1.5.) ist die rechnerinterne Darstellung der Objekte im CAD-System. Die einfachste Form findet sich bei 2D-Systemen, die die zu beschreibenden Objekte in Punkte, Linien und Kreise zerlegen. CAD-Systeme zur dreidimensionalen Objektbeschreibung bauen i.d.R. auf Flächengleichungen auf, die sowohl aus Kantenzügen, Standardvolumina oder direkt aus Flächen erzeugt werden können (vgl. Abb. 4.2). Es lassen sich drei Beschreibungsarten unterscheiden:

O Kantenmodell (wireframe model)
O Flächenmodell (surface model)
O Volumenmodell (solid model).

In der Zukunft wird diese Abgrenzung aber durch den Einsatz von Hybridmodellen verwischen, die die Beschreibungs- und Darstellungsfähigkeiten aller drei Modellarten in sich vereinigen.

4.1.4 Benutzeroberfläche

Die Benutzeroberfläche von CAD-Systemen unterscheidet sich von der konventioneller EDV-Systeme durch bestimmte, charakteristische Hard- und Softwarekomponenten. Beispielsweise hat sich zur Daten- und Befehlseingabe an CAD-Systemen neben der normalen Tastatur eine Kombination aus **statischen Tablettmenues** und **dynamischen Bildschirmmenues** durchgesetzt. Damit wird am Tablett der gewünschte Hauptbefehl (z.B. Bemaßung) ausgewählt und dadurch initiiert, daß am graphischen Bildschirm ein dynamisches Untermenue angezeigt wird. Dort wird dann durch Auswahl per mausgesteuertem Fadenkreuz oder durch Eingabe einer Menuekennziffer, der jeweilige Unterbefehl (z.B. Horizontalbemaßung) aktiviert. Um die Benutzeroberfläche nach den individuellen Wünschen und Aufgaben des einzelnen Benutzers gestalten zu können, lassen sich die Menuefelder sowohl auf dem Tablett als auch am Bildschirm beliebig zusammenstellen.

Eine weitere Erleichterung der Arbeit am CAD-Arbeitsplatz ist die **Fenstertechnik,** die erst durch leistungsfähige graphische Bildschirme ermöglicht wurde. Durch multitasking-fähige Betriebssysteme und lokale Prozessoren in den CAD Bildschirmen können gleichzeitig mehrere logische Bildschirme auf einem physischen Bildschirm dargestellt werden. Dadurch hat der Benutzer neben der Gesamtdarstellung auch Detaildarstellungen seiner Konstruktion gleichzeitig vor Augen. Die Fenstertechnik kann aber auch dazu verwendet werden, unterschiedliche Anwendungen gleichzeitig zu betreiben. Ein Beispiel ist das gleichzeitige Bearbeiten einer Zusammenstellzeichnung und der zugehörigen Stückliste. Damit kann auch auf die früher übliche parallele Verwendung eines graphischen und eines alphanumerischen Bildschirms verzichtet werden.

4.1.5 Arbeitstechniken zur Zeichnungserstellung

Die **Elemente einer Zeichnung** setzen sich zusammen aus den eigentlichen Grundelementen wie Punkten, Kanten, Kreisen usw. und den zeichnungstechnischen Elementen, wie z.B. Bemaßung, Schraffur oder Oberflächenangaben.

Der **Funktionsvorrat**, der sich auf diese Elemente anwenden läßt, kann in vier Gruppen aufgeteilt werden (vgl. EIGNER/MAIER[7]):

O Grundfunktionen (Identifizieren, Positionieren,..)
O Standardfunktionen (Erzeugen, Ändern, Löschen, Ein-/Ausblenden,..)
O Manipulationsfunktionen (Spiegeln, Drehen, Verschieben, Dehnen,..) und
O Hilfsfunktionen (Zoomen, Trimmen,..)

Eine sehr hilfreiche Möglichkeit, verschiedene Zeichnungsinformationen zu trennen (z.B. Zeichnung und Bemaßung), oder in einer Zeichnung nur eine bestimmte Informationsklasse darzustellen (z.B. entweder nur Graphik oder nur Text), ohne mehrere Zeichnungen anlegen zu müssen, ist die **Ebenentechnik**.

Zum rationellen Handling immer wiederkehrender Zeichnungselemente oder komplexer Funktionen bieten die meisten, heute gebräuchlichen CAD-Systeme, die Definition von Makrofunktionen **(Makros)** an. Dabei handelt es sich um Zeichnungs- oder Funktionselemente, die in einer Systembibliothek abgelegt sind und an jeder beliebigen Stelle einer Zeichnung maßstabentsprechend eingefügt bzw. abgerufen werden können. Elemente allgemein zeichnungstechnischer (z.B. Dokumentations- und Oberflächenzeichen) oder konstruktiver Art (z.B. DIN-Schrauben oder Mutternbilder, Norm-Teile) werden meist vom CAD-Anbieter bereitgestellt. Darüber hinaus lassen sich aber auch betriebsspezifische Produktspektren oder Funktionen vom Anwender selbst definieren.

Eine große Bedeutung für die Reduzierung des Teilespektrums und damit verbunden der Komplexität der zugehörigen Zeichnungen und Rohmaterialien, hat die **Teilefamilienbildung**. Dabei handelt es sich entweder um Maßvarianten (Gestalt unverändert, Maße verändert) oder um Gestaltvarianten (Gestalt abgewandelt, Maße verändert) eines Grundtyps. Ein Beispiel für eine Gestaltvariante kann die dem Einsatzbereich des Läufers einer Pumpe entsprechende Ausstattung einer Welle mit einer Stopfbuchse oder einer Gleitringdichtung sein. Hier unterstützen CAD-Systeme den Konstrukteur durch die **Variantentechnik**. Ist die Makrotechnik darauf ausgelegt, statische, d.h. in Gestalt und Bemaßung gleichbleibende Bildelemente zu verwalten, geht es bei der Variantentechnik um dynamische Bildelemente. Dabei ist die programmtechnische Realisierung der Variantenerstellung durchaus unterschiedlich.

Bei den **graphischen Programmiersprachen** werden in einer interaktiven Sprache eine "Mutterzeichnung" mit offenen Maßen erstellt und bei der Erstellung einer neuen Variante, die variablen Maße als Parameter eingegeben. Charakteristisch für diese Sprachen ist, daß Programmierung und Ablaufsteuerung innerhalb der Benutzeroberfläche des CAD-Systems erfolgen.
Dies gilt nicht für Verfahren, die **höhere Programmiersprachen** benutzen, bspw. indem sie Unterprogramme in ein übergeordnetes FORTRAN-Programm einbetten, die die Befehle des CAD-Systems enthalten.
Ein Entgegenkommen an die herkömmliche Arbeitsweise eines Konstrukteurs ist die **Skizzentechnik** oder **parametrische Konstruktion**. Dazu existieren Operationen zur Erzeugung geometrischer Elemente und deren Beziehung zueinander im Raum. Darauf aufbauend wird vom System die Geometrie automatisch berechnet und entsprechend dargestellt.

4.2 SCHNITTSTELLEN ZUR ÜBERTRAGUNG VON GEOMETRIEINFORMATIONEN

Da Schnittstellen zum Austausch produktdefinierender Daten den Aufbau systemneutraler Informationsflüsse sowohl für produktionstechnische als auch für geometrisch/verfahrenstechnische Belange ermöglichen, kommt ihrem Einsatz beim Entwurf einer CIM-Gesamtarchitektur eine besonders große Bedeutung zu. Dabei werden drei wesentliche Zielsetzungen verfolgt:

O Integration von CAD-Systemen und rechnergesteuerten Fertigungseinrichtungen,

O Aufbau einer informationstechnischen Infrastruktur für einen betriebs-
  internen und betriebsübergreifenden Produktdatenaustausch,
O Einrichtung systemunabhängiger (zentraler) Informationsbestände, wie
  Zeichnungs- und Modellarchive, Normteiledatenbanken etc.

War in der Vergangenheit der einzig mögliche Weg die **direkte Kopplung** unterschiedlicher Systeme, so konzentriert sich die Arbeit nationaler wie
internationaler Normungsgremien heute auf die Definition allgemeiner, **systemneutraler Schnittstellen.** Der Vorteil ist leicht einsichtig.
Jede Schnittstelle basiert auf dem Konzept, die im rechnerinternen Modell
eines Systems gespeicherten Informationen in eine mit einem anderen System
vereinbarte Darstellung umzuwandeln. Die hierzu benötigten Softwarebaustei-
ne heißen **Preprocessoren.** Für die Rückwandlung dieser vereinbarten Darstellung in die interne Darstellung des zweiten Systems ist ein **Postprocessor**
zuständig. Werden die Schnittstellen zwischen n Systemen jeweils individuell vereinbart (direkte Kopplung), sind insgesamt n*(n-1) Preprocessoren
und n*(n-1) Postprocessoren erforderlich (insgesamt also 2n*(n-1)). Existiert zu jedem System je **eine** "Ausgangs-" und **eine** "Eingangsschnittstelle"
hinsichtlich **einer allgemeinen, systemneutralen Schnittstelle,** so werden
nur noch 4*n Processoren benötigt.
Derzeit liegen mehrere Schnittstellen-Spezifikationen auf nationaler und
internationaler Ebene vor, von denen die wichtigsten nachfolgend in alphabetischer Reihenfolge aufgeführt sind.

Schnitt- stelle	Anwendungs- bereich	Land	Normungsaktivität	Version /Jahr
CAD*I	CAD-CAD, CAD-CAM	Europa	ISO/TC184/SC4	3.2 (1987)
CAD-NT	CAD-CAD	BRD	DIN V 4001	
ESP	CAD-CAD, CAD-CAM	USA		
IGES	CAD-CAD, CAD-CAM	USA	ANSI Y 14.26 M	4.0 (1988)
PDDI	CAD-CAM	USA		2.0 (1987)
PDES	CAD-CAD, CAD-CAM	USA	ISO/TC184/SC4	1.0 (1988)
SET	CAD-CAD, CAD-CAM	Frankr.	AFNOR-Prop. Z68-300	
STEP	CAD-CAD, CAD-CAM	intern.	ISO/TC184/SC4/WG1	1.0 (1990)
VDA-FS	CAD-CAD, CAD-CAM	BRD	DIN 66301	
VDA-PS	CAD-CAD	BRD	DIN 66304	

Tab. 4.1 Normungsaktivitäten für Geometrieschnittstellen

Aus der Anzahl der hier aufgeführten Schnittstellen läßt sich entnehmen, daß von **einer** allgemein anerkannten Schnittstelle noch nicht die Rede sein kann. Allerdings existiert eine Reihe von Querverbindungen, da einige Normen andere beeinflussen, oder im Rahmen einer umfassenden Schnittstellendefinition als Basis dienen. Das in dieser Hinsicht erfolgversprechendste Projekt ist die STEP-Norm.

4.2.1 STEP (Standard for the Exchange of Product Definition Data)

Mit der Entwicklung von STEP wird der Versuch unternommen, einen internationalen Standard zu schaffen, der die Erfahrungen aus einzelnen nationalen Standards, insbesondere von IGES, PDES und SET, integrativ berücksichtigt.

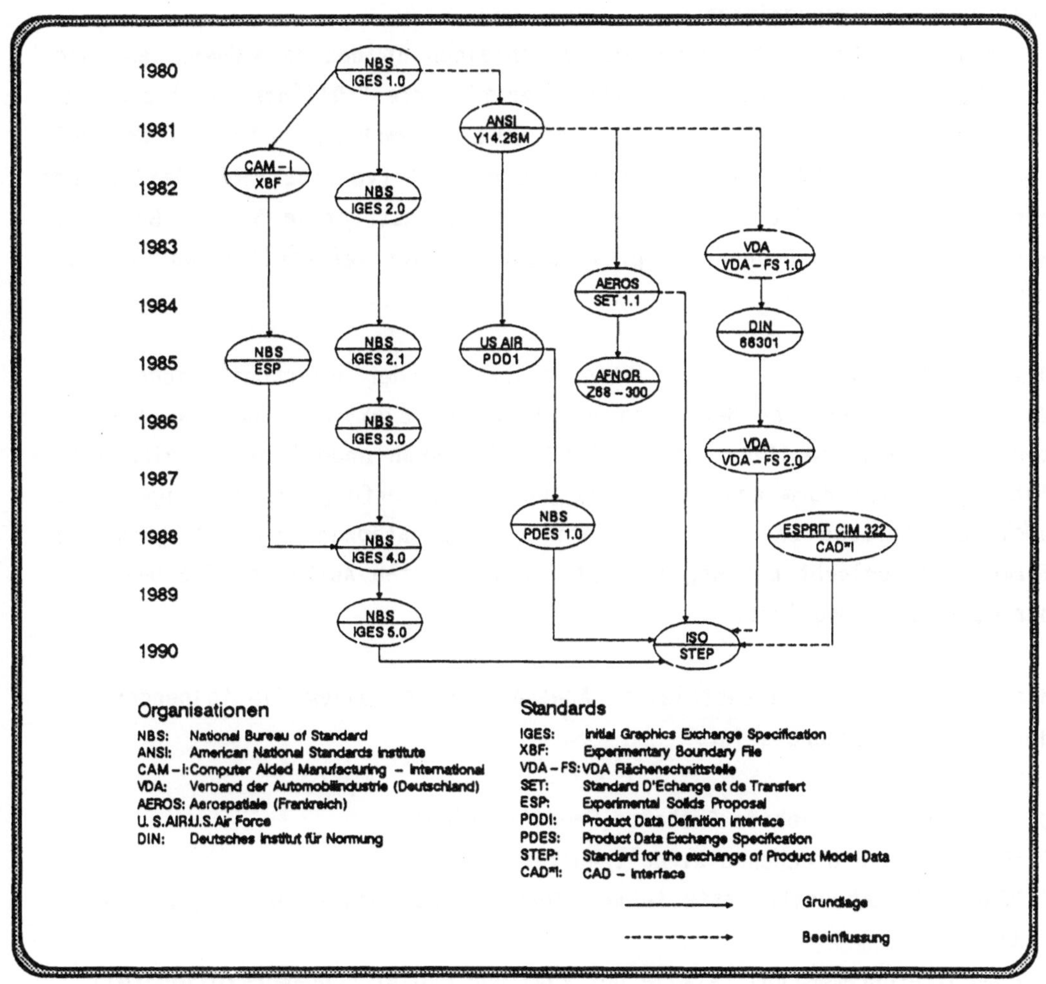

Abb. 4.3 Weiterentwicklung nationaler Standardschnittstellen zu STEP

So lehnt sich das bei STEP integrierte **Produktmodell** an den **PDES-**(Product Definition Exchange Specification) Entwurf an, der seinerseits wieder auf der **PDDI-**(Product Definition Data Interface) Schnittstelle aufsetzt, die von der US Air Force ausschließlich für Anwendungen in der mechanischen Konstruktion entwickelt wurde. Das entwickelte Abbildungskonzept basiert auf einem dreistufigen Schichtenmodell (vgl. Abb 4.4). So besteht die physikalische Schicht aus der formalen Datenmodellierungsmethodik, die logische Schicht aus dem integrierten konzeptionellen Schema und die anwendungsbezogene Schicht aus standardisierten Prozessen zur Konvertierung der logischen in die physikalische Schicht (vgl. SNODGRASS[8]).

Bei der Abbildung und Übertragung von einfacheren Modellstrukturen (technische Zeichnungen, 2D und 3D Linienmodelle und einfache 3D Flächenmodelle) wurde auf die **SET-**Spezifikation, die im folgenden noch ausführlicher behandelt wird, zurückgegriffen.

Bei komplexen Modellstrukturen wurden Anleihen an das im Rahmen des europäischen ESPRIT-Projektes "CIM 322" spezifizierte **CAD*I**(nterface) zum Austausch von Geometriemodellen (2D- und 3D-Linienmodelle, Flächen- und Volumenmodelle) und Finite-Elemente-Modelle gemacht (vgl. BEY/LEURIDAN[9]). Dort können Volumenmodelle sowohl nach dem CSG (**C**onstructive **S**olids **G**eometry) als auch nach dem Boundary Representation Ansatz verarbeitet werden (vgl. SCHLECHTENDAHL[10]).

Damit stellt STEP den umfassendsten Ansatz dar, der unterschiedliche Anwendungen, bspw. aus den Bereichen Maschinenbau, Elektronik und Bauwesen unterstützt. Die Spezifikation von STEP, mit deren endgültiger Freigabe als internationaler Norm erst 1990 gerechnet wird, erfolgt in der eigens entwickelten Sprache EXPRESS, die Entities, Operationen und Bedingungen zu formulieren erlaubt und wegen ihres formalisierten Aufbaues eine Umsetzung per Compiler ermöglicht.

Bis dahin werden in industriellen Anwendungen vor allem die folgenden vier Normen von Bedeutung sein:

O IGES (**I**nitial **G**raphics **E**xchange **S**pecification)

O SET (**S**tandard d`**E**change **e**t de **T**ransfer)

O VDA-FS (**F**lächenschnittstelle des **V**erbands der **D**eutschen Automobilindustrie)

O VDA-PS (**P**rogrammschnittstelle des VDA) und CAD-NT (CAD-**N**ormteiledatei)

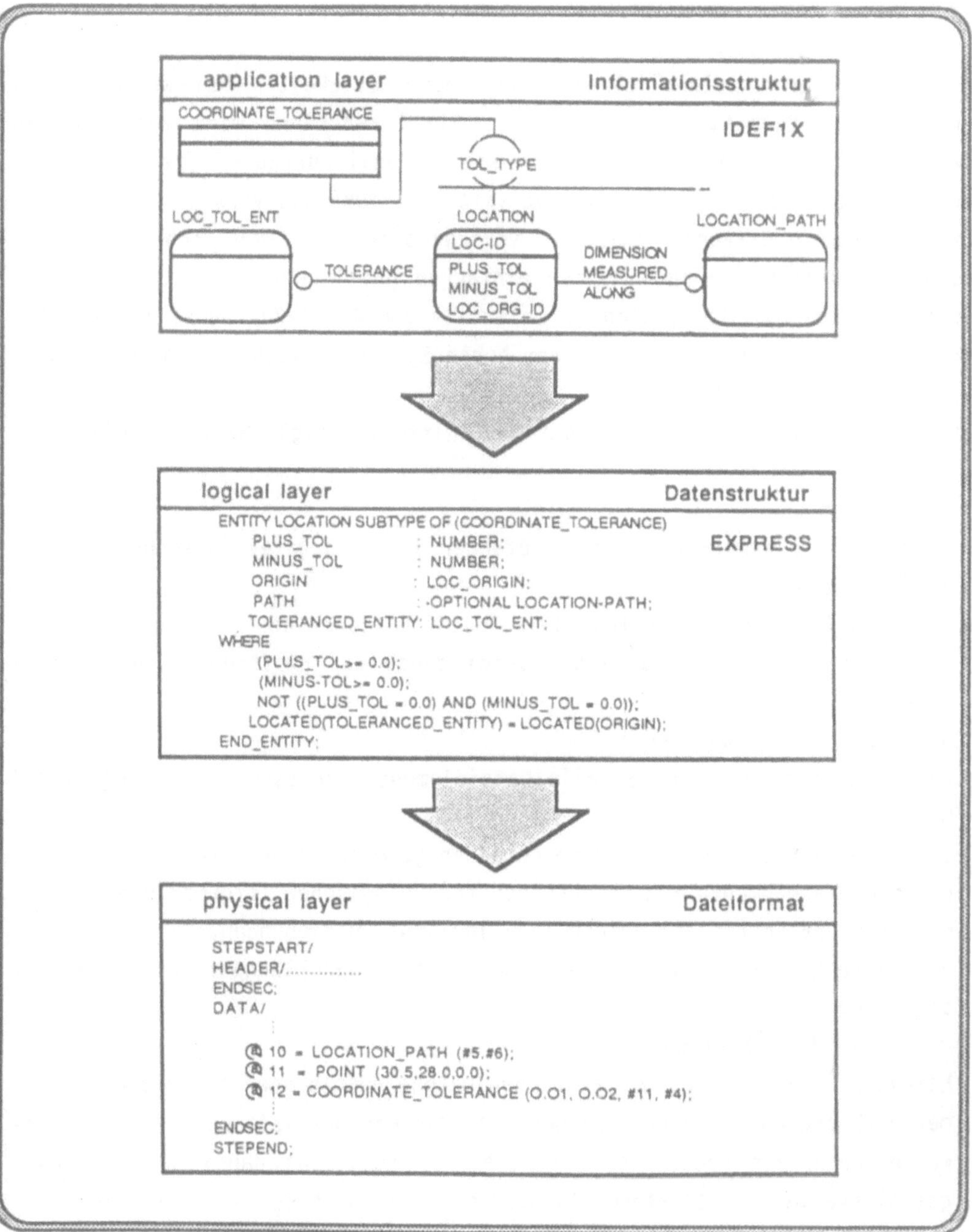

Abb. 4.4 Schichtenkonzept in STEP

4.2.2 IGES (Initial Graphics Exchange Specification)

Die trotz ihrer Unzulänglichkeiten und Mehrdeutigkeiten bei weitem aner-
kannteste CAD-Schnittstelle ist IGES. Die Entwicklung wird von mehreren
amerikanischen Ministerien (insbesondere National Bureau of Standards) und
der Großindustrie getragen und liegt seit März 1986 als Version 3.0 vor[11].
Für den Modellaustausch zwischen verschiedenen Systemen generiert IGES
spezielle Dateien die durch ihren einfachen physischen Aufbau als sequentielle Dateien mit 80 Zeichen je Datensatz und ASCII-Zeichensatz, zwar sy-
stemunabhängig sind, aber auch einen hohen Speicherplatzbedarf aufweisen.

Der logische Dateiaufbau sieht fünf Abschnitte vor (vgl. SPRINGER/WOLF[12]):

1. Start Section
   Hier kann ein Kommentar an den Empfänger der IGES Datei angegeben werden.
2. Global Section
   Sie enthält allgemeine Daten sowie Spezifikationen des Preprocessors, die
   die korrekte Interpretation der Datei durch das Empfängersystem gewähr-
   leisten.
3. Directory Entry Section
   Dieser Bereich verzeichnet alle Dateielemente, so bspw. (vgl. GRABOWSKI/
   GLATZ[13])
   O Geometrische Elemente zum Beschreiben geometrischer Formen
   O Kommentarelemente zum Beschreiben technologischer Informationen
   O Strukturelemente zum Beschreiben logischer Beziehungen.
   Mit Hilfe dieser Dateielemente können Kanten- und Flächenmodelle übertragen werden.
4. Parameter Data Section
   Hierunter fallen alle, die einzelnen Datenelemente spezifizierenden Para-
   meter (Koordinaten, Werte, Zeiger,..). Die Parametrisierung der Datenelemente durch ein spezielles Makroelement ermöglicht dabei den Austausch
   gestaltsvariabler Strukturen (sowohl Maß- als auch Gestaltvarianten).
5. Terminate Section
   Neben der Dateistatistik (Anzahl Records je Section) wird das Dateiende
   markiert.

Eine Erweiterung des Leistungsumfanges der IGES-Spezifikation ist durch die
Version 4.0 (Mitte 1988) erfolgt, wobei insbesondere auch die Übertragung
von Volumenmodellen nach dem CSG-(Constructive Solids Geometry) Modell er-

reicht werden sollte. Dabei bedient man sich eines eigenständigen Schnitt-stellen-Ansatzes, des **ESP** (Experimental Solids Proposal), der seinerseits wieder auf den konzeptionellen Grundlagen von IGES basiert (vgl.[14]).

4.2.3 SET (Standard d´Echange et de Transfer)

SET ist ausschließlich auf die mechanische Konstruktion ausgerichtet und hat im Gegensatz zu IGES das Ziel, neben dem reinen Datenaustausch auch das Speichern aller CAD/CAM Daten in einer systemneutralen Datenbank zu ermög-lichen (vgl.[15]). Wie bei IGES werden die produktdefinierenden Daten durch eine Folge von Elementen beschrieben. Unterschiede im Elementeumfang liegen hauptsächlich bei der Übertragung von Freiformflächen und dem Fehlen von Makro-Definitionen. Allerdings sind die Elementfolgen bei SET auf logische Blöcke variabler Länge verteilt. Zu jedem Block existieren wiederum Unter-blöcke, die die Parameter zur Darstellung der Maß- und Gestaltvarianten enthalten. Ihre Verarbeitung wird dadurch erleichtert, daß die Sätze nur vorwärts verkettet sind, was auch Vorteile bezüglich des Speicherplatzbe-darfes hat, den Änderungsdienst aber wesentlich erschwert, da die physische Speicherfolge die Funktion des zweiten Zeigers (Ankers) übernimmt (vgl. WEDEKIND[16]).

Durch die Trennung von Geometrie und Graphik erlaubt SET eine systemati-schere Strukturierung der Elemente in Klassen als IGES. Neben der Datenbank benutzt SET ein Inhaltsverzeichnis, in dem Standardeinstellungen für Para-meter wie das Koordinatensystem, Farbe, Zeichen- und Textblöcke verzeichnet sind, die jederzeit allgemeingültig geändert werden können.

4.2.4 VDA-FS (Flächenschnittstelle des VDA)

Diese Schnittstelle wurde vom VDA zur Übertragung von Freiformflächen und -kurven beliebigen Grades entwickelt, da IGES in der ersten Version nur Freiformflächen bis zum dritten Grad übertragen konnte (vgl. GRABOWSKI/ ANDERL/GLATZ[17]). In der Version 1.0 wurde die VDA-FS als DIN 66301 genormt. Eine FS-Datei gleicht im Satzaufbau der IGES-Spezifikation, d.h. es handelt sich um sequentielle Dateien mit einem festen Satzformat von 80 Zeichen je Datensatz.

Der Elementevorrat der Flächenschnittstelle ist auf das spezielle Anwendungsgebiet ausgerichtet und besteht aus nur fünf Geometrieelementen. Die Elementebeschreibung erfolgt in einer APT-ähnlichen Syntax.

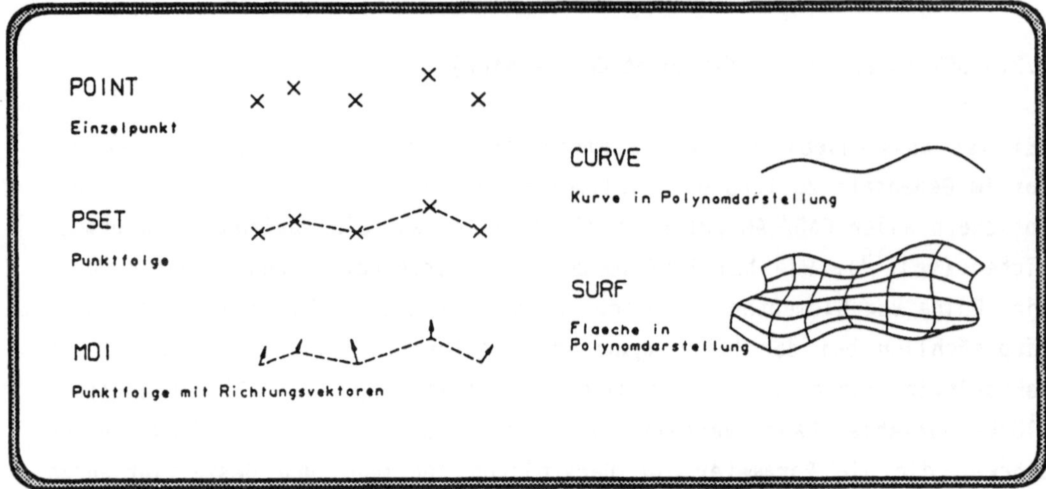

Abb. 4.5 Geometrieelemente der VDA-FS (Quelle: GRABOWSKI/GLATZ[18])

Erweiterungen bezüglich berandeter Freiformflächen-Geometrien sind in der Version 2.0 enthalten.

4.2.5 VDA-PS (VDA-Programmschnittstelle) und CAD-NT (CAD-Normteile Datei)

Obwohl vom VDA initiiert, ist die Bereitstellung von systemneutralen Norm- und Wiederholteilbibliotheken eine firmen- und branchenübergreifende Aufgabe. Daher wurde ein Gesamtkonzept entwickelt, das ein zentrales Erstellen und anschließendes Austauschen von Normteil-Beschreibungen ermöglicht (VDA-PS)[19]. Dazu wurde ein Vorgehen festgelegt, nach dem die Normteil-Modelle durch Variantenprogramme erzeugt werden, die die Erzeugungsvorschriften zur Erstellung der Teilegeometrie mit variablen Abmessungen beinhalten.

Auf Basis der höheren Programmiersprache FORTRAN 77 wurden Sprachelemente zur

O Geometrie-Definition,
O Geometrie-Manipulation,

O Geometrie-Ausprägung (Strichstärke, Schraffur,...),

O Kontrollstruktur-Erzeugung

festgelegt.

Das eigentliche Übertragungsformat der Normteilkataloge zwischen verschiedenen Systemen basiert auf dem ISO-Norm-Format SQL.

Die CAD-Normteile Datei (CAD-NT) beschreibt die Definition von Normteilen auf der Grundlage genormter, CAD-gerechter Sachmerkmale (DIN V 4001) und enthält somit solche Eingabedaten, die basierend auf der VDA-PS, CAD-System neutral beschrieben sind.

Die Verbreitung von VDA-PS und CAD-NT wird aller Wahrscheinlichkeit nach auf Anwendungen in der Bundesrepublik Deutschland beschränkt bleiben.

4.3 SYSTEMVERBINDUNGEN ZUR MEHRFACHNUTZUNG VON GEOMETRIEINFORMATIONEN

4.3.1 Mehrfachnutzung in anderen CAD-Systemen

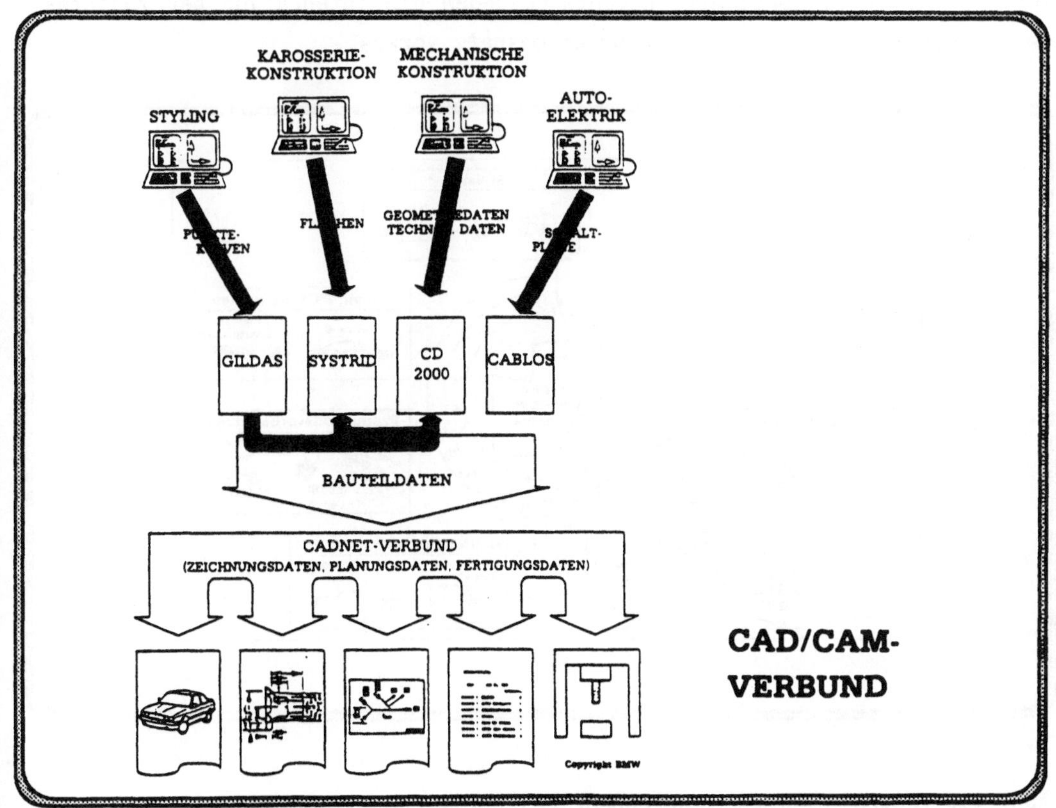

Abb. 4.6 CAD-Systemverbund in der Automobilindustrie (Quelle: RAIMONDI[20])

Die Vorstellung daß in einem Unternehmen nur ein einheitliches CAD-System, bzw. mehrere des gleichen Typs existieren, ist ein zwar wünschenswertes, in der Praxis aber sehr oft nicht anzutreffendes Datum für die CIM-Realisierung. Zu unterschiedlich sind die Anwendungen und Systemkonfigurationen (vgl. Gliederungspunkt 4.2.). Ein anschauliches Beispiel zeigt Abb. 4.6.

In der Automobilindustrie z.B. entstehen auf jeweils dedizierten Systemen die typischen 2D und 3D Geometriedaten für Karosserie und Mechanik einerseits, die Geometrien für Schaltpläne und Kabelführung der Elektrik andererseits. Dennoch ist es notwendig, die mit verschiedenen Systemen erzeugten Daten zusammenzuführen, bspw. um den Kabelbaum am CAD-System in der Karosserie zu verlegen.

Neben diesen innerbetrieblichen Anwendungsfällen für die Integration von Systemen über systemneutrale Schnittstellen gibt es aber auch überbetriebliche Notwendigkeiten. Auch hier befindet sich wieder die Automobilindustrie und zwar vor allem in den Funktionskreisen Produktentwicklung/Serienvorbereitung und Produktionslogistik in einer Vorreiterrolle.

Während die Veränderung der Produktionsstrukturen nur unternehmensintern zu lösen sind, setzen bestimmte Neuentwicklungen die Integration der Zulieferer in das innerbetriebliche Informationsnetz voraus.

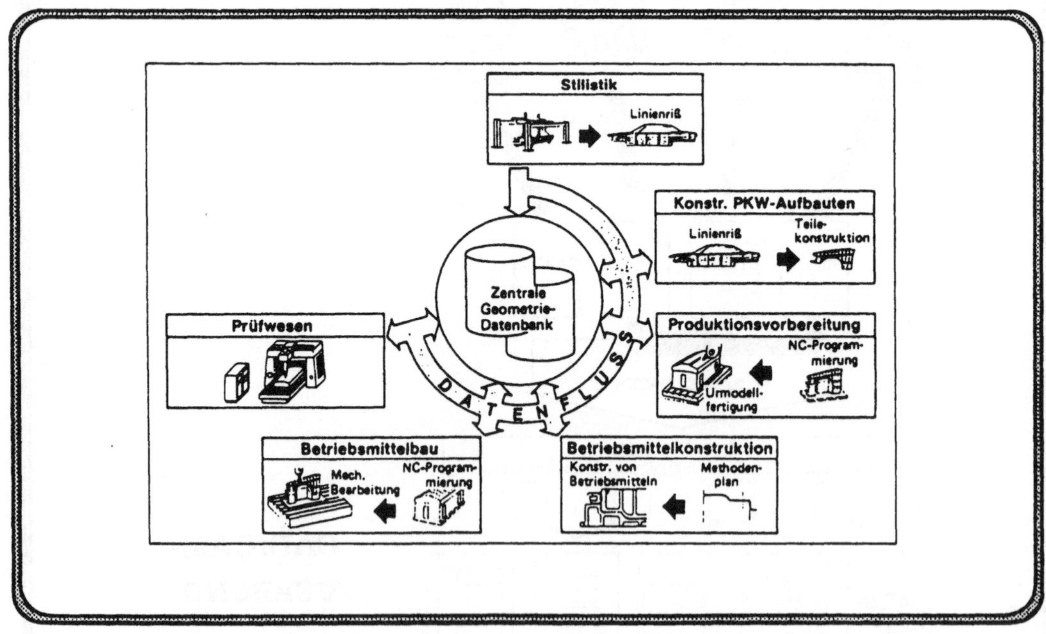

Abb. 4.7 Zentrale Geometriedatenbank bei der Automobil-Neuentwicklung
(Quelle: JACOBI[21])

Aufbauend auf den Informationen wie sie schematisch Abb. 4.7 für die Produktentwicklung über eine zentrale Geometriedatenbank zeigt, erfolgt nach Abschluß der Formgebung die Vergabe von Entwicklungsaufträgen an Fremdfirmen (Zulieferer) für solche Baugruppen, die sich hinsichtlich ihrer Bauform vollständig in die Außenhaut eines Fahrzeuges integrieren lassen. Dazu werden diesen, CAD-Dateien der Außenhautgeometrien zur Weiterverarbeitung überlassen.

Während der beschriebene Ablauf heute noch Pilotcharakter hat, wird mittelfristig die Übertragung von Geometriedaten vom Hersteller an seine Zulieferer bzw. umgekehrt zum Alltag gehören. Damit wird die Existenz eines über neutrale Schnittstellen kommunikationsfähigen CAD-Systems als Vergabekriterium für Aufträge in Betracht kommen (vgl. DAHL et al.[22]) und für die Zulieferer von existentieller Bedeutung sein. Und dies umso mehr, wenn man bedenkt, daß nahezu jeder große Automobilhersteller ein anderes CAD-System favorisiert. Die entstehenden Schnittstellenprobleme können daher nur durch umfassende systemneutrale Schnittstellen gelöst werden.

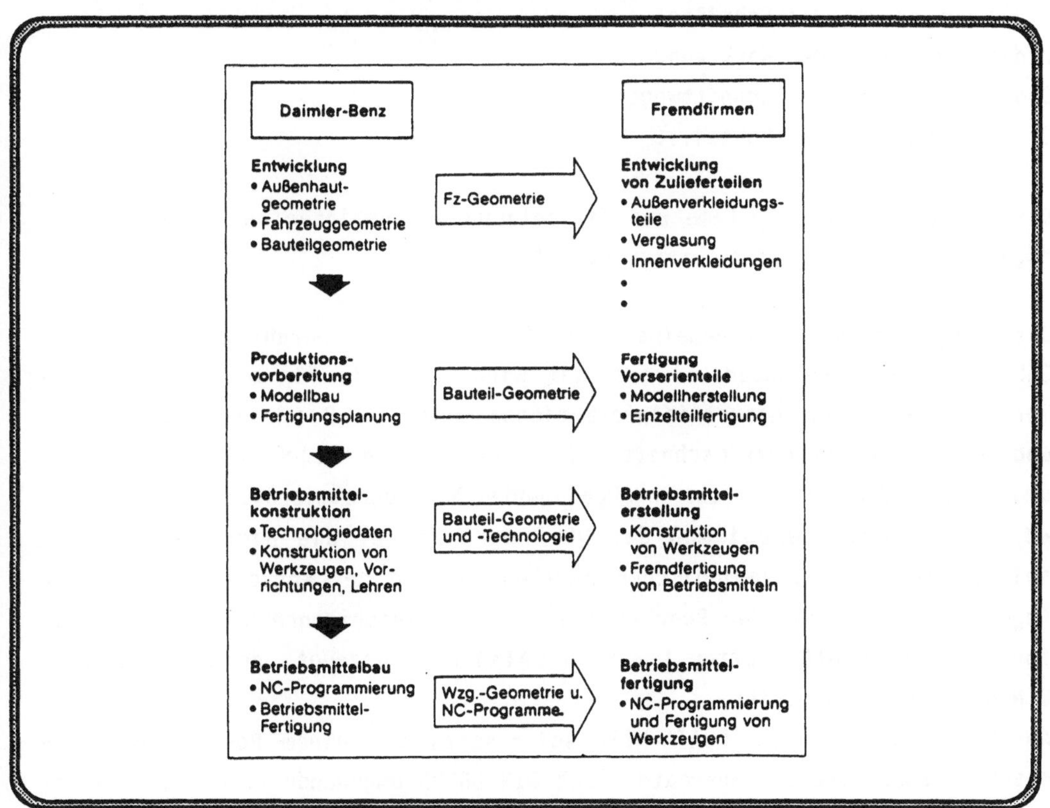

Abb. 4.8 Überbetrieblicher Geometriedatenaustausch in der Automobilindustrie (Quelle: JACOBI[23])

4.3.2 Mehrfachnutzung in CAM-Systemen

CAD/CAM Integration bedeutet heute noch überwiegend die Übergabe von Geometriedaten, die innerhalb des Konstruktionsbereiches entstanden sind, an die NC-Programmierung. Die Kopplung zur Roboterprogrammierung und vor allem zur flexiblen Montagesteuerung steckt noch in den Kinderschuhen (vgl. EIGNER et al.[24]). Erste Ansätze im Bereich der Offline Roboter Programmierung werden im ESPRIT-Projekt 623 verfolgt (vgl.[25]).

Im Teilbereich der CAD/NC-Kopplung wird unter Hinzufügen der notwendigen Technologieinformationen ein komplettes Bearbeitungsprogramm für eine rechnergesteuerte Fertigungseinrichtung erzeugt. Dazu gehören nach BEIER[26]:

O die Festlegung der Werkzeugmaschine,

O die Festlegung der Einspannung,

O die Festlegung der Werkzeuge,

O die Abgrenzung des Bearbeitungsvolumens,

O die Aufteilung der Schnitte,

O die Ermittlung der Werkzeugwege,

O die Ermittlung der Schnittwege und

O die Festlegung des Rohteils.

Die je nach Art der Systeme und Zielsetzung der Anbieter unterschiedlichen Möglichkeiten der Kopplung zeigt Abb. 4.9.

Das allen Alternativen gemeinsame Verfahrensprinzip beruht darin, daß im CAD-System eine Ausgabedatei erstellt wird, die die für die NC-Programmierung notwendigen Geometrieinformationen enthält. Durch ein Konvertierungsmodul, die Geometrieschnittstelle, werden die selektierten Daten so umgeformt, daß sie in das nachgelagerte NC-Programmiersystem eingelesen werden können. Hierbei muß der NC-Programmierer die nicht vom System selbst erzeugten technologischen Angaben während der Konvertierung hinzufügen. Als Ergebniss der Bearbeitung wird ein maschinenneutrales Zwischenformat, das CLDATA (Cutter Location **DATA**)-File erzeugt, dessen Aufbau in DIN 66215 festgelegt ist.

Anschließend wird das CLDATA-File seinerseits von einem Postprocessor in maschinenspezifische Steuerdaten nach DIN 66025 umgewandelt. Dieses Steuerprogramm kann entweder mit Hilfe eines Datenträgers, z.B. eines Lochstreifens, oder online im DNC-Betrieb in die Maschinensteuerung eingelesen werden (vgl. HELLWIG et al.[27]).

Trotz des gemeinsamen Grundprinzips können die Zwischenschritte, die bis dahin abgearbeitet werden müssen, sehr unterschiedlich ausfallen.

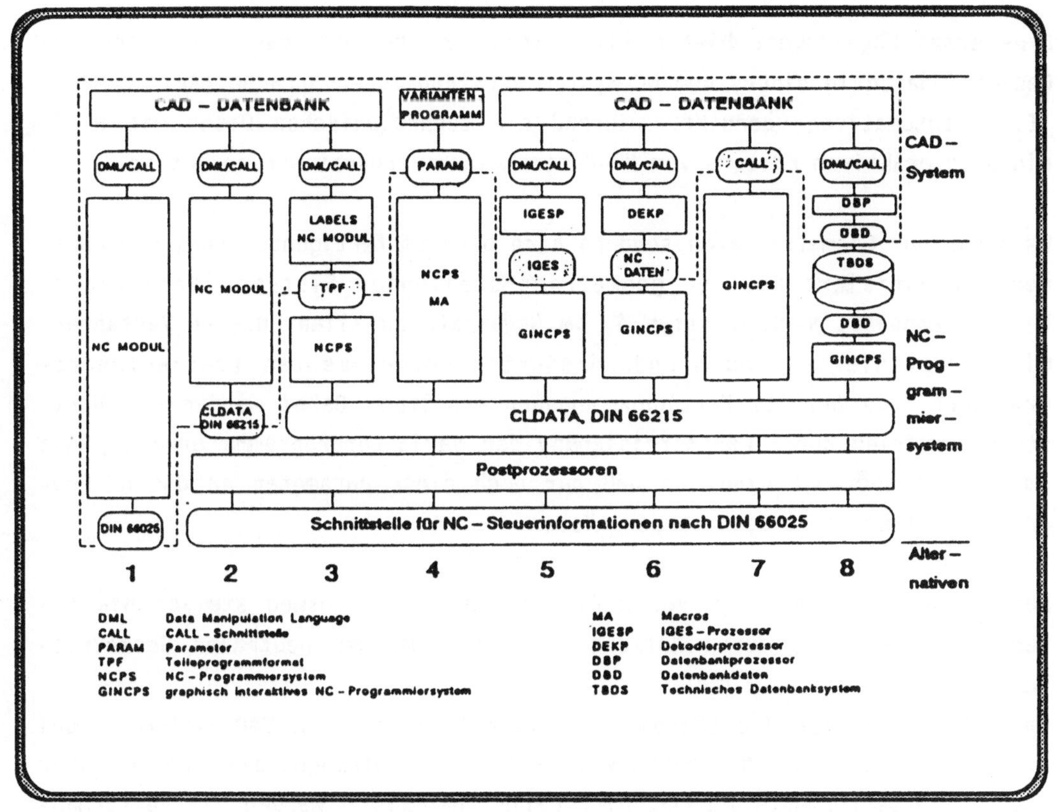

Abb. 4.9 Möglichkeiten der CAD/NC-Kopplung (Quelle: MILBERG et al.[28])

Die **Alternativen 1 und 2** (in Abb. 4.9 ganz links dargestellt) werden als **direkte CAD/NC-Konvertierungen** bezeichnet, d.h. das CAD-System beinhaltet ein Programm-Modul, das unter Verwendung der CAD-Datenstruktur und zusätzlicher Benutzereingaben ein Teileprogramm erzeugt. Die Arbeitsmöglichkeiten und der Befehlsvorrat von CAD- und NC-System sind dabei identisch. Da es sich bei diesem Verfahrenstyp nicht um eine neutrale Kopplung eigenständiger und damit beliebig kombinierbarer Systeme handelt, ist auch nur eine eingeschränkte Verwendbarkeit für dedizierte Anwendungen oder bestimmte NC-Maschinentypen gegeben. Auch wegen der hohen Kosten, die die Verwendung von CAD-Systemen als NC-Programmiersysteme verursacht, ist der Einsatz dieses Verfahrenstyps nur dann sinnvoll, wenn außergewöhnlich hohe Anforderungen an die Graphikfähigkeiten des NC-Programmiersystems gestellt werden.

Echte **CAD/NC-Kopplungen** stellen erst die Alternativen 3 bis 8 dar, da das Teileprogramm durch Übernahme von Geometriedaten in einem eigenständigen und vom CAD-System unabhängigen NC-Programmiersystem erzeugt wird.

Eine erste Möglichkeit bietet **Alternative 3**, bei der das CAD-System die Geometriedaten in einer, dem NC-System verständlichen Sprache (APT, COMPACT II,..) automatisch übergibt, während die technologischen Daten mit Hilfe eines interaktiven Editors vom NC-Programmierer ergänzt werden müssen.

Um nicht nur Geometriedaten sondern auch bereits fertigungstechnische Angaben automatisiert aus den geometrieerstellenden Systemen erhalten zu können, arbeitet **Verfahrenstyp 4,** im Gegensatz zu allen anderen Verfahren, mit vordefinierten und standardisierten Formelementen (**Variantenprogrammen**), die bereits Fertigungsangaben erhalten. Dabei werden die Werkstückgeometrien durch Parametrisierung der Variantenprogramme erzeugt, die im NC-Teil abgelegt sind, so daß nur noch diese Parameter an das NC-Programmiersystem übertragen werden müssen.

Den von der Anwendbarkeit her umfassendsten Verfahrensweg stellen die Alternativen 5 bis 8 durch Nutzung mehr oder weniger neutraler Geometrieschnittstellen dar.
Fall 5 benutzt für die Übergabe der Geometriedaten vom CAD-System an das graphisch interaktive NC-Programmiersystem die sytemneutrale, bisher aber noch wenig performante IGES-Schnittstelle, im **Fall 6** werden die Performancenachteile durch Einsatz CAD- bzw. NC-Systemspezifischer Geometrieschnittstellen zu vermeiden versucht.
Im **Fall 7** werden statt der üblichen Datenbankzugriffe über die **Data Manipulation Language (DML)** des CAD-Datenverwaltungssystems direkte "CALL"-Aufrufe aus dem NC-Programmiersystem eingesetzt, was eine Einbettung der Sprachbefehle des CAD-Systems in das unterlagerte NC-System voraussetzt.
Das **achte**, bislang allerdings nur theoretisch formulierte Alternativ-Modell, setzt schließlich eine neutrale externe Datenbank voraus, die alle technischen Daten eines Unternehmens enthält.

Die Entsprechung der CLDATA auf dem Gebiet der Roboterprogrammierung stellt die IRDATA (Industrial Robot DATA) dar, die in der Zwischenzeit als DIN 2863 fixiert ist. Ziel der neutralen Roboterschnittstelle ist es, beliebige Roboter-Programmiersprachen mit beliebigen Industrierobotern kombinieren zu können (vgl. BLUME[29]). Dazu bieten sich grundsätzlich zwei Wege an:

O über einen Übersetzer

O über direkte Übertragung per IRDATA.

Dem Übersetzerprogramm entspricht in der NC-Technik der Processor. Er übersetzt die Eingabeanweisungen in die Robotertyp-unabhängige Steuersprache IRDATA. Die IRDATA Anweisungen werden danach vom jeweiligen gerätespezifischen Postprocessor in den Robotertyp-spezifischen Steuercode übersetzt und dort ausgeführt. Diese Lösung ist für Einzelfälle geeignet, in denen einfache Roboter aus Kostengründen eingesetzt werden.

Die zweite Lösung besteht darin, daß IRDATA-Anweisungen direkt an die Robotersteuerung übertragen werden. Die Steuerung muß dazu mit einem IRDATA Interpretationsprogramm ausgerüstet sein.

Die NC-Steuercode-Schnittstelle wurde in der VDI-Norm 2864 fixiert. Sie orientiert sich an dem in der NC-Technik gebräuchlichen Lochstreifenformat.

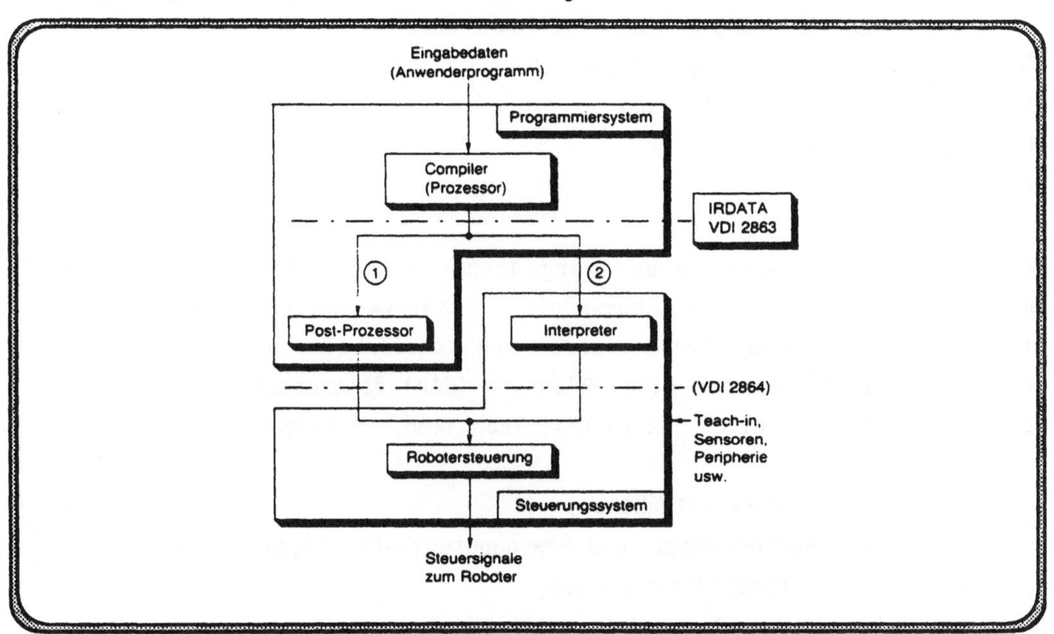

Abb. 4.10 Schnittstelle zur Roboterprogrammierung (Quelle: ZÜHLKE[30])

4.3.3 Mehrfachnutzung in CAP-Systemen

Die klassische Arbeitsplanung umfaßt nach der Definition des Ausschuß für wirtschaftliche Fertigung (AWF) "alle einmalig auftretenden Planungsmaßnahmen, die unter ständiger Berücksichtigung der Wirtschaftlichkeit die Fertigung eines Erzeugnisses sicherstellen" (AWF[31]).

Zentraler Informationsträger ist der Arbeitsplan, der eine detaillierte Beschreibung des Arbeitsablaufes und alle Angaben, die für die ordnungsgemäße Abwicklung eines Auftrages benötigt werden, enthält.
Betrachtet man die Funktionen der Arbeitsplanung detaillierter, lassen sie sich in die **auftragsunabhängigen Hauptfunktionen**

O Investitionsplanung (Fertigungseinrichtungsplanung, Vorrichtungsplanung,.)
O Methodenplanung (Verfahrensentwicklung, Arbeitsgestaltungsplanung,..)
O Materialplanung (Werkstoffplanung, Rohteilplanung,..)
O Fertigungsmittelplanung (Werkzeugplanung, Instandhaltungsplanung,..)
O Kostenplanung (Vorkalkulation, Materialkostenplanung,..)

und die **auftragsabhängige Hauptfunktion**

O Ablauf- und Zeitplanung mit den Teilfunktionen
OO Fertigungsarbeitsplan-Erstellung
OO Montagearbeitsplan-Erstellung
OO Prüfplanerstellung
unterteilen.

Waren diese Funktionen in der Vergangenheit noch stark bereichs- und verrichtungsorientiert, ist durch die verstärkte Nutzung von rechnergestützten Systemen ein Zusammenwachsen von Konstruktion und Arbeitsplanung unter dem Begriff **Computer Aided Planning (CAP)** festzustellen. CAP-Systeme nutzen verstärkt graphisch interaktive Techniken, um Aufgaben wie

O Detail- und Variantenkonstruktion,
O Simulation von Bearbeitungs- und Bewegungsabläufen automatisierter Fertigungs- und Handhabungseinrichtungen,
O graphisch interaktive Bestimmung von Bearbeitungsumfängen und
O automatische Generierung von Arbeitsplänen und NC-Programmen für automatisierte Fertigungseinrichtungen
durchzuführen.

Für eine automatisierte Arbeitsplanung besteht die Notwendigkeit, ein möglichst umfassendes und strukturiertes Datenvolumen aus den geometrieerzeugenden Systemen des Konstruktionsbereiches zur Verfügung gestellt zu bekommen.

Allerdings sind diese Belange in den im vorstehenden Gliederungspunkt (vgl. 4.2.) genannten Geometrieschnittstellen noch unzureichend berücksichtigt, da technologische und planungsspezifische Daten nicht für alle Anwendungsfälle zur Verfügung stehen. Für Fertigungsvorgänge gilt dies für Elemente wie z.B. Bohrung oder Nut (und deren Realisation z.B. als Bohrbilder) oder Form- und Lagetoleranzen bezüglich Art und Dimension (z.B. als Referenzpunkte und -ebenen).
Ein Beispiel aus der Montagearbeitsplanung sind Bauteilverbindungsdaten, wie die Art der Verbindung (z.B. form- oder kraftschlüssig), die Fügerichtung usw.
Erste Anstrengungen wurden hier mit der PDES und der PDDI-Schnittstelle unternommen, die allerdings nur als Pilotanwendungen vorliegen und zu Forschungszwecken zur Überprüfung des Konzeptes dienen. Komplexere Lösungen sind erst mit STEP zu erwarten.

Im Bereich der automatisierten Arbeitsplanerstellung liegt auch eines der wesentlichen Anwendungsgebiete für Expertensysteme in der Fertigung. Die bekannten Systeme APLEX, AUTAP, GUMMEX, PEPS und PROPLAN (vgl. MERTENS et al.[32]) befinden sich aber alle erst im Prototypen-Stadium oder sind auf stark eingegrenzte Einsatzbedingungen zugeschnitten (vgl. TRUM[33]). Hier existieren zwei grundlegende Lösungsprinzipien:

O das Variantenprinzip (Ähnlichkeitsplanung) und
O das Generierungsprinzip (Neuplanung).

Nach dem **Variantenprinzip** wird das betriebliche Werkstückspektrum in Gruppen ähnlicher Werkstücke und damit ähnlicher Arbeitspläne unterteilt. Nach dem **Generierungsprinzip** erfolgt jeweils eine komplette Neuerstellung des Arbeitsplans durch das Expertensystem.

4.3.4 Mehrfachnutzung in PPS-Systemen

Während bei der CAD/CAD und CAD/CAM-Kopplung eine rechnerinterne Darstellung **geometrischer Informationen** die gemeinsam benötigte Schnittstelle darstellt, bezieht sich der CAD/PPS-Datenaustausch hauptsächlich auf die in der CAD-Datenbasis enthaltenen **nicht-graphischen Attribute** der konstruierten Werkstückgeometrien, d.h. die Stücklisteninformationen.

Durch eine automatische Übergabe kann die manuelle Eingabe von Stücklisten-
positionen und -strukturen im PPS-System entfallen. Dazu bietet sich die
Baukastenstückliste an. Sie führt alle untergeordneten Komponenten eines
Teils mit der Anzahl auf, mit der sie direkt in das betrachtete Teil einge-
hen (vgl. SCHEER[34]). Dies kommt auch der Arbeitsweise des Konstrukteurs
(Aufspaltung der Zusammenstellzeichnung in mehrere Detailzeichnungen nach
Funktionsgruppen) am nächsten. Außerdem können aus ihr die übrigen Stückli-
stenarten (Struktur-, Mengen- und Übersichtsstückliste) abgeleitet werden.

Da, wie bereits eingangs erwähnt (vgl. Kap.2), die Integration zwischen den
geometrisch technischen und den administrativ planerischen Ablaufsträngen
wesentlich weniger fortgeschritten ist als innerhalb der jeweiligen Ab-
laufstränge, fehlen hier bis heute standardisierte Schnittstellen, wie sie
in den vorangegangenen Abschnitten aufgezeigt werden konnten. Dieser Um-
stand resultiert aus:

O der "historisch" bedingte Trennung in Anbieter technischer und Anbieter
   administrativer Systeme,
O den daraus resultierenden vielschichtigen und heterogenen Softwarestruk-
   turen der technischen und administrativen Anwendungssysteme und nicht zuletzt aus
O dem fehlenden Anwenderdruck aufgrund fehlender aufbauorganisatorischer
   Einheit in den Unternehmungen.

Daher befinden sich die heute existierenden Integrationsbemühungen auf diesem Gebiet, trotz des allseits anerkannten Nutzens, noch in den Anfängen.
So stützen sich die heute realisierten Ansätze ausnahmslos auf das Prinzip
der niedrigsten Integrationsstufe. Dies bedeutet, daß die mittels des
Stücklistenprozessors des CAD-Systems aus einer Konstruktionszeichnung ex-
trahierten Daten in einer Zwischendatei in einer Form bereitgestellt werden, die ein dediziertes PPS-System benötigt. Wegen des nicht unerheblichen
Aufwandes und der erforderlichen Eingriffe in die Daten- und Programmlogik
der beteiligten Systeme, sind die bisher erstellten Lösungen zumeist in der
"Systemwelt" eines Informationssystem-Anbieters entstanden. Beispiele für
am Markt käufliche systemspezifische Kopplungsprogramme sind CADMIP
(Computer Aided Design to Manufacturing Interface Program) von IBM (Verbindung zwischen dem PPS-System COPICS und dem CAD-System CADAM) oder CA-
DIS-PPS von Siemens (Kopplung des PPS-Systems IS mit dem CAD-System CADIS)
(vgl. SCHOLZ[35]).

Ein wesentlicher Nachteil dieser Kopplungsbausteine ist die Tatsache, daß es sich dabei um "Daten-Einbahnstraßen" von CAD zu PPS handelt. Die Übertragung von PPS-Daten wie Teileverwendungsnachweisen, Kosteninformationen, Lagerbeständen oder Lieferzeiten wird derzeit noch nicht unterstützt. Dabei kann der automatische Informationsaustausch auch in diese Richtung von großem Nutzen sein. So ist es bekannt, daß in der Konstruktion bis zu 70% der Herstellkosten eines Produktes festgelegt werden, da die dort vorgenommene Festschreibung von Form und Produkteigenschaften die Fertigungs- und Materialanforderungen bestimmt. Damit gewinnt die Bereitstellung von Kosteninformationen aus dem PPS-System höchste Bedeutung, da der Konstrukteur zwar den größten Einfluß auf die kostenbestimmenden Faktoren hat, aber nur unzureichende Kenntnisse über die Kostenrelevanz seiner Entscheidungen (vgl. BECKER[36]).

Allerdings sind dazu aufwendigere DV-technische Lösungen notwendig, als die bisher geschilderte Bereitstellung systemspezifischer Übertragungsdateien. So müssen übergeordnete Transaktionsmonitoren geschaffen werden, die u.a. die folgenden systemtechnischen Probleme abfangen:

o Programmaufruf einer zweiten Applikation (z.B. PPS) aus einer laufenden (z.B. CAD),
o Erhaltung der laufenden Transaktion (CAD) und deren Ergebnisse,
o Durchführung der zweiten Applikation (PPS),
o Datenübernahme und -verarbeitung in der laufenden ersten Applikation,
o Konsistenz- und Statusüberwachung sowie Ablaufsicherung.
Ansätze hierfür sind zwar bereits erkennbar (vgl. GRÖNER/ROTH[37]), befinden sich aber noch im Entwicklungsstadium.

Die höchste Integrationsstufe stellt die Nutzung einer gemeinsamen Datenbasis für PPS und CAD dar, da dort alle Update- und Synchronisationsprobleme wie sie durch die Existenz unterschiedlicher Datenbasen auftreten, vermieden würden. Allerdings legt die Untersuchung der am Markt existierenden Systeme die Vermutung nahe, daß auch in näherer Zukunft noch unterschiedliche Datenbasen für CAD und PPS existieren werden. Dies liegt nicht zuletzt an den unterschiedlichen Anforderungen, die die Systeme an das Datenverwaltungssystem stellen. Während die Geometrieverarbeitung sehr rechen- und speicherintensiv ist und die Datenbasis auf diesen Gebieten entsprechend zu optimieren ist, ist die Bewegungsdatenverarbeitung im PPS-System durch eine hohe Ein- und Ausgabeintensität gekennzeichnet.

So bleibt bei der heutigen Auswahl und Implementierung von geometrisch/ verfahrenstechnischen Systemen ebenso wie bei PPS-Systemen nur die Alternative zu prüfen, ob der/die Systemlieferanten wenigstens einen, wie auch immer gearteten Kopplungsbaustein mit anbieten können, oder ob eine individuelle Lösung mit hohem finanziellen Risiko erstellt werden muß.

Mittelfristig werden sich auch hier systemneutrale Schnittstellen ähnlich wie im CAD/CAM-Bereich etablieren. Ein erster Schritt, wenn auch im Hinblick auf die PPS-Datenübertragung kleiner Schritt, wurde mit STEP bereits getan.

LITERATUR ZU KAPITEL 4

1. PAHL, G.; BEITZ, W.:
   Konstruktionslehre; Handbuch für Studium und Praxis;
   2. Auflage; Springer Verlag; Berlin Heidelberg (1986)
2. HANSEN, F.:
   1. Konstruktionssystematik;
      2. Auflage; VEB-Verlag Technik; Berlin (1965)
   2. Konstruktionswissenschaft - Grundlagen und Methoden;
      Carl Hanser Verlag; München (1974)
3. RODENACKER, W.G.:
   Methodisches Konstruieren; Konstruktionsbücher: Band 27;
   3. Auflage; Springer Verlag; Berlin Heidelberg (1984)
4. KOLLER, K.:
   Konstruktionslehre für den Maschinenbau; Grundlagen, Arbeitsschritte,
   Prinziplösung;
   Springer Verlag; Berlin Heidelberg (1985)
5. SPUR, G.; KRAUSE, F.L.:
   CAD-Technik;
   Carl Hanser Verlag; München Wien (1984); S. 377-422
6. KIEF, H.B.:
   NC/CNC - Handbuch `88;
   NC-Handbuch Verlag; Michelstadt (1988); S. 502
7. EIGNER, M.; MAIER, H.:
   Einstieg in CAD; Lehrbuch für CAD-Anwender;
   Carl Hanser Verlag; München (1985); S. 168
8. SNODGRASS, B.N.:
   A long Range Planning View of PDES Projekt Deliverables;
   Minutes of ISO TC184/SC4/WG1; West Palm Beach (1987)
9. BEY, I.; LEURIDAN, J.:
   ESPRIT-Projekt 322;
   in: CAD*I Status Report 2; Kernforschungszentrum Karlsruhe GmbH; Bereich
   KFK PFT 132 (1987)
10. SCHLECHTENDAHL, E.G.:
   Specification of a CAD*I Neutral File for CAD Geometry; Version 3.2;
   Springer Verlag; Heidelberg (1987)
11. o.V.:
   IGES Version 3.0;
   National Bureau of Standards; Gaithersburg; Maryland; April 1986
12. SPRINGER, W.; WOLF, H.:
   Rationalisierung mit CAD/CAP;
   in: VDI-Zeitung 128; Heft 13 (1986); S. 93
13. GRABOWSKI, H.; GLATZ, R.:
   Schnittstellen zum Austausch produktdefinierender Daten;
   in: VDI-Zeitung 128; Heft 10 (1986); S. 336
14. o.V.:
   Experimental Solids Proposal (ESP); IGES Internal Report;
   National Bureau of Standards; Gaithersburg; Maryland (1984)
15. o.V.:
   SET - Specifications Rev 1.1 (Standard d` Echange et de Transfert);
   Aerospatiale; France; Mars 1984
16. WEDEKIND, H.:
   Datenorganisation;
   2. Auflage; Springer Verlag; Berlin Heidelberg (1972); S. 202
17. GRABOWSKI, H.; ANDERL, R.; GLATZ, R.:
   CAD/CAM-Schnittstellenproblematik für den Anwender;
   in: Tagungsunterlagen zum Fertigungstechnischen Kolloquium; Berlin
   (1985); S. 140

18. GRABOWSKI, H.; GLATZ, R.:
Schnittstellen zum Austausch produktdefinierender Daten;
in: VDI-Zeitung 128; Heft 10 (1986); S. 333-343
19. DIN (Hrsg.):
Format zum Austausch von Normteilen (VDA-PS);
Entwurf zur DIN 66304; Beuth Verlag; Berlin (1986)
20. RAIMONDI, G.:
BMW beschleunigt im CIM-Gang;
in: MEGA; Franzis Verlag München; Heft 1 (1986); S. 15
21. JACOBI, W.:
Die Automobilindustrie und ihre Zulieferer im CIM-Verbund;
in: Proceedings zur Fachtagung Produktionslogistik; 3. Febr. 1988;
Stuttgart; Vortrag Nr.6
22. DAHL, B.; EVERSHEIM, W.; SCHÜTZE, P.:
Integrierter Einsatz von CAD/CAM im Werkzeug- und Formenbau der
Automobilzuliefererindustrie;
in: CIM-Management; Oldenbourg Verlag München; Heft 3 (1986); S. 22
23. JACOBI, W.:
Die Automobilindustrie und ihre Zulieferer im CIM-Verbund;
in: Proceedings zur Fachtagung Produktionslogistik; 3. Febr. 1988;
Stuttgart; Vortrag Nr. 6
24. EIGNER, M.; RÜDIGER, W.; SCHMICH, M.:
Kopplung von CAD mit PPS- und Informationssystemen als Baustein eines
CIM-Konzeptes;
in: Zeitschrift für wirtschaftliche Fertigung (ZwF) 81; Carl Hanser Verlag München; Heft 11 (1986); S. 611
25. o.V.:
Design Rules for the Integration of Robots into CIM-Systems; System-
planning implicit and explicit Programming;
1st Report ESPRIT-Project No. 623; European Esprit Commitee; Brüssel; July 1985
26. BEIER, H.:
Anforderungen an ein CAM-System;
in: Technische Zeitschrift (tz) für Metallbearbeitung 80; Heft 3 (1986);
S. 46-50
27. HELLWIG, U.; HELLWIG, H.E.; PAULUS, M.:
Die Kopplung von CAD und CAM;
Teil 1: Mögliche Schnittstellen sowie ihre Nachteile;
in: VDI-Zeitung 125; Heft 10 (1983); S. 355-360
Teil 2: Der Informationsfluß von der Konstruktion zur Fertigung;
in: VDI-Zeitung 125; Heft 11 (1983); S. 455-460
Teil 3: CAD/NC-Kopplung;
in: VDI-Zeitung 127; Heft 1/2 (1985); S. 28-32
28. MILBERG, J.; PEIKER, S.:
Geometrie- und Technologieorientierte Verbindung von CAD-Systemen mit NC-
Programmiersystemen;
in: Werkstattstechnik (wt) 77; Heft 11 (1987); S. 583-586
29. BLUME, C.:
Robotics;
in: Handwörterbuch der maschinellen Datenverarbeitung (HMD) 24; Forkel
Verlag Wiesbaden; Heft 134 (1987); S. 46-59
30. ZÜHLKE, D.:
Benutzerfreundliche Roboterprogrammierung durch standardisierte
Schnittstellen;
in: VDI-Zeitung 125; Heft 4 (1983); S. 97

31. AUSSCHUß FÜR WIRTSCHAFTLICHE FERTIGUNG (AWF)/REFA (Hrsg.):
  Handbuch der Arbeitsvorbereitung; Teil 1: Arbeitsplanung;
  Beuth Verlag; Berlin (1983); S. 5
32. MERTENS, P.; ALLGEYER, K.; DÄS, H.; SCHUHMANN, M.:
  Betriebliche Expertensysteme in deutschsprachigen Ländern - Versuch einer
  Bestandsaufnahme;
  Reihe: Arbeitsberichte des Instituts für mathematische Maschinen und Da-
  tenverarbeitung (Informatik); Band 19; Nr. 6; Erlangen (1986)
33. TRUM, P.:
  Automatische Generierung von Arbeitsplänen;
  in: State of the Art 1 (1986); Oldenbourg Verlag München; S. 69-72
34. SCHEER, A.-W.:
  Wirtschafts- und Betriebsinformatik;
  Verlag Moderne Industrie München (1978); S. 176
35. SCHOLZ, B.:
  CIM Schnittstellen; Konzepte, Standards und Probleme der Verknüpfung von
  Systemkomponenten in der rechnerintegrierten Produktion;
  Oldenbourg Verlag; München (1988); S. 142
36. BECKER, J.:
  Konstruktionsbegleitende Kalkulation mit einem Expertensystem;
  in: SCHEER, A.-W. (Hrsg.); Rechnungswesen und EDV; 9.Saarbrücker Arbeitstagung 1988; Physica-Verlag; Heidelberg (1988); S. 119
37. GRÖNER, L; ROTH, L.:
  CIM-Handler für die Verbindung von Softwaresystemen;
  in: CIM-Management; Oldenbourg Verlag München; Heft 3 (1987); S. 14-19

5. PLANUNGS- UND STEUERUNGSTECHNISCHES TEILKONZEPT

Das Produktionsplanungs- und steuerungssystem (PPS) ist als das umfassendste **Informationssystem** in einem Unternehmen die dritte Säule beim Aufbau
einer CIM-Unternehmensarchitektur. Es hat die Aufgabe, die Wünsche der Kunden mit den produktionstechnischen Möglichkeiten des Unternehmens in Übereinstimmung zu bringen. Dazu benötigt es Verbindungen zu allen anderen Informationssystemen, sei es im technischen Bereich (Konstruktion, Arbeitsvorbereitung..), im administrativen Bereich (Betriebswirtschaft, Einkauf,
..) oder gar über Unternehmensgrenzen hinaus zu Zulieferern oder Abnehmern.
Denn ohne planerische Berücksichtigung der funktionalen Zusammenhänge im
Produktionsablauf, als ein in sich geschlossenes Sytem von Vorgaben und
Rückmeldungen, wird jedes noch so optimierte fertigungstechnische CIM-
Konzept ein starres Konzept bleiben.

Die Historie der PPS-Systeme ist etwa 30 Jahre alt. Als die Datenverarbeitung kommerziell nutzbar wurde, entstanden zunächst Funktionen für die
(mengenorientierte) Materialbedarfsplanung. Im Mittelpunkt standen einerseits schnelle Verfahren zur Auflösung von Stücklistenstrukturen und andererseits stochastische Methoden zur Primärbedarfsermittlung. Als diese Probleme gelöst waren, wandten sich die Entwickler als nächstes den Funktionen:

O Abwicklung der Beschaffung (Einkauf),
O Zeitwirtschaft (als Erweiterung der mengenorientierten Materialwirt-
   schaft) und
O Steuerung der Fertigung

zu. In diesem Zusammenhang wurde erstmalig die Kapazitätsplanung relevant,
die sich zunächst jedoch ausschließlich auf die Ressource Maschine konzen-
trierte.

5.1 AUFBAU HEUTIGER PPS-SYSTEME

Die meisten heute in der Fertigungsindustrie im Einsatz befindlichen klassischen Planungs- und Steuerungssysteme sind durch weitgehend ähnliche Auf-
baulogik und Funktionen gekennzeichnet.

Unter einem Produktionsplanungs- und -steuerungssystem (PPS) versteht man ein rechnergestütztes System zur mengen-, termin- und kapazitätsgerechten Planung, Veranlassung und Überwachung der Produktionsabläufe (vgl. HOFF/ FÖRSTER[1]). HACKSTEIN[2] gibt einen Überblick über die Funktionen der Produktionsplanung und -steuerung und geht von einer dreistufigen Gliederung mit zunehmender Verfeinerung in Bezug auf Planungshorizont und Detailierungsgrad aus.

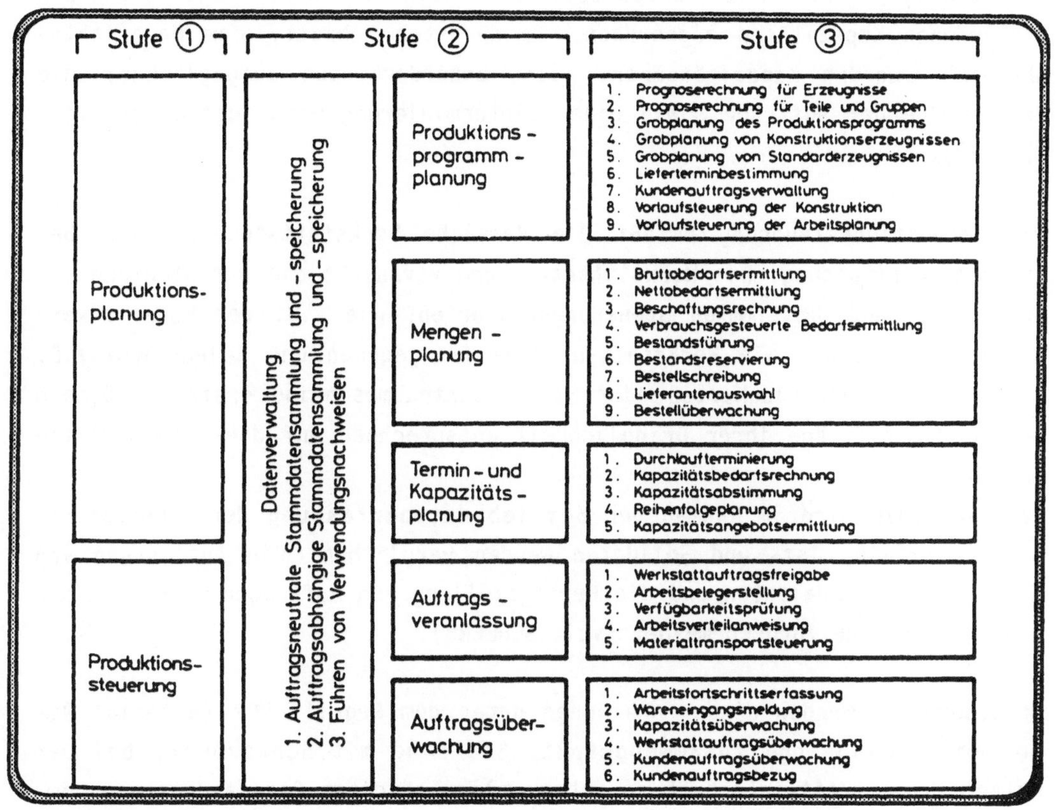

Abb. 5.1 Hauptfunktionen der PPS (HACKSTEIN[3])

Innerhalb der **Produktionsprogrammplanung** werden die Primärbedarfe ermittelt. Diese noch von wenigen Systemen wirklich durchgängig realisierte Funktion ermittelt den Bedarf an Endprodukten und Ersatzteilen. Aus vorhandenen Kundenaufträgen und der Auswertung abgewickelter und erwarteter zukünftiger Aufträge wird eine grobe Planung des Produktionsprogramms vorgenommen und durch Simulation überprüft, ob das geplante Produktionsmix kapazitätsmäßig realisiert werden kann.

Die **Mengen- und Bedarfsplanung** ermittelt über die Auflösung von Stücklisten den Bedarf an Zwischenprodukten und Materialien und stellt, nachdem vorhandene Lagerbestände berücksichtigt sind, unter Beachtung von Losgrößen- effekten die Fertigungs- und Bestellaufträge zusammen (vgl. GLASER[4]).

Die **Termin- und Kapazitätsplanung** benötigt neben den Fertigungsaufträgen Daten über Arbeitspläne und Betriebsmittel. Innerhalb der Durchlaufterminierung wird die Gesamtdauer eines Auftrages durch Aneinanderreihung der Arbeitsgang-, Warte- und Transportzeiten ermittelt. Die Aufträge werden den vorhandenen Kapazitäten zugeordnet. Im nächsten Schritt, dem Kapazitätsabgleich, werden Kapazitätsüber- oder -unterdeckungen ausgeglichen; die Reihenfolge der Aufträge sowie eine Feinterminierung wird festgelegt (vgl. GLASER[5]).

Die Produktionssteuerung umfaßt die Bereiche Werkstattsteuerung und Betriebsdatenerfassung. Die **Werkstattsteuerung** veranlaßt die Durchführung von Aufträgen. Nach bestimmten Steuerungskriterien, wie z.B. der Materialverfügbarkeit, werden die Werkstattaufträge freigegeben und Belege wie z.B. Lohnscheine, Rückmeldekarten oder Materialentnahmescheine erstellt. Danach werden die Aufträge ihrer Dringlichkeit entsprechned auf die Arbeitsplätze verteilt.

Parallel dazu wird im Rahmen der **Betriebsdatenerfassung** der Arbeitsfortschritt erfaßt; Ist- und Solldaten werden verglichen. Die Auslastung von Maschinen, Personaldaten und die Fertigstellung von Aufträgen werden in den Steuerungsprozeß zurückgemeldet (vgl. SCHEER[6]).

Üblicherweise werden diese Funktionen unter dem Begriff MRP (Material **Re**quirement **P**lanning) zusammengefaßt. Sie sind mit Schwerpunkt bei der Material- und Zeitwirtschaft in nahezu allen gängigen Standardsystemen implementiert (vgl. WITTEMANN[7]). Wesentlicher Mangel des klassischen MRP-Ansatzes ist die Tatsache, daß die Auftragsfreigabe in den meisten Fällen nur auf Basis der Materialverfügbarkeit, nicht aber unter Berücksichtigung der aktuellen betrieblichen Situation erfolgt. Es werden lediglich Aufträge in Gang gesetzt (vgl. FOX[8]), ohne die Realisierbarkeit im Rahmen der Fertigung im voraus zu prüfen. Dies führt bei komplexeren Konstellationen in der Fertigung zu einem "Verstopfen" der Fertigung mit Fertigungsaufträgen. Systeme denen der MRP-Ansatz zugrunde liegt sind bspw. CAPOSS (IBM), IS (Siemens) oder RM (SAP).

Aus heutiger Sicht ist der MRP-Ansatz, obwohl in den meisten Systemen realisiert, lediglich bei einfachen Fertigungsstrukturen (geringe Fertigungstiefe), die mit groben bis mittelfristig reichenden Kapazitätsabgleichver-
fahren und deterministischer Materialbedarfsplanung auskommen, einsetzbar.
Gleiches gilt für die Großserien- bzw. Massenfertigung, die für ihre kapazitätsmäßig aufeinander abgestimmten Maschinen und Arbeitsplätze im kurzfristigen Bereich keine aufwendige Kapazitätsplanung benötigt. Für die
Feinabstimmung der Mengen- und Terminplanung zwischen den Zulieferbetrieben
und der eigenen Teilefertigung werden, bisher vor allem in der Automobilindustrie, einfache und anschauliche Verfahren wie Fortschrittszahlensyste-
me oder KANBAN-Systeme benutzt. Diese werden im folgenden noch näher be-
leuchtet. Davor soll aber noch auf die Schwächen der heute am Markt befindlichen Standardsysteme eingegangen werden.

5.2 SCHWÄCHEN HEUTIGER PPS-SYSTEME

5.2.1 Im primär planerischen Teil

Analysiert man die heute am Markt befindlichen PPS-Systeme - es sind in der
Zwischenzeit fast 100 - stellt man zunächst fest, daß der zu Beginn des Ka-
pitels beschriebene Funktionsumfang noch nicht in vollem Maße realisiert
ist. Die Keimzelle der meisten Standard-Software-Entwicklungen war die Materialwirtschaft. Die im Planungsablauf davorliegenden Funktionen weisen
noch erhebliche Lücken in ihrer Funktionalität auf. So beispielsweise bei
den Funktionen:

O Strategische Programmplanung
Für diese Planungsfunktionen werden nur rudimentär ausgeprägte Werkzeuge/
Systeme, z.T. sogar auf eigener Hardware (bspw. Mikrocomputer) mit eigenen
Datenverwaltungs- und Informationsstrukturen mit geringer Funktionalität
angeboten.

O Operative Planung
Auch der Funktionskreis der Planung von Absatz, Beständen, Produktionsprogramm und Bezugsprogramm als wesentlicher Teil der operativen Geschäftsplanung ist nicht abgeschlossen. Die klassischen MRP-Systeme unterstützen
z.B. die Produktionsprogrammplanung, den Einsatz von Prognosemodellen und

Planungsstücklisten, die echte Absatz**planung** als "Urplan" der Primärbedarfsplanung ist jedoch noch in Konzeption. Auch die Verwendung externer Zei-
treihen (z.B. Industrieproduktion nach Branchen, Erzeugerpreisentwicklung
Kunden/Wettbewerb etc.) für Korrelations-/Regressionsanalysen ist erst
angedacht. Daneben schaffen die Abstimmung von Absatzgrößen (aggregierte)
Umsätze) und Kapazitätsgrößen (Fertigungsbereich, Kostenstelle, Maschine)
ebenso wie der iterative Prozeß des Abgleichs von Absatzplan und Produkti-
onsprogrammplan in der Feinaufteilung noch Probleme.

O Vertrieb

Vertriebsmoduln zur Bearbeitung von Anfragen/Angeboten und zur Kundenauf-
tragsabwicklung sind vor allem bei solchen Software-Lieferanten noch nicht
im Standardprogramm, die sich als traditionelle PPS-Anbieter verstehen. Ko-
operationen mit anderen Software-Häusern sind hier die Regel, führen aber
häufig zu Datenredundanz und Integrationsproblemen. Die geforderte Dia-
logauflösung des Primärbedarfes, die bei Varianten-Fertigung für die sofortige Verfügbarkeitsprüfung von Montagekomponenten zur Lieferterminer-
mittlung zumindest einstufig möglich sein sollte, ist selten realisiert.
Ebensowenig selbstverständlich sind dialogisierte Kalkulationsmoduln oder
Dialoginformationen bei der Auftragspositions-Einlastung bezüglich der
Deckungsbeitragssituation. Gleiches gilt für die flexible Produktkonfigura-
tion, die insbesondere im Anlagengeschäft eine große Rolle spielt.

O Instandhaltung

Die Instandhaltungsplanung und -steuerung für Maschinen, Werkzeuge, Vor-
richtungen, Prüfmittel, Transport- und Fördermittel ist in einigen System-
paketen soweit realisiert, daß der Instandhaltungsauftrag DV-gestützt erstellt werden kann (vgl. BECKER[9]). Es fehlt jedoch meist die Integration
mit den Produktionsprogramm-Planungsfunktionen, beispielsweise die Korrek-
tur des Kapazitätsangebotes, für den Zeitraum der Instandsetzung einer
Fertigungseinrichtung.

5.2.2 Im primär steuernden Teil

Die bisher getroffenen Aussagen bezogen sich ausschließlich auf den vom Ab-
lauf her primär planerischen Teil eines PPS-Systems. Betrachtet man die der
Fertigungssteuerung zuzuordnenden Funktionskomplexe (primär steuernder
Teil), lassen sich auch hier erhebliche Mängel feststellen:

Diese liegen zumeist in der **deterministischen Betrachtungsweise** klassischer Verfahren zur Produktionsplanung und -steuerung begründet. Im Bereich der Mengenplanung hochwertiger Produkte durchaus berechtigt, führt sie in der Feinplanungsphase zu aufwendigen Termin- und Kapazitätsplanungsmodellen, welche häufig nur geringe Übereinstimmung mit dem tatsächlichen, nach stochastischen Gesetzen ablaufenden Fertigungsgeschehen haben. Die Folgen davon sind:

O Große Streuung der Durchlaufzeit

Erfahrungen und Analysen zeigen, daß Terminabweichungen fast regelmäßig zu einer wesentlichen Überschreitung, selten zu Unterschreitungen der Planungsergebnisse aus der Feinterminierung führen.

O Unwirksame Prioritätssteuerung

Die in fast allen Systemen vorgesehene Durchlaufbeschleunigung über Prioritätsvorgabe ergibt keine erkennbare Korrelation zu den tatsächlich erreichten Durchlaufzeiten. Vielmehr gibt es in manchen Unternehmen nur noch Aufträge planungstechnisch höchster Priorität.

O Fehlende Systemunterstützung für variable Losgrößen

Eilaufträge werden manuell und mit hohem Aufwand durch Splittung der wirtschaftlichen Losgröße durch die Fertigung gesteuert. Die in den Standard-Systemen teilweise vorgesehenen Funktionen für gesplittete und überlappte Fertigung sind aufwendig zu handhaben und wenig reaktionsschnell.

O Hoher Aufwand in der Feinplanung

Die mit hohem DV-technischen Aufwand errechnete Arbeitsgangreihenfolge wird selbst durch geringe Terminabweichungen (längere oder kürzere Bearbeitungszeit, Störung, Kapazitätsschwankung) schnell ungültig, da sich in der Fertigung stochastisch auftretende Ereignisse nahezu nie ausgleichen, sondern in ihrer negativen Wirkung in Richtung des Arbeitsfortschritts verstärken (vgl. BECKER[10]).

O Fehlende fertigungsnahe Simulation

Bis die Ergebnisse der zentralen Kapazitäts- und Reihenfolgeplanung vorliegen, hat sich meist die betriebliche Situation verändert, ein aktuelles Nachfahren der Änderungen ist nur mit großem Aufwand möglich, die Transparenz des Fertigungsgeschehens entsprechend gering.

5.3 NEUE ANSÄTZE FÜR PPS-SYSTEME

Die beschriebenen Sachverhalte haben zu einem Überdenken der klassischen Konzepte und zur Entwicklung neuer Verfahren geführt, wobei der Schwerpunkt in der Übereinstimmung der Feinplanungsphase mit dem tatsächlichen betrieblichen Geschehen liegt.
Im folgenden sollen daher die in den letzten Jahren bekanntgewordenen neuen Methoden sowie ihr Einsatzfeld in der Zuordnung zu den verschiedenen Fertigungstypologien kurz dargestellt werden. Dies soll systematisch anhand einer Typologie-Matrix geschehen, die in Anlehnung an SCHOMBURG[11] angepaßt und auf die einzelnen Ansätze angewandt wird. Die Größe der schraffierten Fläche visualisiert dabei die Eignung eines Verfahrens für die jeweilige Fertigungstypologie (vgl. Gliederungspunkte "Eignungshinweise").

5.3.1 Ansätze mit Schwerpunkt bei der Planung

5.3.1.1 MRP-II

5.3.1.1.1 Charakterisierung

In den letzten zehn Jahren hat sich eine eigenständige, zunehmend komplexere Planungsphilosophie (noch kein vollständiges System) mit dem Namen MRP-II (**M**anufacturing **R**esource **P**lanning) entwickelt (vgl. WIGHT[12]), das unterdessen in Form eines geschlossenen Kreislaufes (closed loop) sämtliche Unternehmensbereiche umfaßt.

Ausgangspunkt der Philosophie ist eine umfassende Unternehmensplanung (z.B. die Veranschlagung von Gewinnen und Einkünften). Aus dieser leitet sich eine Verkaufsplanung ab. Sie geht von der Erkenntnis aus, daß die bei der industriellen Fertigung benötigten Durchlaufzeiten um ein Vielfaches größer sind, als die vom Kunden gewünschte Lieferzeit. Daher sollen möglichst viele Produktionsschritte vor den noch nicht bekannten Kundenbestelltermin vorgezogen werden.
Traditionelle PPS-Systeme können dies nicht leisten, da sie auf eine ausschließlich **produktionsorientierte** Bedarfsauflösung (Primär- in Sekundärbedarfe) ausgelegt sind. Um aber immer die "richtigen" Schritte vorzuziehen, ist eine stark **vertriebsorientierte** Programmplanungsphilosophie erforderlich.

Diese muß, um eine optimale Bearbeitung des Marktes zu ermöglichen, bereits **regionen-, branchen- und kundenorientiert** ansetzen. Nur so kann erreicht werden, daß Planungsdaten zum gesamten Sortiment und seiner Segmentierung nach Produktfamilien erzeugt werden, die später durch die tatsächliche Entwicklung verifiziert werden.

Der Planungsprozeß selbst wird auf Basis von Planungsstücklisten durchgeführt, deren Aufbau von entscheidender Bedeutung ist (vgl. BELT[13]), da sie wiederum zum Ursprung der Planung von Varianten, Baugruppen und Komponenten verwendet werden. Änderungen in der Produktpolitik des Unternehmens können mit ihrer Hilfe ebenfalls leicht untersucht werden.

Den ersten Planungsabschnitt beschließt eine grobe Realisierbarkeitsprüfung der erstellten Pläne bereits auf hohem Level (bspw. nach der Kapazität einzelner Produktionsstätten), was den Vorteil einer sehr frühen Überprüfung der Plausibilität der Planung hat.

Der Kapazitätsabgleich wird Stufe für Stufe mit der Auflösung der Produktfamilien nach Varianten, Gruppen und Komponenten fortgesetzt. Wenn die verfügbaren Ressourcen an Beständen, Maschinen, Geldmitteln und Personal ausreichen, entsteht als Ergebnis ein Monatsprogramm, das in

o Konstruktionsaufträge für Anpassungen,
o Bestellaufträge für Kaufteile,
o Lieferaufträge für verbundene/angeschlossene Werke,
o Fertigungsaufträge für Eigenfertigungsteile und
o Montageaufträge

aufgelöst wird. Hierdurch entsteht ein ganzes Netzwerk von Aufträgen, die durch die Planung miteinander verknüpft sind.

Diese Aufträge resultieren bis zu diesem Zeitpunkt ausschließlich aus der vertriebsorientierten Programmplanung. Die Montage wird im Idealfall so lange verzögert (Postponement), bis durch zwischenzeitlich eingegangene Kundenaufträge ein konkretes Montageprogramm zusammengestellt werden kann. An der Schnittstelle zwischen Planung und Tagesgeschäft (Kundenauftragsannahme) werden dann die in der Planung ermittelten Aufträge entweder freigegeben, geändert oder gelöscht.

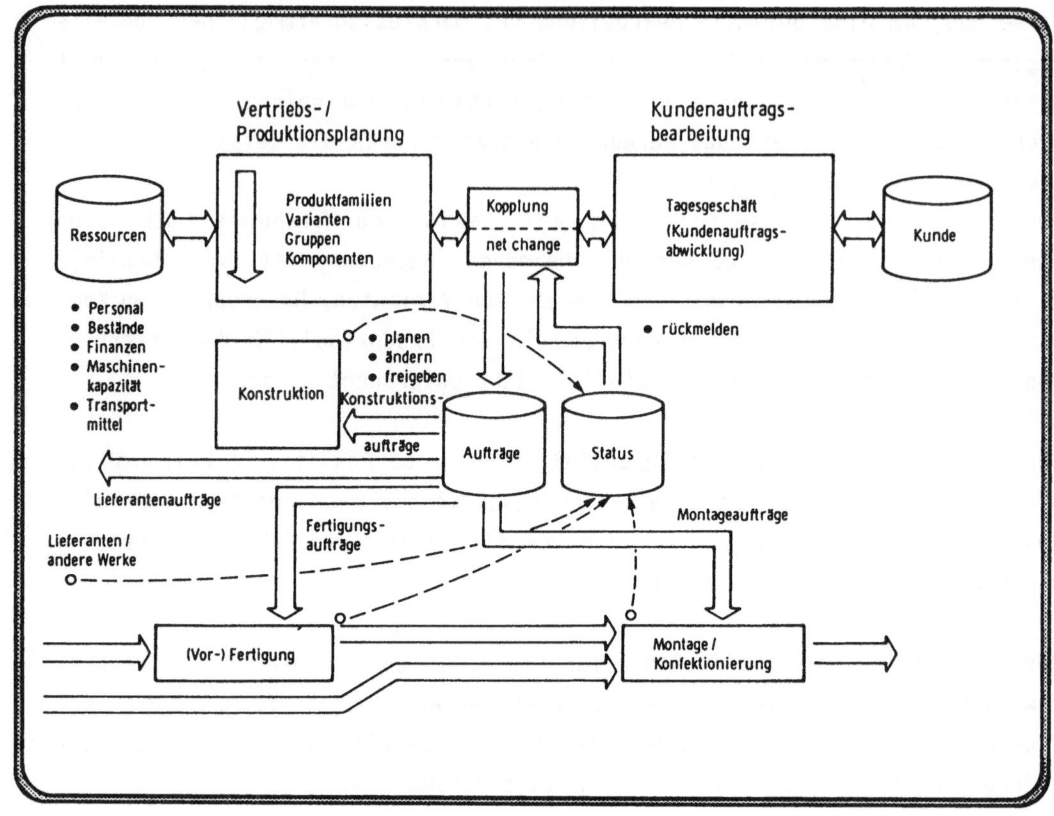

Abb. 5.2 MRPII-Regelkreise (Quelle: MERKEL[14])

Traditionelle Ansätze disponieren ihre Fertigung und Montage nach dem frühest möglichen Zeitpunkt und bauen Bestände als "Schlupf" gegen Störungen auf. Die MRP II Philosophie versucht, Bestände durch Warten auf mehr Informationen (Postponement) zu ersetzen.

Wann immer an einer Stelle im System Störungen oder Änderungen auftreten, müssen diese sofort in das Auftragsnetz eingearbeitet werden (Net Change). Voraussetzung ist also eine extrem hohe Aktualität der Planung. Dies setzt eine optimale Erfassung und Verarbeitung aller sowohl vom Markt als auch aus dem eigenen Unternehmen kommenden Informationen voraus.

5.3.1.1.2 Eignungshinweise anhand der Fertigungstypologie

MERKMAL	MERKMALSAUSPRÄGUNG		
ERZEUGNIS-SPEKTRUM	Nach Kunden-spezifikation	Typisierte/ Standardisierte mit Varianten	Standard ohne Varianten
AUFTRAGS-AUSLÖSUNGS-ART	Produktion auf Bestellung	Produktion auf Bestellung mit Rahmenauf-trägen	Produktion auf Lager
ERZEUGNIS-STRUKTUR	Einteilig	Mehrteilig mit einfacher Struktur	Mehrteilig mit komplexer Struktur
DISPOSITIONS-ART	Einzelauftrags-bezogen	Gemischt	Ausschließlich Programmbezogen
FERTIGUNGS-ART	Einzelfertigung	Kleinserien-fertigung	Serien-/ Massenfertigung
FERTIGUNGS-ABLAUF-ART	Werkstatt-Fertigung	Gruppen-/ Linien-Fertigung	Fließ-Fertigung

Abb. 5.3 Eignungshinweise MRPII

5.3.1.2 Marktorientierte PPS (Montagesynchrone Fertigung)

5.3.1.2.1 Charakterisierung

Ausgangserkenntnis dieser Philosophie (ebenfalls kein vollständiges System), die ihren Einsatzschwerpunkt bei der Einzel- und Kleinserienfertigung hat, ist die bereits geschilderte Wandlung vom Anbieter zum Käufermarkt und die damit verbundene Verringerung zugestandener Lieferzeiten.

Um dennoch die für den Auftragserhalt erforderlichen Bedingungen erfüllen zu können, müssen entweder erhöhte Bestände an Halb- und Fertigfabrikaten akzeptiert oder Eilaufträge ("Feuerwehraktionen") mit hohem manuellen Steuerungsaufwand durchgesetzt werden, um fehlendes Material zeitgerecht in der Montage abliefern zu können.

Ansatzpunkt zur Verbesserung dieses Dilemmas ist die **informations- und materialflußtechnische Integration** aller an der Auftragsabwicklung beteiligten Unternehmensbereiche. Grundvoraussetzung hierfür ist eine Orientierung der Gesamtauftragsabwicklung am Materialbedarf in der Montage.

Dazu müssen zur gezielten Verbesserung des Produktionsprozesses die Produkte in ihre Komponenten und Einzelteile gegliedert werden. Dies geschieht anhand der Dispositionsart, d.h. der Tatsache, ob es sich um verbrauchs-, programm- oder kundenorientiert zu disponierende Teile handelt.

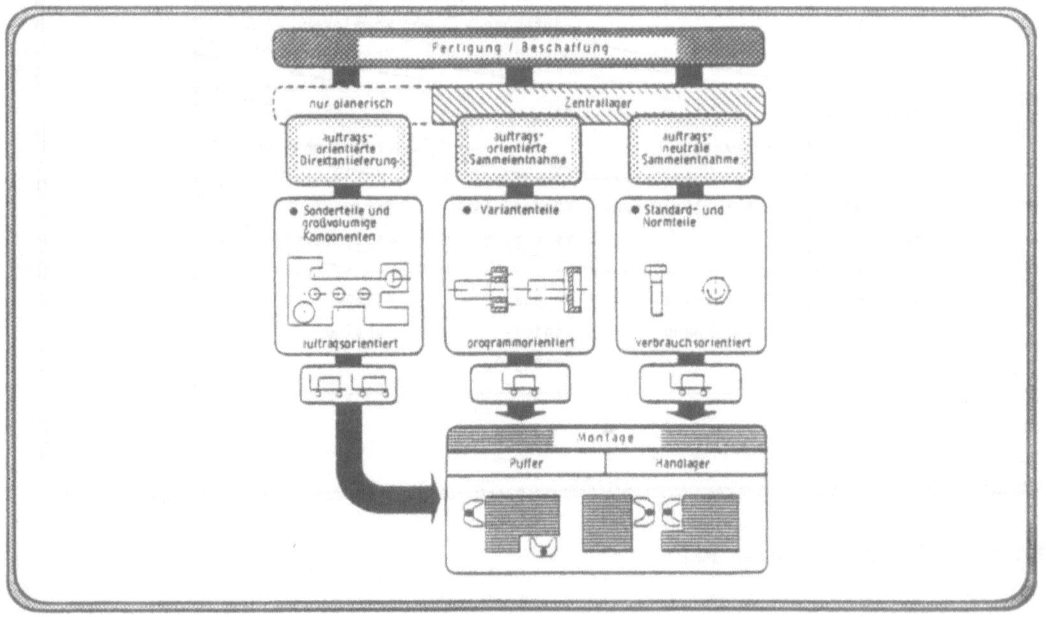

Abb. 5.4 Differenzierung der Materialien (Quelle: EVERSHEIM et al.[15])

Im einzelnen wird wie folgt verfahren:

o Die weniger wertvollen Teile werden verbrauchsgesteuert disponiert oder zugekauft. Bei Eigenproduktion wird eine Fließfertigung mit angepaßtem Produktionsrythmus in Gang gesetzt und nicht weiter betrachtet.

o Bei den programmorientierten Variantenteilen wird ebenso verfahren, aber unter Beachtung des Teilefamiliengedankens. Dies bedeutet, daß die allen Teilen einer Teilefamilie zugrundeligenden Grundkörper auftragsunabhängig produziert und erst im Bedarfsfall auftragsspezifisch weiterverarbeitet werden.

o Kundenorientiert disponierte Sonderteile stellen häufig den terminbestimmenden Engpaß dar, da erst nach vollständiger Spezifikation in der Konstruktion mit ihrer Herstellung begonnen werden kann. Hier empfiehlt es sich, ihren Bedarfszeitpunkt innerhalb der Montage möglichst genau zu bestimmen, um so vorhandene Reserven gegenüber einem einheitlichen Bereitstellungszeitpunkt für alle Teile zu nutzen.

Zur Realisierung der Marktorientierten PPS dienen vor allem folgende Maßnahmen:

o **Montagesynchrone Fertigung**

Gegenüber der konservativen Vorgehensweise (bspw. MRP) werden die jeweils benötigten Teile parallel zur Montage gefertigt bzw. vormontiert und erst zum realen Bedarfstermin in die Montage eingesteuert. Diese Maßnahme verkürzt den Lieferzeitraum, baut Lagerflächen ab und läßt Zwischenlager weitgehend entfallen und damit auch das Lagerrisiko nicht mehr verwendbarer Teile.

o **Bedarfsorientierte Lager- und Transportorganisation**

Wertintensive Sonderteile und großvolumige Komponenten werden "am Lager vorbei" direkt in der Montage bereitgestellt.
Programmorientiert gefertigte Komponenten (z.B. Variantenteile) sind in den jeweiligen Fertigungslosgrößen im Zentrallager eingelagert und bei Vorliegen eines konkreten Kundenauftrags zu kommissionieren und als auftragsorientierte Sammelentnahme in den montageplatznahen Puffer zu liefern.
Standard- und Normteile sollten sinnvollerweise an jedem Montageort permanent verfügbar sein, bei Unterschreiten der Mindestbestände ist ein Bedarf am Zentrallager anzumelden.

o Anwendung Grundkörperprinzip

Im Kern wird versucht, Produktkomponenten mit langen Durchlaufzeiten ge-
stuft zu fertigen. Zuerst werden die Baugruppen programmbezogen disponiert
und dann in Form eines vorgefertigten Grundkörpers auf Lager gelegt.
Nach Eingang des Kundenauftrags wird dann aus dem Grundkörper die jeweils
benötigte Variante gefertigt. Geometrische Überdeckungen und vergleichbare
Arbeitsvorgangsfolgen sind neben den verwendeten Werkstoffen Kriterien zur
Bestimmung sinnvoller Grundkörper.

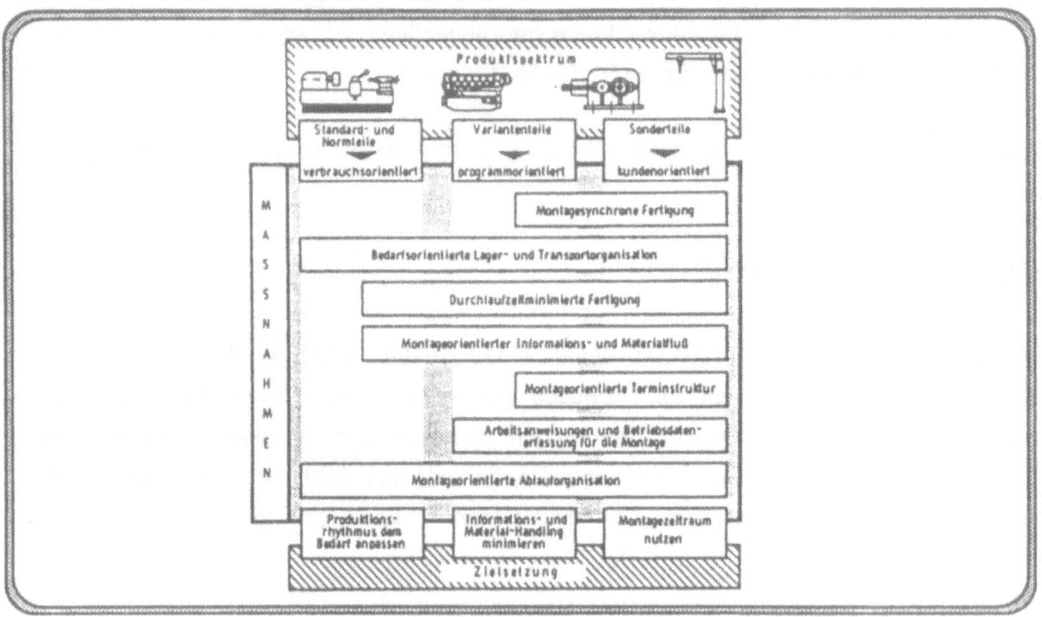

Abb. 5.5 Maßnahmen der marktorientierten PPS
(Quelle: ARBEITSGRUPPE MARKTORIENTIERTE PPS[16])

5.3.1.2.2 Eignungshinweise anhand der Fertigungstypologie

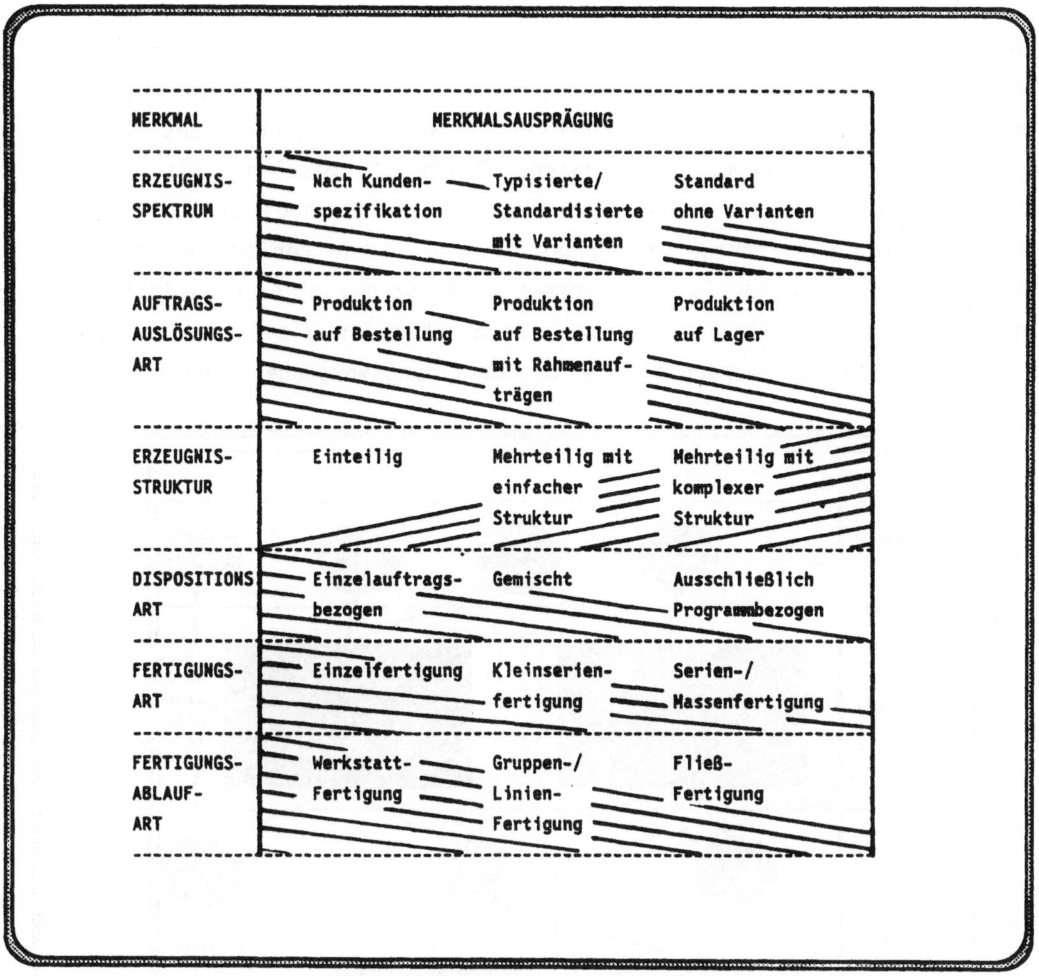

MERKMAL	MERKMALSAUSPRÄGUNG		
ERZEUGNIS-SPEKTRUM	Nach Kunden-spezifikation	Typisierte/ Standardisierte mit Varianten	Standard ohne Varianten
AUFTRAGS-AUSLÖSUNGS-ART	Produktion auf Bestellung	Produktion auf Bestellung mit Rahmenauf-trägen	Produktion auf Lager
ERZEUGNIS-STRUKTUR	Einteilig	Mehrteilig mit einfacher Struktur	Mehrteilig mit komplexer Struktur
DISPOSITIONS-ART	Einzelauftrags-bezogen	Gemischt	Ausschließlich Programmbezogen
FERTIGUNGS-ART	Einzelfertigung	Kleinserien-fertigung	Serien-/ Massenfertigung
FERTIGUNGS-ABLAUF-ART	Werkstatt-Fertigung	Gruppen-/ Linien-Fertigung	Fließ-Fertigung

Abb. 5.6 Eignungshinweise Marktorientierte PPS

5.3.1.3 OPTIMIZED PRODUCTION TECHNOLOGIE (OPT)

5.3.1.3.1 Charakterisierung

Das Softwaresystem OPT ist ursprünglich in Israel entstanden und wurde anschließend von der Creative Output Incorporated (COI), Milford Connecticut in den USA verfeinert und weiterentwickelt (vgl. FOX[17], GOLDRATT/ COX[18]). Der Grundgedanke besteht darin, den an sich stochastischen Charakter des

Fertigungsgeschehens durch **Genauplanung** und Beseitigung aller Störgrößen möglichst weitgehend zu determinieren.

Alles bestimmende Bedeutung für diese Produktionsplanungs-Philosophie haben die sog. Engpässe (bottlenecks). Dabei handelt es sich bei einem Engpaß um eine Stelle oder einen Zustand innerhalb des Herstellungsprozesses, der die mögliche Ausbringung reduziert. Engpässe können z.B. Maschinen mit begrenzter Kapazität oder Mitarbeiter mit einer seltenen, hoch spezialisierten Ausbildung sein. Die erkannten Engpässe werden nun in der produktionstechnisch vorgegebenen Reihenfolge angeordnet und mit maximaler Kapazität durch einen Planungsalgorithmus terminiert. Im Anschluß an die Terminierung der "kritischen Stellen" werden die übrigen Fertigungsvorgänge eingeplant.

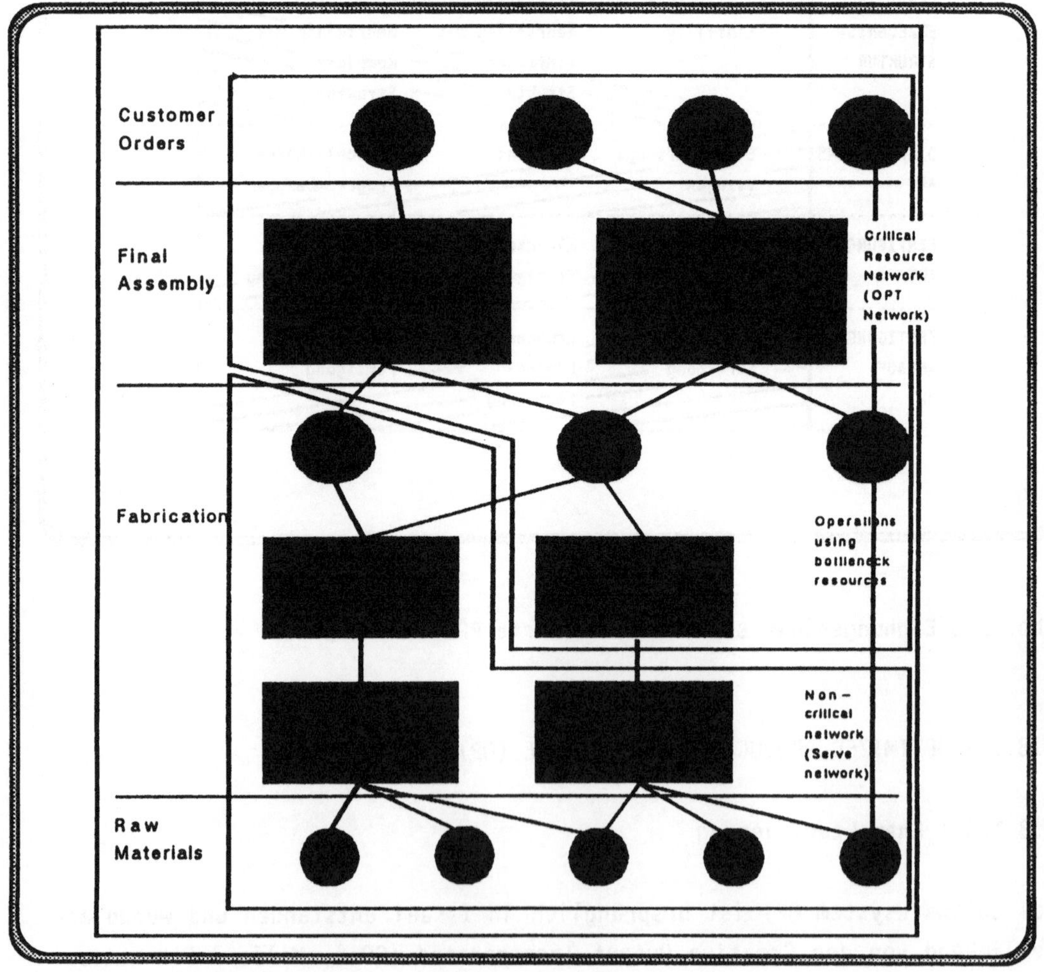

Abb. 5.7 Sample Product Network (Quelle: JACOBS[19])

Zur Anwendung von OPT ist eine komplette Beschreibung des Fertigungsprozesses Voraussetzung. Das bedingt den Aufbau eines Produktnetzplans, der den Produktionsablauf exakt wiedergibt. Er verbindet die üblichen Informationen der Stückliste und des Arbeitsplanes (vgl. Abb. 5.7)

Beginnend mit den Rohmaterialien auf der Eingangsstufe wird jeder auszuführende Arbeitsvorgang genau mit den benutzten Betriebsmitteln, seinem Beginn und seiner Laufzeit, vorausbestimmt. Es lassen sich die gewünschte Bestandsmenge jedes Vorgangs, die kleinsten Losgrößen, die Ersatzbetriebsmittel und die erlaubten Terminüberschreitungen einstellen. Die Daten des Produktnetzplans und der Produktionsfaktorbeschreibung bilden die Eingangsinformationen für einen Programmbaustein, genannt "Buildnet". Mit diesem Baustein beginnt eine ganze Kette von Programmschritten, die nun kurz erläutert werden sollen.

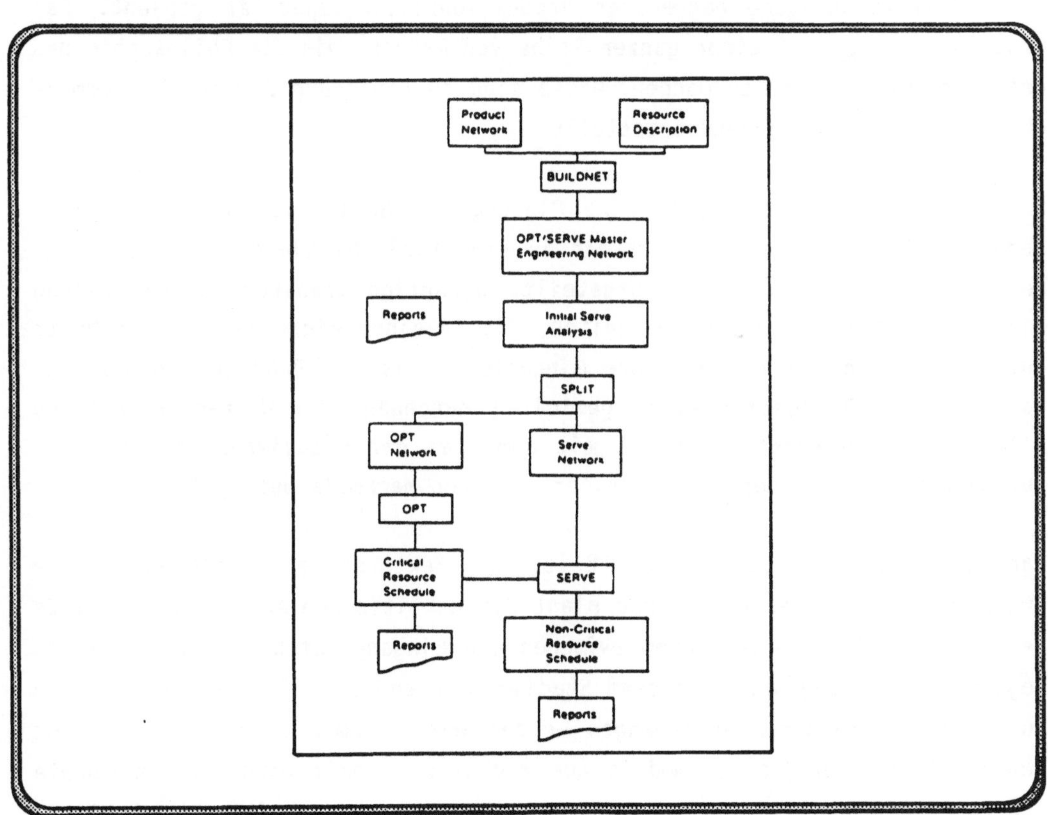

Abb. 5.8 OPT/SERVE Information Flow (Quelle: MESHAR[20])

In einer ersten Analyse untersucht ein Modul, genannt Serve, die Eingangsdaten. Serve plant, ausgehend von den im Produktnetzplan vorgegebenen
Auftragslieferterminen, mit Rückwärtsterminierung. Das Modul geht dabei von
unbeschränkter Kapazität jedes einzelnen Produktionsfaktors aus. In einer
Übersicht wird die prozentuale Auslastung jedes einzelnen Produktionsfaktors verdeutlicht, mehr als 100 %ige Belegung bedeutet "Engpaß" und damit
eine von der Norm abweichende Behandlung im nächsten Planungsschritt, genannt "split".

Der Programmbaustein "split" trennt die Ablauffolge in zwei Sektoren auf.
Der eine Sektor enthält alle Arbeitsschritte mit erkannten Engpässen und
alle Vorgänge, die den kritischen Stellen nachfolgen. Zum anderen Sektor
gehören alle Arbeitsschritte, die den "kritischen Vorgängen" vorangehen.
Der kritische Sektor wird durch das OPT Kernmodul mit Vorwärtsterminierung
unter Berücksichtigung begrenzter Produktionsmittelkapazität geplant. Das
Programm basiert auf einer ganzen Reihe von Regeln, die die Philosophie des
gesamten OPT-Konzepts ausmachen. Diese sind in Abbildung 5.9 den herkömmlichen Planungsregeln gegenübergestellt.

Das OPT Programm entwickelt seine Planung auf Basis variabler Losgrößen.
Jeder Auftrag wird nach Möglichkeit in eine Vielzahl kleiner Transportein-
heiten ("transfer batches") aufgeteilt. Derartige transfer batches bilden
die kleinstmöglichen Arbeitseinheiten, die in einem einzelnen Ablaufschritt
durchgeführt werden können, ihre Mindestgröße ist im Produktnetzplan enthalten. Die Möglichkeit einer gezielten durchgängigen Weiterverarbeitung
aller Einheiten eines Produktes mit dem Ziel der Reduzierung der Gesamtdurchlaufzeit ist eines der charakteristischen Merkmale des Systems.

Nach erfolgter Terminierung des "kritischen Sektors" setzt noch einmal der
Programmbaustein "Serve" ein und plant die unkritischen Arbeitsschritte. Es
besteht jedoch ein Unterschied zwischen den Eingangsdaten für das Modul zu
Beginn der Planung und in diesem Stadium. Während zu Anfang von den realen
Auftragslieferterminen ausgegangen worden war, terminiert Serve hier von
den Ergebnisdaten des Kernmoduls aus rückwärts. Somit wird die permanente
Verfügbarkeit von Material beim ersten Vorgang des "kritischen Sektors"
sichergestellt.

WHAT RULES DRIVE YOUR BUSINESS?

CONVENTIONAL RULES

- Balance capacity, then try to maintain flow.
- Level of utilization of any worker is determined by its own potential.
- Utilization and activation of workers are the same.
- An hour lost at a bottleneck is just an hour lost at that resource
- An hour saved at a non-bottleneck is an hour saved at that resource.
- Bottlenecks temporarily limit throughput but have little impact on inventories.
- Splitting and overlapping of batches should be discouraged
- The process batch should be constant both in time and along its route
- Schedules should be determined by sequentially
  - Predetermining the batch size
  - Calculating lead time.
  - Assigning priorities, setting schedules according to lead time
  - Adjusting the schedules according to apparent capacity constraints by repeating the above 3 steps

MOTTO
The only way to reach
a global optimum is by
insuring local optimums.

OPT RULES

1. Balance flow not capacity
2. The level of utilization of a non-bottleneck is not determined by its own potential but by some other constraint in the system.
3. Utilization and activation of a resource are not synonymous.
4. An hour lost at a bottleneck is an hour lost for the total system.
5. An hour saved at a non-bottleneck is just a mirage
6. Bottlenecks govern both throughput and inventories.
7. The transfer batch may not and many times should not be equal to the process batch.
8. The process batch should be variable not fixed
9. Schedules should be established by looking at all of the constraints simultaneously. Lead times are the result of a schedule and cannot be predetermined

MOTTO
The sum of the local optimums
is not equal to
the global optimum.

Abb. 5.9 Gegenüberstellung OPT - Konventionelle Planungsregeln
(Quelle: COI[21])

Es soll noch erwähnt werden, daß ein einziger Planungsdurchlauf gewöhnlich nicht zur endgültigen Planung genügt, da ein einzelner Durchlauf oft noch weitere Engpässe aufdeckt, die wiederum auf der "kritischen Seite" mit eingeplant werden müssen.

Was die Eignung des Systems anbelangt, erscheint OPT gut geeignet für Industriezweige mit vielen Ablaufschritten in der Fertigung (große Fertigungstiefe) und bei großem erforderlichem Materialumfang (bspw. Flugzeugbau, komplexe Maschinenausrüstung), bei einfachen Produktionsstrukturen erscheint der Aufwand dagegen nicht lohnenswert.

5.3.1.3.2 Eignungshinweise anhand der Fertigungstypologie

MERKMAL	MERKMALSAUSPRÄGUNG		
ERZEUGNIS-SPEKTRUM	Nach Kunden-spezifikation	Typisierte/Standardisierte mit Varianten	Standard ohne Varianten
AUFTRAGS-AUSLÖSUNGS-ART	Produktion auf Bestellung	Produktion auf Bestellung mit Rahmenaufträgen	Produktion auf Lager
ERZEUGNIS-STRUKTUR	Einteilig	Mehrteilig mit einfacher Struktur	Mehrteilig mit komplexer Struktur
DISPOSITIONS-ART	Einzelauftrags-bezogen	Gemischt	Ausschließlich Programmbezogen
FERTIGUNGS-ART	Einzelfertigung	Kleinserien-fertigung	Serien-/Massenfertigung
FERTIGUNGS-ABLAUF-ART	Werkstatt-Fertigung	Gruppen-/Linien-Fertigung	Fließ-Fertigung

Abb. 5.10 Eignungshinweise OPT

5.3.2 Ansätze mit Schwerpunkt bei der Steuerung

5.3.2.1 KANBAN

5.3.2.1.1 Charakterisierung

Überlegungen zur Bestandssenkung im Fertigungsbereich haben in japanischen Unternehmen und hier insbesondere in der Automobilindustrie (Vorreiter war TOYOTA), zur Entwicklung des KANBAN-Systems geführt. In der Bundesrepublik Deutschland bemühte sich besonders WILDEMANN[22] um eine Verbreitung des KANBAN-Gedankens. KANBAN beutet sinngemäß etwa Karte oder Schild. Das System kann auf der einen Seite als eine Weiterentwicklung der altbekannten "Pendelkartentechnik", auf der anderen Seite als Übertragung des **"Supermarktprinzips"** in die industrielle Fertigung verstanden werden. Ein Verbraucher entnimmt Ware aus einem Regal, die Lücke wird bemerkt und wieder aufgefüllt (vgl. MERTENS[23]).

In der industriellen Fertigung wandert der KANBAN immer zwischen einer "Quelle" und der dazugehörigen "Senke". "Quellen" können dabei Rohstofflager, Einzelteilfertigungen oder auch einzelne Arbeitsplätze, "Senken" bspw. weiterverarbeitende Stellen, Halbfabrikatelager, Montageabteilungen usw. sein. Eine eindeutige Zuordnung ergibt sich nur im Einzelfall aus der Tatsache, wer Lieferer einer Leistung und wer Abnehmer einer Leistung ist.

Im Gegensatz zu den klassischen Fertigungssteuerungsverfahren geht beim KANBAN-System der Impuls zur Materialbereitstellung nicht von einer zentralen Produktionssteuerung, sondern dezentral von der jeweils vorgelagerten Produktionsstufe aus. Beginnend mit der Endmontage, werden die benötigten Materialien mit Hilfe der KANBANS als Informationsträger von den vorgelagerten Fertigungsbereichen bzw. Zulieferern zum benötigten Zeitpunkt abgerufen, wenn im zugehörigen Pufferlager ein definierter Mindestbestand unterschritten ist. Der Einzelauftrag der anfordernden Stelle wird somit als primäre Steuergröße verwendet. Diese **Holpflicht** steht im Gegensatz zu den klassischen Verfahren, die auf der Bringpflicht beruhen. Der Informationsfluß läuft entgegengesetzt zum Materialfluß. Der Grund für diese Umkehrung liegt darin, daß davon ausgegangen wird, daß nur in der Endmontage genau bekannt ist, zu welchem Zeitpunkt welche Teile benötigt werden. Ziel ist es dabei, auf allen Stufen eine Produktion auf Abruf aufzubauen, so daß eine Lagerhaltung überflüssig wird. Der Abruf erfolgt durch den jeweils für eine

Stufe zuständigen Mitarbeiter, was als Novum zu bisherigen Verfahren, eine gewisse Selbstverantwortung voraussetzt.

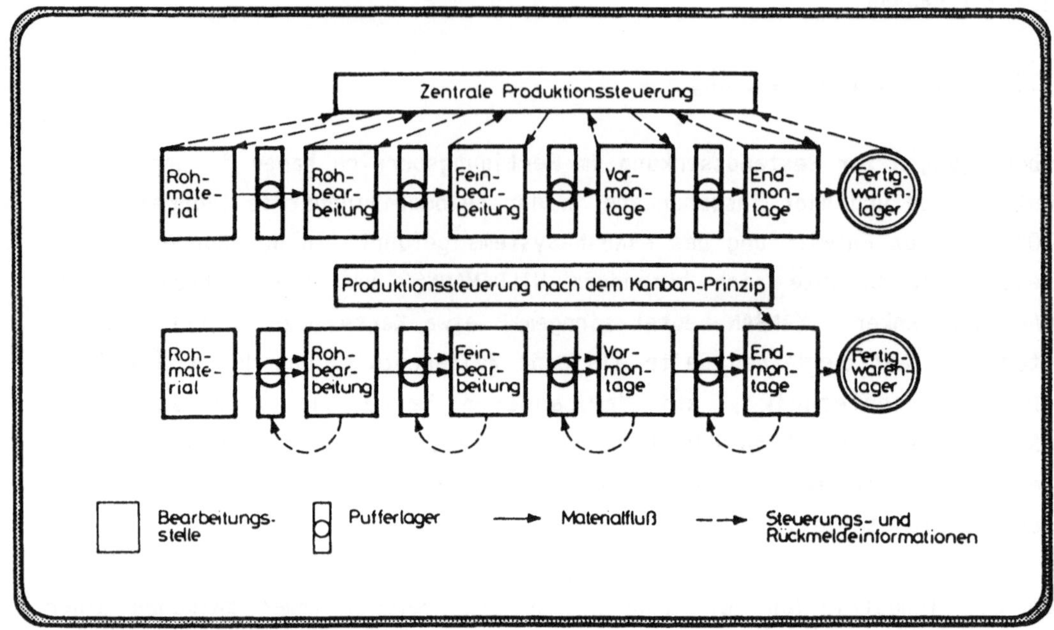

Abb. 5.11   Gegenüberstellung zentrale und KANBAN-Steuerung
(Quelle: WILDEMANN[24])

Für die Anwendung des KANBAN-Systems sind allerdings besondere Voraussetzungen zu erfüllen:

O Konstanz des Produktionsprogramms

Zur Vermeidung starker Bedarfsschwankungen muß der Wiederholgrad sehr hoch sein.

O Kurze Wiederbeschaffungszeiten

Um in kürzester Zeit einen Materialverbrauch oder Bedarfsschwankungen kompensieren zu können, müssen betriebsintern ausreichende Fertigungskapazitäten vorhanden sein oder externe Lieferanten in unmittelbarer Nähe zum Herstellerwerk angesiedelt sein. Diese Forderung schließt auch ein, daß die Fertigungskapazitäten bezüglich ihres mengenmäßigen Ausstoßes sehr genau aufeinander abgestimmt sind.

O Hohe Anlieferfrequenz

Zur Vermeidung von Umlaufbeständen muß eine hohe Lieferhäufigkeit realisiert werden. Bei konstanten Produktionsprogrammen ist es möglich, den
Lieferanten im voraus anzugeben, zu welchen Terminen geliefert werden muß.

O Hohe Personalflexibilität

Im Bedarfsfalle muß sowohl das eigene wie auch externes Personal zu Über-
stunden bereit sein, sonst bricht bei Ausfall einzelner Stationen in der
Kette der Regelkreis wegen fehlender Zwischenlagerbestände zusammen.

O Leistungsfähige Qualitätskontrolle

Eine entscheidende Voraussetzung für das reibungslose Funktionieren des
KANBAN-Prinzips ist die Herstellung und Anlieferung der angeforderten
Teile in vorgeschriebener Qualität, da eine größere Anzahl fehlerhafter
Teile mangels Ersatzmaterial zu einem Produktionsstop führen würde.

I.d.R. lassen sich im Teilespektrum jedes Unternehmens mehrere "KANBAN-
geeignete Teile" finden. Es ist jedoch an den o.g. Einsatzkriterien abzu-
lesen, daß der KANBAN-Einsatz bei den in der Bundesrepublik vorherrschenden
Fertigungsstrukturen an enge Grenzen gebunden ist. Dies hat dazu geführt,
daß bei einigen Anwendern in der anfänglichen Euphorie ein Nebeneinander
von KANBAN-Teilen und Nicht-KANBAN-Teilen entstanden ist. Damit treten aber
Probleme in der Steuerung konkurrierender Aufträge um begrenzte Fertigungskapazitäten auf. Beim Anlaufen einer Fertigungsstelle mit KANBAN- und
Nicht-KANBAN-Teilen unterliegt diese Fertigungsstelle zwangsläufig sowohl
dem Steuerungssystem konventioneller Art, als auch dem KANBAN-System. Es
kommt zu einem Konflikt zwischen zentraler und dezentraler Steuerung. Das
KANBAN-System erzwingt aber eine generell gültige Verteilung des Kapazitätsangebotes auf beide Systeme. Damit verringern sich aber wiederum die
erhofften Freiheitsgrade in der Steuerung, meist zu Ungunsten der Nicht-
KANBAN-Teile. Die geschilderten Probleme geben daher auch in der Zukunft
keinen Anlaß, die Möglichkeit einer Ausweitung des in Insellösungen durchaus sinnvollen Verfahrens auf die Planung und -steuerung der Produktion
insgesamt anzunehmen (vgl. LEY, SYSKA[25]).

5.3.2.1.2 Eignungshinweise anhand der Fertigungstypologie

MERKMAL	MERKMALSAUSPRÄGUNG		
ERZEUGNIS- SPEKTRUM	Nach Kunden- spezifikation	Typisierte/ Standardisierte mit Varianten	Standard ohne Varianten
AUFTRAGS- AUSLÖSUNGS- ART	Produktion auf Bestellung	Produktion auf Bestellung mit Rahmenauf- trägen	Produktion auf Lager
ERZEUGNIS- STRUKTUR	Einteilig	Mehrteilig mit einfacher Struktur	Mehrteilig mit komplexer Struktur
DISPOSITIONS- ART	Einzelauftrags- bezogen	Gemischt	Ausschließlich Programmbezogen
FERTIGUNGS- ART	Einzelfertigung	Kleinserien- fertigung	Serien-/ Massenfertigung
FERTIGUNGS- ABLAUF- ART	Werkstatt- Fertigung	Gruppen-/ Linien- Fertigung	Fließ- Fertigung

Abb. 5.12 Eignungshinweise KANBAN

5.3.2.2 Forschrittszahlensysteme

5.3.2.2.1 Charakterisierung

Das Fortschrittszahlenkonzept wurde ebenso wie das KANBAN-System vor allem
in der Automobilindustrie entwickelt. Es geht von dem Gedanken aus, einzelne Produktionsbereiche sowie Zulieferer mit einem Minimum an Daten über den
sich aus der Montageplanung abzuleitenden Bedarfsverlauf zu informieren, so
daß die Versorgung der Montage mit den benötigten Komponenten auf Abruf er-

folgen kann (vgl. BAKU/MEYER[26]). Die Entwicklung entstand aus dem Bestreben der Hersteller heraus, die eigenen Lagerbestände durch eine zeitlich **montagegenaue Materialanlieferung** auf ein Minimum zu reduzieren. In der Zwischenzeit findet das Verfahren zunehmend auch bei anderen Großserienproduzenten, bspw. bei den Herstellern sog. "Weißer Ware" (Hausgerätehersteller) Interesse, nicht zuletzt, weil mittlerweile auch EDV-gestützte Standard-Systeme am Markt angeboten werden (bspw. FORS (ACTIS), RM-PPS/2 (SAP)). Nach der Definition wird ein, den ganzen Betrieb (Fertigung, Montage) verfolgendes, zusammenhängendes Zahlenkonzept als Fortschrittszahlensystem bezeichnet. Die ermittelten Kennzahlen stellen die von einem Stichtag an kumulierten Stückzahlen eines bestimmten Teils dar. Die Vorgehensweise soll zunächst an einem Beispiel für den Einsatz des Fortschrittszahlensystems in der eigenen Fertigung eines Herstellers dargestellt werden.

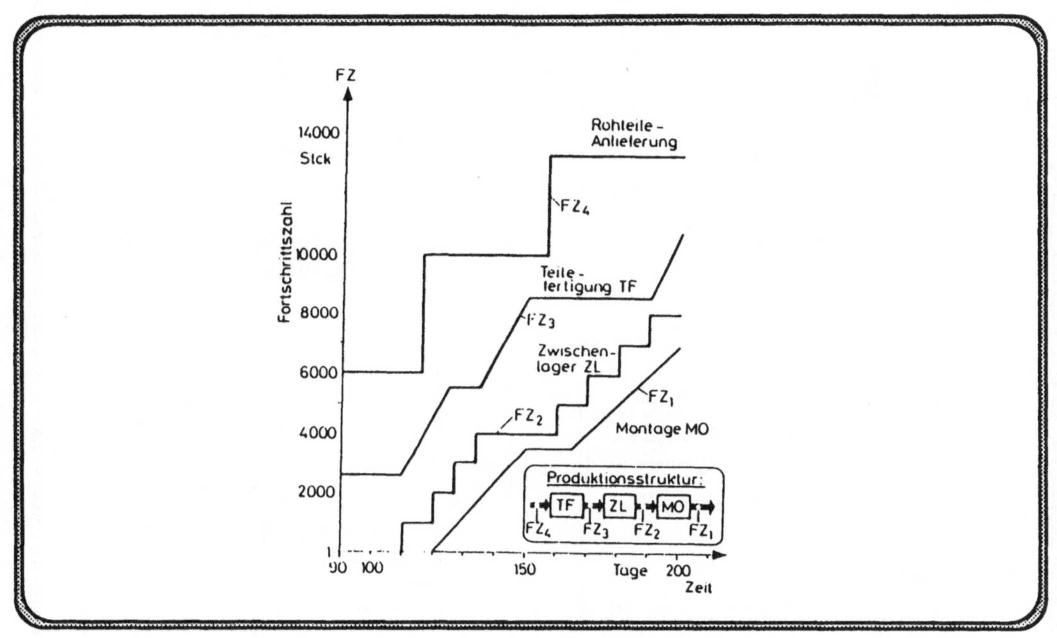

Abb. 5.13 Prinzip des Fortschrittszahlenkonzepts (Quelle: GOTTWALD[27])

Der Fertigungsprozeß umfaßt in dem Beispiel die Stufen Teilefertigung, Zwischenlager und Montage. Zusätzlich aufgezeigt ist die Rohteile-Anlieferung. Diese Betriebsteile werden als Kontrollblöcke bezeichnet. An jedem dieser Kontrollblöcke zählt man nun die von einem ganz bestimmten Teil zu- oder abgehenden Stücke. In dem hier geschilderten Fall wird aus den abgehenden Teilen die Abgangskurve für jeden Kontrollblock dargestellt.

Da nun die Ausgangsfortschrittszahl des Vorgängerblocks die Eingangsfortschrittszahl für den Nachfolgerblock darstellt, können durch einfachen Vergleich von Soll- und Ist-Fortschrittszahl an den Kontrollpunkten die Steuerungsfunktion wahrgenommen und Unstimmigkeiten leicht erkannt werden.

Der sich immer mehr verstärkende Trend der Nutzung des Fortschrittszahlensystems auch zur **überbetrieblichen Steuerung** soll nun aus der Sicht eines Zulieferbetriebs (B) verdeutlicht werden (vgl. MERTENS[28]).

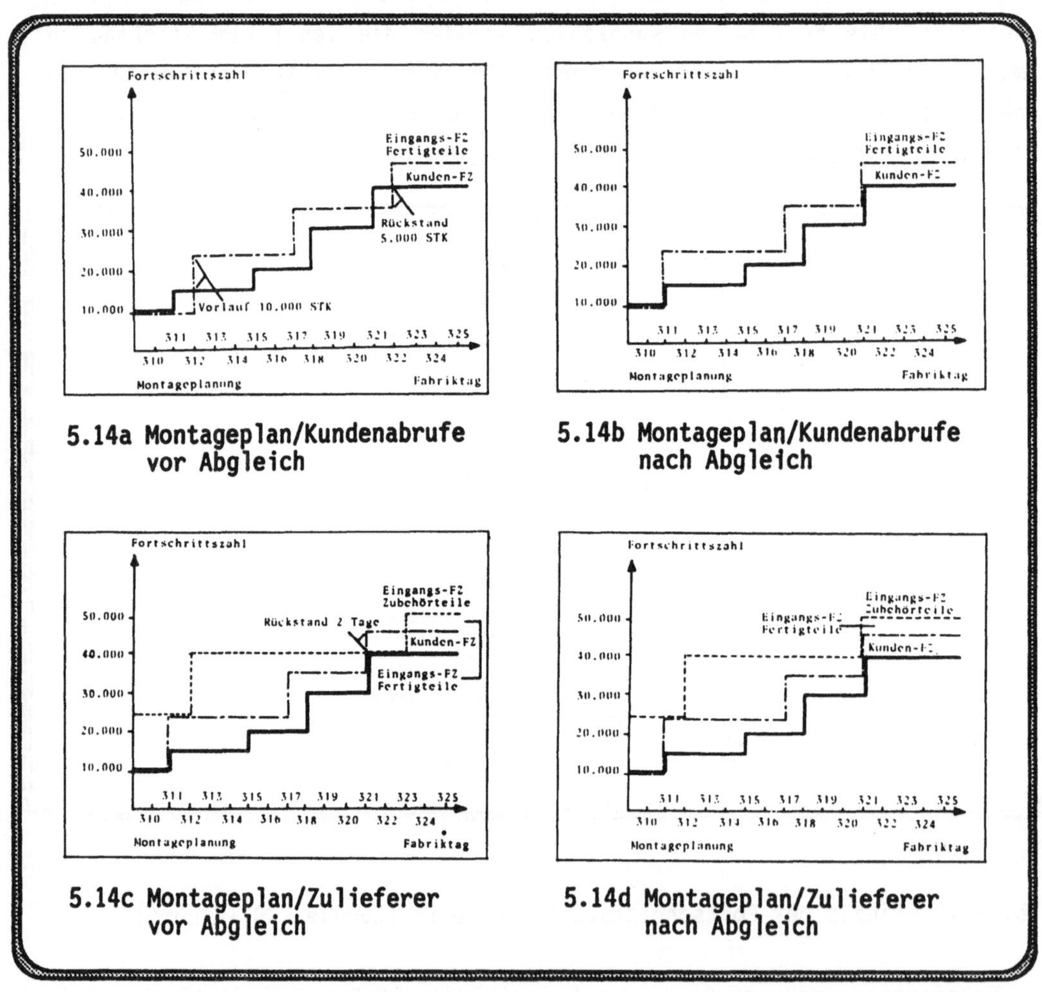

5.14a Montageplan/Kundenabrufe vor Abgleich

5.14b Montageplan/Kundenabrufe nach Abgleich

5.14c Montageplan/Zulieferer vor Abgleich

5.14d Montageplan/Zulieferer nach Abgleich

Abb. 5.14 Arbeitsweise des Fortschrittszahlen-Konzepts (Quelle: MERTENS[29])

Das Unternehmen B fertigt und montiert Fertigteile (strichpunktierte Linie in den Abb. 5.14a bis 5.14d), die Unternehmen C von B als Kunde bezieht und innerhalb eines Rahmenvertrages abruft (durchgezogene Linie; Kunden-FZ).

Unternehmen B wird bei der eigenen Teilemontage mit Zubehörteilen von Unternehmen A beliefert (gestrichelte Linie; Zubehörteile-FZ). Aus Abb. 5.14a läßt sich ablesen, daß B an den Tagen 311 und 321 je einen Lieferrückstand von 5000 Fertigteilen gegenüber C hat. Die Lieferrückstände könnten bei B durch eine Verlagerung seines Montageendtermins um jeweils einen Tag in Richtung Gegenwart beseitigt werden (vgl. Abb. 5.14b). Im betrachteten Fall hat der Zulieferer A 15.000 Zubehörteile am Tag 312 und 10.000 am Tag 323 zu liefern (vgl Abb. 5.14c). Der modifizierte Montageplan von B ist dann aber am Tag 322 nicht vollständig realisierbar. Ursache ist der jetzt zu späte Ablieferungstermin der Zubehörteile von Zulieferer A. B muß also darauf drängen, daß der Liefertermin der Zubehörteile vorverlegt wird. Die Auswirkungen der Verlegung zeigt Abb. 5.14d, alle Plänen sind trotz einfacher Handhabung aufeinander abgestimmt.

Auch für die Anwendbarkeit des Fortschrittszahlenkonzepts sind bestimmte Voraussetzungen erforderlich, die denen beim KANBAN-System nicht unähnlich sind:

O Enge Lieferbeziehungen

Zwischen dem Hersteller und seinen Zulieferern müssen enge Geschäftsbeziehungen in Form von Rahmenverträgen bestehen. Diese Rahmenverträge werden in der Automobilindustrie gewöhnlich jährlich neu ausgehandelt. Sie begründen eine Verpflichtung des Herstellers zur Abnahme einer bestimmten, im Laufe des Jahres abzunehmenden Stückzahl von Produkten eines Zulieferers, der sich seinerseits verpflichtet die entsprechenden Teilmengen kurzfristig auf Abruf des Kunden bereitzustellen. Dazu ist dann kein eigener Einkaufsvorgang, wie sonst üblich, erforderlich, sondern lediglich die Übermittlung der Fortschrittszahl.

O Hohe Anlieferfrequenz

Ebenso wie beim KANBAN-System besteht auch hier aus Gründen möglichst geringer Lagerbestände die Tendenz zu möglichst häufiger Anlieferung in konstanten Losgrößen. In der Automobilindustrie tendiert man zu mindest täglichem Abruf, es sind auch bereits Konstellationen im Stundenbereich im Einsatz.

0 Abgestimmte Informationssysteme

Es ist einsichtig, daß solchermaßen enge Lieferbeziehungen mit täglichem Lieferabruf abgestimmte, papierlose Informationssysteme bei Hersteller und Zulieferer voraussetzt. Zum Abruf werden daher Datenfernübertragungseinrichtungen (DFÜ) benutzt, die die Zahlen über den Arbeitsfortschritt beim Hersteller, direkt in das PPS-System des Zulieferers einstellen.

5.3.2.2.2 Eignungshinweise anhand der Fertigungstypologie

MERKMAL	MERKMALSAUSPRÄGUNG		
ERZEUGNIS-SPEKTRUM	Nach Kunden-spezifikation	Typisierte/ Standardisierte mit Varianten	Standard ohne Varianten
AUFTRAGS-AUSLÖSUNGS-ART	Produktion auf Bestellung	Produktion auf Bestellung mit Rahmenauf-trägen	Produktion auf Lager
ERZEUGNIS-STRUKTUR	Einteilig	Mehrteilig mit einfacher Struktur	Mehrteilig mit komplexer Struktur
DISPOSITIONS-ART	Einzelauftrags-bezogen	Gemischt	Ausschließlich Programmbezogen
FERTIGUNGS-ART	Einzelfertigung	Kleinserien-fertigung	Serien-/ Massenfertigung
FERTIGUNGS-ABLAUF-ART	Werkstatt-Fertigung	Gruppen-/ Linien-Fertigung	Fließ-Fertigung

Abb. 5.15 Eignungshinweise Fortschrittszahlen

5.3.2.3 Belastungsorientierte Auftragsfreigabe (BOA)

5.3.2.3.1 Charakterisierung

Anders als die beiden voranstehenden Verfahren ist die Belastungsorientierte Auftragsfreigabe ein **Steuerungsverfahren für die reine Werkstattfertigung** und wurde am Institut für Fabrikanlagen (IFA) der Universität Hannover entwickelt (vgl. WIENDAHL[30]). Ausgangspunkt war die schon lange bekannte Tatsache, daß die Übergangszeiten, die bis zu 90% der Gesamtdurchlaufzeit eines Auftrages betragen können, keine konstanten Größen sind, sondern sehr stark streuen. Die daraus resultierende Planungsunsicherheit veranlaßt die Disponenten die (Werkstatt-)Aufträge möglichst früh zu starten. Den Disponenten ist dabei jedoch nicht bewußt, daß sie mit diesem Vorgang genau das Gegenteil dessen bewirken, was sie beabichtigen, nämlich längere Durchlaufzeiten (vgl. KÖLLE[31]). Die am IFA durchgeführten Studien haben bewiesen, daß statt eines "Vollstopfens der Fertigung" mit Werkstattaufträgen bereits eine relativ geringe Absenkung der Werkstattbestände überproportionale Rückgänge der Durchlaufzeit zur Folge hat. Dies liegt darin begründet, daß ein niedriger aktiver Auftragsbestand in der Fertigung kurze Wartezeiten und damit kurze Durchlaufzeiten zur Folge hat.

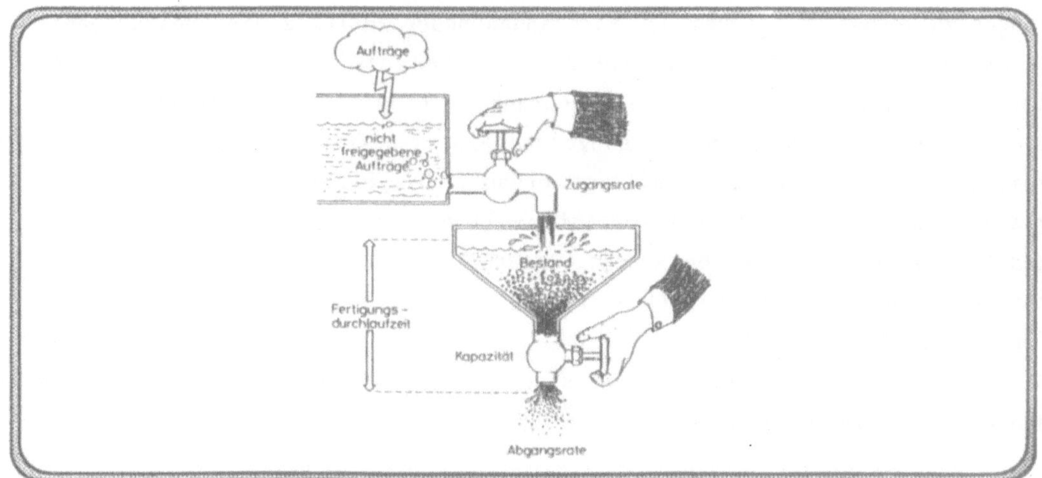

Abb. 5.16 Trichtermodell der BOA (Quelle: POSSL[32])

Damit es jedoch auch zu keinem Stillstand bzw. Nutzungsverlust an den Arbeitsplätzen kommt, muß es Ziel der Fertigungssteuerung sein, den Zufluß der Aufträge so zu dosieren, daß möglichst niedrige Bestände bei Vermeidung von Leistungseinbußen erreicht werden. Der Regelmechanismus läßt sich über das sog. "Trichtermodell" sehr gut veranschaulichen (vgl. Abb. 5.16).

Die Arbeitsweise der BOA vollzieht sich in zwei Schritten. Im ersten Schritt wird die **Dringlichkeit** der einzelnen Betriebsaufträge ermittelt.

Dazu werden für alle noch nicht freigegebenen Aufträge, soweit das benötigte Material verfügbar ist, aus dem vom übergeordneten Zeitwirtschaftssystem geplanten Ablieferungstermin und der aktuellen mittleren Durchlaufzeit, ein Fertigungsbeginntermin berechnet. Alle Aufträge deren berechneter Starttermin innerhalb eines vorgegebenen Zeitraums (bspw. 3 Wochen) liegt, werden dem zweiten Schritt unterworfen. Die restlichen Aufträge werden zurückgestellt und erst im nächsten Planungslauf wieder berücksichtigt.

Beginnend mit den alten, noch nicht fertiggemeldeten Aufträgen wird nun im zweiten Schritt für alle Arbeitsgänge geprüft, ob an den entsprechenden Arbeitsplätzen die bisher freizugebende Belastung unterhalb einer festgelegten Belastungsschranke liegt. Die **Belastungsschranke** entspricht dem Quotienten aus Belastung und Kapazität. Übliche Werte liegen bei einem Belastungsprozentsatz von 200 bis 300%, um Störungen (bspw. Ausschuß) und Fehleinschätzungen in der Planperiode durch ein begrenztes Auftragspolster abfangen zu können. Liegt bei der Einplanung neuer Aufträge die freizugebende Belastung auch nur an einem Arbeitsplatz über dieser Schranke, wird der Auftrag zurückgestellt. Wird die Schranke nirgends überschritten, werden die geplanten Belastungen der einzelnen Arbeitsplätze um die Ausführungszeit der Arbeitsgänge des Auftrags erhöht. Dabei werden nur die in der Planperiode liegenden Arbeitsschritte voll berücksichtigt, während die in den Folgeperioden liegenden Arbeitsvorgänge zur Berücksichtigung der Unsicherheit nur mit einem Anteil verrechnet werden, der mit zunehmender Entfernung vom Ausgangszeitpunkt abnimmt.
Das Ergebnis der Auftragsfreigabe sind schließlich die Arbeitsvorräte an den einzelnen Arbeitsplätzen und zwar in der Reihenfolge ihrer Starttermine.

Auch für den Einsatz der Belastungsorientierten Auftragsfreigabe gibt es bestimmte Voraussetzungen, die für einen sinnvollen und erfolgreichen Einsatz erfüllt sein müssen.

o Vorgeschaltete Durchlaufterminierung

Da bei der Werkstattfertigung oft sehr komplexe Erzeugnis- und Fertigungsstrukturen anzutreffen sind hat die Ermittlung der Endtermine der einzelnen Fertigungsaufträge eine große Bedeutung. Dies geschieht in der Durchlaufterminierung im primär planerisch ausgerichteten Teil eines PPS-Systems. Dort wird auch das Netz der z.T. erheblichen Anzahl einzelner Werkstattaufträge, die zusammen einen Kundenauftrag ergeben, verwaltet.

O Vorgeschaltete Verfügbarkeitsprüfung

Hier gilt sinngemäß das oben Gesagte. Ohne eine Sicherstellung der Material-, Werkzeug- und Vorrichtungsverfügbarkeit im planerischen Teil ist ein sinnvolles Arbeiten der BOA nicht zu gewährleisten.

O Automatische Betriebsdatenerfassung

Um einen möglichst genauen Überblick über die in der Planperiode zur Verfügung stehende Kapazität (Maschinen, Personal) und über den Arbeitsfortschritt an den einzelnen Arbeitsplätzen zu haben, empfiehlt sich der Einsatz eines Rückmeldesystems, das die Informationen zeitnah und möglichst automatisch anliefert.

O Gleichmäßige Produktion

Häufige Termin- (Eilaufträge) und Bedarfsveränderungen stören das Ziel einer Annäherung an den idealen Belastungsverlauf, da von der FIFO-Regel abgewichen werden muß, was wiederum den unerwünschten Effekt der breiteren Streuung der Durchlaufzeit hat.

Es soll an dieser Stelle auch noch ein Argument von Kritikern des Verfahrens nachgetragen werden, das besagt, daß zwar die "Verstopfung" der Werkstatt durch die BOA vermieden wird, dafür aber die "Verstopfung" eine Planungsstufe weiter nach vorne verschoben wird. Alle Aufträge, die bei der Einlastung wegen Überschreitung der Belastungsschranke nicht eingeplant werden können bleiben, obwohl vielleicht dringend, liegen; ihr Verzug wird immer größer. Dem entgegnen Verfechter der BOA mit Untersuchungen in ausgewählten Unternehmen die belegen, daß die Durchlaufzeit kontinuierlich abnimmt, während die Zahl der abgefertigten Aufträge zunächst konstant bleibt und dann aber allmählich zunimmt, so daß sich die "Verstopfung" letztlich löst.

5.3.2.3.2 Eignungshinweise anhand der Fertigungstypologie

MERKMAL	MERKMALSAUSPRÄGUNG		
ERZEUGNIS-SPEKTRUM	Nach Kunden-spezifikation	Typisierte/ Standardisierte mit Varianten	Standard ohne Varianten
AUFTRAGS-AUSLÖSUNGS-ART	Produktion auf Bestellung	Produktion auf Bestellung mit Rahmenauf-trägen	Produktion auf Lager
ERZEUGNIS-STRUKTUR	Einteilig	Mehrteilig mit einfacher Struktur	Mehrteilig mit komplexer Struktur
DISPOSITIONS-ART	Einzelauftrags-bezogen	Gemischt	Ausschließlich Programmbezogen
FERTIGUNGS-ART	Einzelfertigung	Kleinserien-fertigung	Serien-/ Massenfertigung
FERTIGUNGS-ABLAUF-ART	Werkstatt-Fertigung	Gruppen-/ Linien-Fertigung	Fließ-Fertigung

Abb. 5.17 Eignungshinweise BOA

5.3.2.4 Leitstandsteuerung

5.3.2.4.1 Charakterisierung

Auf der Suche nach mehr Flexibilität im Produktionsbereich beginnen viele
Industrieunternehmen sich weg von der klassischen Werkstattfertigung und
hin zu, nach dem Fertigungsfließprinzip orientierten Einheiten zu organi-
sieren (vgl. HELBERG[33]).

Die Gründe hierfür liegen in der Erkenntnis, daß bei konventioneller Werkstattfertigung bis zu 90% der Durchlaufzeiten von Aufträgen auf unprodukti-
ve Zeiten wie Liege-, Transport- oder sonstige organisatorische Übergangszeiten entfallen (vgl. TULLY[34]).

Diese sind bedingt durch die größenmäßig bedingte Unüberschaubarkeit des
gesamten Auftragsnetzes und die fehlende Gesamtverantwortung für die Ter-
mineinhaltung im Zusammenspiel aller beteiligten Einheiten.

Daher werden, um den geschilderten Mängeln zu begegnen, die klassischen
Werkstätten durch dezentrale, abgegrenzte Einheiten ersetzt, die immer
stärker auch automatisierte Fertigungseinrichtungen beinhalten, mit deren
Hilfe die ganzheitliche Bearbeitung integrierter Werkstückspektren und Tei-
lefamilien möglich ist. Ziel ist es, für eigenständige Ausschnitte der Fertigung "Fabriken in der Fabrik" zu schaffen, die überschaubar und effizient
arbeiten (vgl. RUFFING[35]).

Produktionsplanungs- und steuerungssysteme haben nun die Aufgabe, die geänderten aufbau- und ablauforganisatorischen Rahmenbedingungen nachzuvoll-
ziehen. Daher sind, zusätzlich oder anstelle konventioneller PPS-Systeme,
die von einer starken Zentralisierung der Planungs- und steuerungsaufgaben
ausgehen, Leitstandsysteme entstanden, die dem Gedanken der selbstverant-
wortlichen Steuerung Rechnung tragen. Sie übernehmen die Funktionen der
klassischen Plantafel, bieten darüber hinaus aber wesentliche Erweiterungen, indem sie BDE- und DNC-Funktionen integrieren, dadurch den Produkt-
ionsfortschritt ständig zeitnah aufzeigen können und dem Werkstattsteuerer
durch intelligente Planungsfunktionen Unterstützung gewähren.
Dazu müssen beide Systeme funktional eng miteinander verzahnt werden. So
können mehrere durchgehende PPS-Stränge gebildet werden, die je nach den
Anforderungen produkt- oder auftragsbezogen gestaltet sein können. Der Pla-
nungsteil des PPS-Systems übernimmt die lang- und mittelfristigen Disposi-
tions- und Koordinationsaufgaben, die Leitstandsysteme die eigentliche
kurzfristige Fertigungssteuerung. Nach Durchführung der Kapazitätstermini e-
rung werden die den jeweiligen Fertigungsbereichen zugeordneten Aufträge
mit den Vorgangsdaten per File-Transfer zum Leitstand übertragen. Der so
übernommene Auftragsvorrat steht nun dem Disponenten oder Fertigungssteue-
rer für die Reihenfolge- und Maschinenbelegungsplanung zur Verfügung.

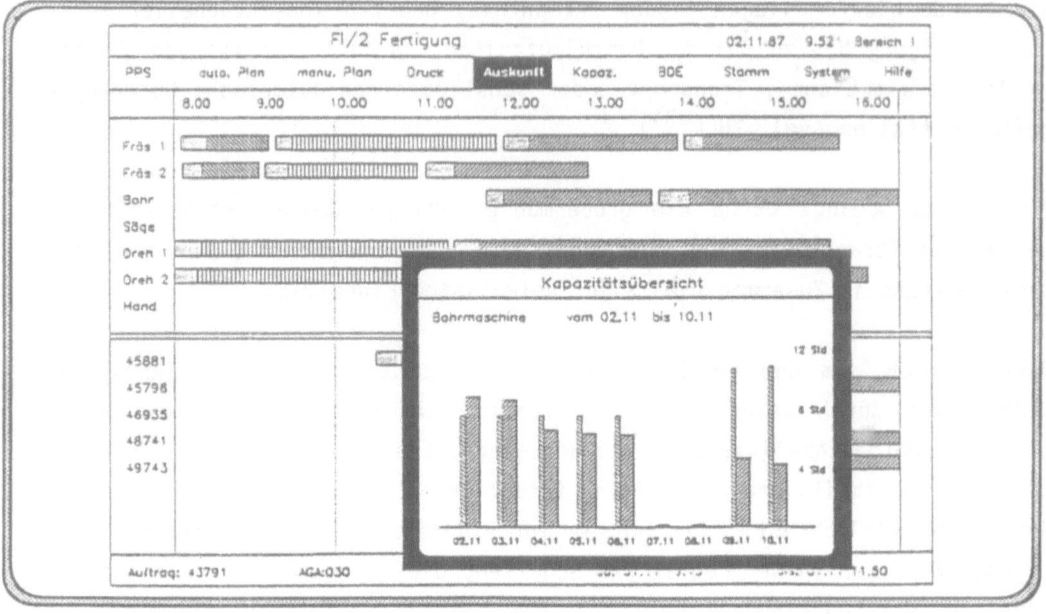

Abb. 5.18 Benutzeroberfläche des "Intelligenten Leitstands FI/2"
          (Quelle: IDS[36])

Im Leitstandsystem sind die Daten der Maschinen(-gruppen) und Arbeitsplätze
wie Kapazitäten, Schichtpläne, Betriebskalender usw. hinterlegt. Die operativen Planungsaufgaben führt der Disponent am graphischen Bildschirm durch.
Vorteilhaft wirkt sich hier die Entwicklung der Hardware aus, die wenig
endbenutzerorientierten zentralen HOST-Systeme durch kostengünstige und benutzerfreundliche Arbeitsplatzcomputer abzulösen. So kann der früher
übliche, wenig übersichtliche Output in Form von Listen mittels Farbgrafik,
Maustechnik und automatisierten Dispositions- und Auswertefunktionen aufbe-
reitet werden. Die Planung der Maschinen- bzw. Arbeitsplatzbelegung kann
damit sehr benutzerfreundlich erfolgen:

O Manuell durch bildhaftes "Stecken"; d.h. der Arbeitsauftrag wird mit Hilfe der Maustechnik einer Maschine mit einer bestimmten Startzeit zugeordnet,

O Halbautomatisch; d.h. ein Arbeitsauftrag wird durch Antippen der ersten
  freien Maschine zugeordnet oder

O Automatisch; d.h. es wird über einen unternehmensspezifischen Zuteilungs-
  algorithmus ein Belegungsplan vom System erstellt, der allerdings jederzeit manuell verändert werden kann (vgl. AHP[37]).

Auch die Form der Darstellung der Planungsergebnisse unterscheidet sich ganz wesentlich von herkömmlichen Systemen. So können bspw. für die Maschinen- oder Arbeitsplatzdisposition "Kapazitätsgebirge" graphisch dargestellt werden oder die Vernetzung von Aufträgen mit ihren Vorgänger/ Nachfolgerbeziehungen und Überlappungen in beliebigem zeitlichem Detaillierungsgrad graphisch präsentiert werden. Bei entsprechender Erfassung von Betriebs- und Maschinendaten wird sogar der zeitaktuelle Produktionsstand visualisiert, so bspw. Änderungen des Maschinenstatus durch Veränderung der Farbe des Maschinenstatus in der Plantafel.

5.3.2.4.2 Eigungshinweise anhand der Fertigungstypologie

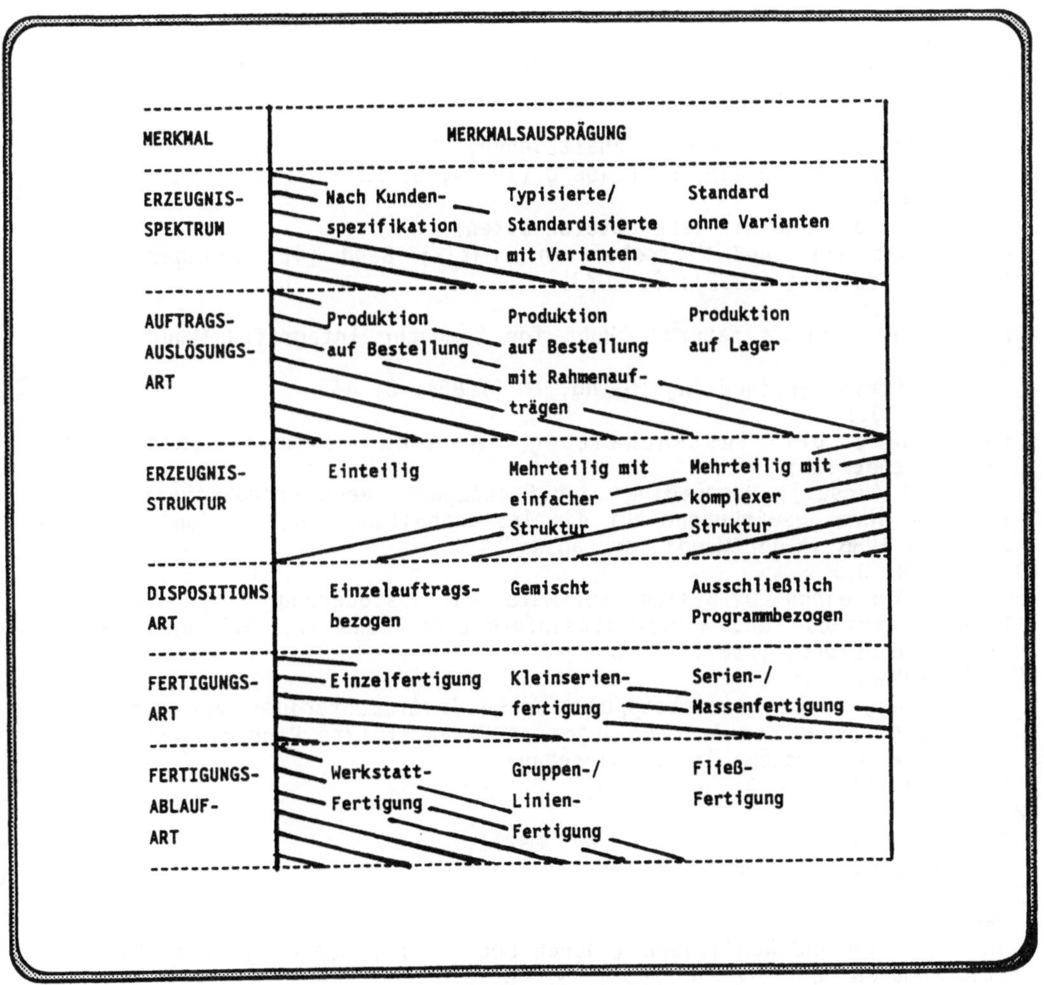

Abb. 5.19 Eignungshinweise Leitstandsystem

LITERATUR ZU KAPITEL 5

1. HOFF, H.; FÖRSTER, H.U.:
    Die Auswahl von PPS-Systemen;
    in: Fortschrittliche Betriebsführung/Industrial Engineering (FB/IE) 34;
    Heft 4 (1985); S. 118
2. HACKSTEIN, R.:
    Produktionsplanung und -steuerung (PPS) - Ein Handbuch für die
    Betriebspraxis; VDI-Verlag; Düsseldorf 1984
3. HACKSTEIN, R.:
    Produktionsplanung und -steuerung (PPS);
    Skript zur Vorlesung Arbeitswissenschaft und Betriebsorganisation AW/BO
    II der RWTH Aachen im SS 1984; Aachen 1984; S. 2-19
4. GLASER, H.:
    Computergestützte Verfahren der Materialdisposition;
    in: das wirtschaftsstudium (wisu); Deubner und Lange Verlag Köln und Wer-
    ner Verlag Düsseldorf; Heft 10 (1986); S. 486-492
5. GLASER, H.:
    Material- und Produktionswirtschaft; Reihe: Betriebswirtschaft und
    Betriebspraxis;
    3., neubearbeitete und erweiterte Auflage des Taschenbuches T 43;   VDI
    Verlag; Düsseldorf (1986)
6. SCHEER, A.-W.:
    EDV-orientierte Betriebswirtschaftslehre;
    Springer Verlag; Berlin, Heidelberg (1984); S. 83
7. WITTEMANN, N.:
    Produktionsplanung mit verdichteten Daten;
    Reihe: Betriebs- und Wirtschaftsinformatik; Band 14; Springer Verlag;
    Berlin Heidelberg (1985); S. 30/31
8. FOX, K.A.:
    MRP-II Providing a natural "Hub" for Computer Integrated Manufacturing
    Systems;
    in: Industrial Engineering 15; No. 10 (1985); S. 44
9. BECKER, J.:
    Einbindung der Instandhaltung in einen computergesteuerten
    Industriebetrieb;
    in: REFA (Hrsg.); Proceedings zur Fachtagung "Neue Produktionstechnolo-
    gien und ihre Auswirkungen auf die Instandhaltungsorganisation"; 24. bis
    25. März 1988 in Dortmund; Vortrag Nr. 4
10. BECKER, J.:
    Architektur eines EDV-Systems zur Materialflußsteuerung;
    Reihe: Betriebs- und Wirtschaftsinformatik; Band 22; Springer Verlag;
    Berlin Heidelberg (1987); S. 6
11. SCHOMBURG, E.:
    Entwicklung eines betriebstypologischen Instrumentariums zur systemati-
    schen Ermittlung der Anforderungen an EDV-gestützte Produktionsplanungs-
    und steuerungssysteme im Maschinenbau;
    Dissertation; RWTH Aachen (1980)
12. WIGHT, O.:
    The Executive Guide to successfull MRPII;
    Engelwood Cliffs; New York (1983)
13. BELT, B.:
    MRP und KANBAN;
    in: Wachstum und Realisierung durch Logistik; Proceedings zum BLV Logi-
    stik Kongreß `85; Bremen (1985); S. 461-518
14. MERKEL, H.:
    Von PPS- zu MRPII- orientierten Systemen;
    in: CIM Management; Oldenbourg Verlag; München; Heft 4 (1986); S. 36

15. EVERSHEIM, W.; SOSSENHEIMER, K.; STOLZ, N.:
Montageorientierte Produktionssteuerung in Unternehmen mit Einzel- und Kleinserienproduktion;
in: Zeitschrift für wirtschaftliche Fertigung 83; Hanser Verlag München;
Heft 9 (1988); S. 453-457
16. ARBEITSGRUPPE MARKTORIENTIERTE PPS:
Marktorientierte Produktionsplanung und -steuerung (PPS);
in: Industrie Anzeiger 106; Heft 56 (1984); S. 39-45
17. FOX, R.:
OPT - An Answer for America "Part IV" - Leapfrogging the Japanese";
in: Inventories and Production; March/April (1984); S. 84-96
18. GOLDRATT, E.M.; COX, J.:
The Goal - Excellence in Manufacturing;
North River Press Inc.; New York (1984)
19. JACOBS, F.R.:
OPT Uncovered: Many Production Planning and Scheduling Concepts can be applied with or without the Software;
in: Industrial Engineering 16; No. 10 (1984);
20. MESHAR, A.:
OPT - Auf dem Wege zu neuen Lösungen;
in: Gesellschaft für Fertigungssteuerung und Materialwirtschaft e.V. (Hrsg.); Produktionsmanagement - heute realisiert; Proceedings zur Jahrestagung 1985; Heidelberg (1985)
21. CREATIVE OUTPUT INC. (COI) (Hrsg.):
Optimized Production Technology (OPT);
Firmenschrift COI; Eschborn 1985;
22. WILDEMANN, H. (Hrsg.):
Flexible Werkstattsteuerung durch Integration von KANBAN-Prinzipien;
CW-Publikationen; München (1984)
23. MERTENS, P.; HEIGL, M.:
Neue Wege bei computergestützter Produktionsplanung; Teil 1;
in: Online; ÖVD-Verlag; Heft 12 (1984); S. 46-53
24. WILDEMANN, H. (Hrsg.):
Flexible Werkstattsteuerung durch Integration von KANBAN-Prinzipien;
CW-Publikation; München (1984); S. 34
25. LEY, W.; SYSKA, A.:
Steuerung nach Kanban
in: Arbeitsvorbereitung 21; Heft 1 (1984); S. 13-15
26. BAKU, K.; MEYER, E.:
Wirtschaftliche Fertigungsorganisation für Automobilzulieferer mit FORS;
in: Zeitschrift für wirtschaftliche Fertigung (ZwF) 77; Heft 10 (1982);
S. 476-480
27. GOTTWALD, M.K.:
Produktionssteuerung mit Fortschrittszahlen;
in: Gesellschaft für Management und Technologie (gmft) (Hrsg.); Proceedings zum Seminar "Neue PPS-Lösungen"; München (1982)
28. MERTENS, P.; HEIGL, M.:
Neue Wege bei computergestützter Produktionsplanung; Teil 2;
in: Online; ÖVD-Verlag; Heft 12 (1984); S. 62-72
29. MERTENS, P.; HEIGL, M.:
Neue Wege bei computergestützter Produktionsplanung; Teil 1 und 2
in: Online; ÖVD-Verlag; Teil 1: Heft 11 (1984); S. 46-53
                        Teil 2: Heft 12 (1984); S. 62-72
30. WIENDAHL, H.P.:
Belastungsorientierte Fertigungssteuerung;
Carl Hanser Verlag; München (1987)

31. KÖLLE, J.:
   PPS im Dialog (am Beispiel PSK);
   in: Fortschrittliche Betriebsführung/Industrial Engineering (FB/IE) 33;
   Heft 1 (1984); S. 52-56
32. POSSL, G.W.:
   Production and Inventory Control - Applications;
   Englewood Cliffs; New York (1983)
33. HELBERG, P.:
   PPS als CIM-Baustein;
   Reihe: Betriebliche Informations- und Kommunikationssysteme; Band 8;
   E. Schmidt Verlag; Berlin (1987); S. 177-178
34. TULLY, H.:
   Fertigungssteuerung im Werkzeugmaschinenbau;
   in: Werkstattstechnik (wt) 53; Heft 9 (1963); S. 435-442
35. RUFFING, T.:
   Dialogorientierte Feinplanung und -steuerung in der Fertigungsinsel;
   in: AWF (Hrsg.); Proceedings zur Fachtagung - Fertigungsinseln-Ferti-
   gungsstruktur mit Zukunft; 10.-11. Dez. 1987; Bad Soden/Ts.; Vortrag
   Nr. 12
36. IDS PROF. SCHEER GmbH (Hrsg.):
   Der Intelligente Leitstand FI/2;
   Firmenschrift; Saarbrücken (1988); S. 3
37. AHP HAVERMANN & PARTNER (Hrsg.):
   Der CIM-Leitstand;
   Firmenschrift; Plannegg/München (1986)

6. KOMMUNIKATIONSTECHNISCHES TEILKONZEPT

Der Prozeß der Automatisierung in industriellen Fertigungsumgebungen war in der Vergangenheit gekennzeichnet durch die Implementierung einer Vielzahl von Systemen, die auf die Lösung dedizierter und damit oft auch isolierter Anwendungsprobleme ausgerichtet waren. Es entstanden **Automatisierungsinseln**, da bei gegebenem Stand der Technik und zur Reduktion der Komplexität der zu lösenden Aufgaben kein anderes Vorgehen möglich war. Die Realisierung wirtschaftlich vertretbarer CIM-Architekturen muß die Nutzung dieser vorhandenen Lösungen berücksichtigen, ebenso wie im Laufe der Zeit hinzukommende weitere Komponenten.

Als geeignetes Instrumentarium und damit vierte Säule beim Aufbau einer CIM-Unternehmensarchitektur dienen Rechnernetzwerke, indem sie die kommunikationstechnischen Voraussetzungen für die anwendungsbezogene Integration der Inseln schaffen. Dazu sind verschiedene Realisierungsformen von Netzen in der Entwicklung, die auf die unterschiedlichen Anforderungen einer CIM-Kommunikationshierarchie in Bezug auf Anwendungsebenen, Teilnehmerzahl, Informationsmenge, Antwortzeitverhalten und geographische Strukturen abgestimmt sind. Damit lassen sich, je nach Anwendungsfall, verschiedene **Hierarchieebenen der Kommunikation** in einem Unternehmen abdecken:

O Kommunikation zwischen den am Fertigungsprozeß beteiligten Systemen
Ein umfangreicher Kommunikationsbedarf im fertigungsnahen Bereich entsteht bei der hierarchischen Verknüpfung von steuernden Rechnersystemen und ausführenden Fertigungseinrichtungen wie Werkzeugmaschinen, Robotern, Transportmitteln usw., wobei die Vielfalt der Fertigungsautomaten noch weit größer ist, als die der Computersysteme. Als Kommunikationsverbund hat hier MAP (Manufacturing Automation Protocol) die größte Bedeutung erlangt.

O Kommunikation zwischen den fertigenden und verwaltenden Systemen
Hierunter sind neben der primären Aufgabe der kommunikationstechnischen Unterstützung administrativer Planungs- und Bürofunktionen die automatisierte Weitergabe und Integration der administrativen Daten in den Fertigungsprozeß zu verstehen. Erste Ansätze sind mit dem Schlagwort TOP (Technical Office Protocol) verbunden.

O Kommunikation zwischen verschiedenen Unternehmen/Standorten

Für den Aufbau einer Kommunikationsinfrastruktur sind nicht nur die Gegebenheiten innerhalb eines Standortes sondern auch darüber hinaus von Interesse. Dies kann bspw. durch die Kommunikationsbeziehungen innerhalb eines Konzernverbundes oder durch die informationstechnische Integration von Lieferanten in den eigenen Produktionsprozeß begründet sein. Allerdings sind dann andere Rahmenbedingungen für das pysikalische Netz gegeben als bei lokal begrenzten Anwendungen.

Voraussetzung für eine nutzbringende Kommunikation ist in allen Fällen die Existenz und Verwendung **internationaler Standards** für Funktionsverteilung, Schnittstellen und Protokolle, die erst eine übergreifende Kommunikation über alle Unternehmensbereiche möglich macht (vgl. SIEMENS[1]). Hier kommt dem wichtigsten Ansatz für jede offene Datenkommunikation mithilfe elektronischer Medien, dem ISO/OSI-Referenzmodell, höchste Bedeutung zu.

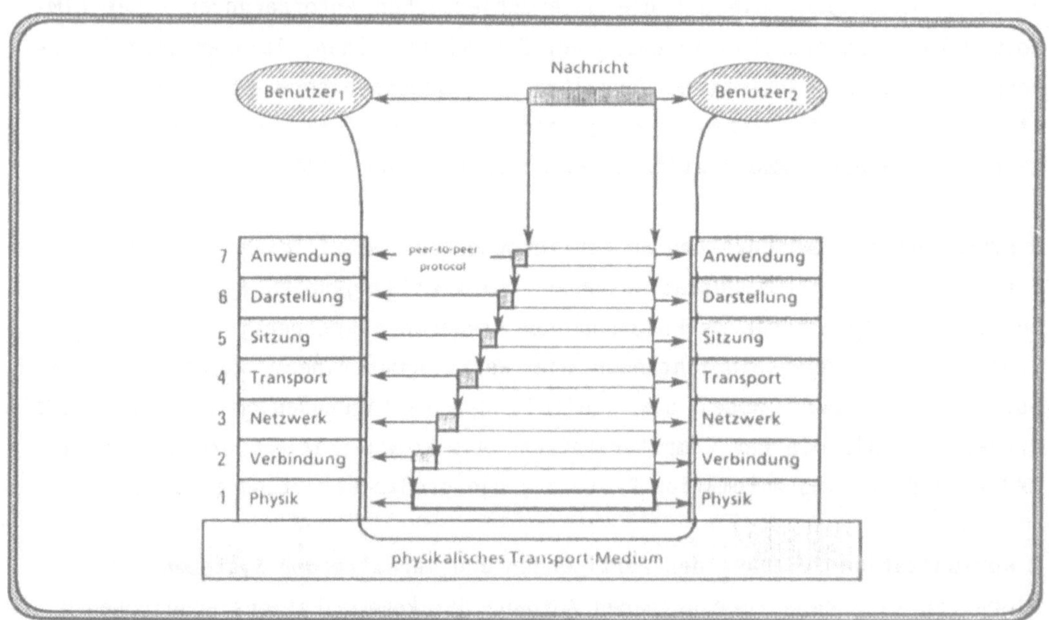

Abb. 6.1 Schichtenmodell der offenen Datenkommunikation

Ausgehend von einem Antrag des British Standards Institute (BSI) an die International Standards Organisation (ISO) wurde im Jahre 1977 mit der Festlegung von Protokollkonventionen begonnen, mit deren Hilfe die offene Kommunikation unterschiedlicher Systeme miteinander ermöglicht werden sollte. Ein Unterausschuß des technischen Kommitees der ISO - "Computer and Information Processing" (ISO/TC 97/SC 16) - entwickelte bis 1983 ein Basis-Referenzmodell, das unter dem Namen OSI (Open Systems Interconnection) bekannt ist und vom CCITT als Standard X.200 übernommen wurde. In diesem Referenzmodell werden die Funktionen eines Netzwerks mittels eines 7-Schichten-Modells beschrieben, wobei das OSI-Modell selbst keine Norm darstellt, sondern lediglich den Entwicklungsrahmen vorgibt.

Die Aufgabe einer jeden Schicht ist es, Funktionsanbieter für die über ihr liegende Schicht und Funktionsnutzer der unter ihr liegenden Schicht zu sein. Grundsätzlich kommuniziert eine Schicht n auf einer Endstelle 1 mit der Schicht n auf einer Endstelle 2 (peer to peer protocol) (vgl. Abb. 6.1). Als **Protocol Data Units** (PDU) werden die zwischen den einzelnen Schichten ausgetauschten Dateneinheiten bezeichnet, die Kommunikations-schnittstellen zwischen den Schichten werden **Service Access Points** (SAP) genannt. Die Aufgaben der Kommunikationsebenen in vereinfachter Darstellung sind:

Ebene 1 (Physical Layer/Bitübertragung)

Festlegung elektrischer, mechanischer und funktioneller Parameter für den Aufbau einer physikalischen Verbindung und das Übertragen unstrukturierter Bitströme.

(Beispiele: Protokolle V.24, X.21, RS-499, IEEE 802)

Ebene 2 (Link Layer/Sicherung)

Definition eines Datentransportrahmens für das Senden und Empfangen von strukturierten Daten, Flußkontrolle, Fehlererkennung und -behebung.

(Beispiele: HDLC (High Level Data Link Control), X.25/LAP (DATEX P), CSMA/CD, Token Zugangsverfahren)

Ebene 3 (Network Layer/Vermittlung)

Aufbau von logischen Kanälen innerhalb des Netzes und in anderen Subnetzen von Endstelle zu Endstelle.

(Beispiel: X.25)

Ebene 4 (Transport Layer/Transport)

Schaffung eines transparenten Datentransfers zwischen Anwendungsprogrammen und Anpassung der gewünschten Transportleistung an die zur Verfügung stehende Übertragungsleistung.

(Beispiele: TCP; S.70 (Teletex))

Ebene 5 (Session Layer/Kommunikationssteuerung)

Dialogsteuerung des Aufbaues/Neuaufbaues bei Unterbrechung, der Durchführung und Beendigung von Sitzungen zwischen Prozessen und ggf. Verrechnung der Gebühren.

Ebene 6 (Presentation Layer/Datendarstellung)

Transformation unterschiedlicher eingehender Formate und Codes (z.B. ASCII in EBCDIC) in ein standardisiertes Format zur Darstellung in Ebene 7. (Beispiele: T.73; EHKP-6 (Einheitliche höhere Kommunikationsprotokolle))

Ebene 7 (Application Layer/Anwendung)

Schnittstelle zum Anwendungsprozeß durch Zurverfügungstellung von Kommunikationsdiensten wie File Transfer, Remote Job Entry oder Remote Data Access. Durch die herrschende Vielfalt der Anwendungssysteme ist eine Festlegung dieser Schicht ganz besonders schwierig.
(Beispiele: Büroautomation: X.400; FTAM
             Prozeßsteuerung: JTM; VTS (Virtual Terminal Service))

Dadurch, daß für jede Schicht nur Funktionsumfang und Verhalten an den Schnittstellen zu den umliegenden Schichten definiert sind, ist die Verwendung unterschiedlicher Protokolle für eine Schicht möglich (z.B. CCITT, IEEE,..). Dies führt dazu, daß, obwohl die meisten Hersteller die ISO/OSI-Empfehlung beachten, dennoch unterschiedliche Realisierungen der Empfehlungen und damit Inkompatibilitäten vorliegen.

6.1 KOMMUNIKATIONSNETZWERKE

Der Begriff **Netz(werk)** kennzeichnet im elektrischen Nachrichtenwesen ein räumliches Netzwerk von Übertragungswegen und Geräten zur Verteilung oder zum Austausch von Informationen (vgl. MACHE[2]). Dazu gehören Rechner, Steuereinheiten, Datenstationen und Netzwerkknoten, die über Datenpfade wie Kanäle, Satelliten, Wählleitungen oder festgeschaltete Leitungen miteinander verbunden sind.

Mit das entscheidendste Merkmal für Rechnernetze ist die Frage, ob es sich um eine räumlich begrenzte (Local Area Network = LAN) oder um eine räumlich übergreifende Anwendung (Wide Area Network = WAN) handelt.

6.1.1 Lokale Netzwerke (LAN)

Für Anwendungen innerhalb eines Unternehmens oder innerhalb einzelner Unternehmensbereiche, wie z.B. der Fertigung, gewinnen lokale Netzwerke als Inhousenetze immer mehr an Bedeutung. Eine Begriffsbestimmung für LAN`s haben die beiden Normungsgremien IEEE (Institute of Electrical and Electronics Engineers) in den USA und ECMA (European Committee for Manufacturing Automation) in Europa vorgenommen. Dort wird ein LAN als ein Datenkommunikationssystem, das die Kommunikation zwischen mehreren unabhängigen Geräten ermöglicht, definiert[3]. Die kommunikationstechnische Verbindung unabhängiger arbeitsplatznaher Einzelsysteme ist dabei auf einen räumlich abgegrenzten Bereich, beispielsweise ein Gebäude oder das Grundstück eines Unternehmens begrenzt, in deren Besitz und Gebrauch das LAN ausschließlich steht. Das lokale Netz stützt sich dabei auf ein Kommunikationsmedium mittlerer (bis 5 MBit/s) oder hoher (bis 10 MBit/s) Datenübertragungsrate, dessen Ausdehnung, bedingt durch den technischen Aufbau, auf Entfernungen von einigen hundert Metern bis zu einigen Kilometern begrenzt ist.

Die Hardware besteht aus einem Kabelsystem mit einer bestimmten Anordnung (Topologie), das einen oder mehrere Rechner für die Steuerung und Überwachung des Netzwerks sowie Adapter für externe Geräte miteinander verbindet. Die Software des Netzwerkes sorgt neben der Protokollumwandlung für den geregelten Transport der Nachrichten und läuft sowohl auf den Rechnern als auch in den Adaptern ab.

Die Vorteile von LAN`s sind neben der hohen Durchsatzrate und dem freizügigen Zugriff des Benutzers auf Datenhaltungssysteme und andere Geräte in der völligen Unabhängigkeit von den Monopolbedingungen der nationalen Postdienste zu sehen.

Grundsätzlich sind lokale Netzwerke durch folgende Merkmale bestimmt:

O Leistungsklasse
Die Übertragungsgeschwindigkeit gilt als Maßstab für die Bestimmung der Leistungsklasse. Sie reicht heute von weniger als 0,5 bis zu 10 MBit/s. In näherer Zukunft werden 100 MBit/s bei dedizierten Netzen angestrebt.

O Größe

Hier wird die **Ausdehnung** des Netzwerks (max. räumliche Entfernung zweier Knoten bis ca. 5 Kilometer) und die Anzahl möglicher Anschlußpunkte (bis zu mehreren hundert Anschlußpunkten) als Kriterium herangezogen.

O Topologie

Es werden vier Grundtopologien und Varianten davon unterschieden:

Stern

Von einer zentralen Vermittlungsstelle (Knoten) gehen soviele Leitungen sternförmig aus, wie Teilnehmer an das Netz angeschlossen sind.

Baum

Von einer zentralen Stelle gehen relativ wenige Leitungen aus, die sich jedoch immer weiter verzweigen (Verteilnetze). Der "Stamm" des Baumes wird dabei immer von mehreren Endnutzern gemeinsam genutzt.

Ring

Alle Stationen sind an eine ringförmig geschlossene Leitung ohne zentralen Knoten angebunden. Die Steuerung des Netzwerks wird gleichmäßig in eine Reihe von Knoten ausgelagert, an denen die Endbenutzer angeschlossen sind.

Bus/Linienstruktur

Die Teilnehmer werden passiv an eine Leitungsstruktur angebunden, die analog zur Ringstruktur auf einen zentralen Knoten verzichtet.

Daneben existieren Varianten wie etwa:

Schleife

Ein Ringnetz mit einem zentralen Knoten, der die Kontrolle über das gesamte Netz übernimmt.

Doppelter Ring

Zum Schutz vor Unterbrechungen werden Störquellen überbrückt, indem eine zweite Leitung benutzt wird.

O Übertragungsmedium

Es stehen mehrere physische Übertragungsmedien zur Realisierung der Netzwerktopologien mit jeweils verschiedener Leistungsfähigkeit, Betriebssicherheit, Erweiterbarkeit und Wirtschaftlichkeit zur Verfügung.

Verdrillte (Zweidraht-) Kupferleiter
Dem Vorteil der low-cost Lösung stehen die relativ niedrige Übertragungs-
kapazität und die hohe Störanfälligkeit gegenüber.
Abgeschirmte, mehrfach verdrillte Leiter
Hohe Übertragungsgeschwindigkeiten von bis zu 10 Mbit/s sind bei Übertragung bis zu max. einem Kilometer möglich.
Koaxialkabel
Je nach der Ausführung sind mittlere bis hohe Übertragungsgeschwindigkeiten in Basisbandnetzen oder die Aufteilung in mehrere Kanäle bei Breit-
bandnetzen realisierbar.
Lichtwellenleiter (Glasfaserkabel)
Die geringe Dämpfung, Unempfindlichkeit gegen elektromagnetische Störungen, die hohen Übertragungsraten sowie die relativ einfache Verlegung
sind die wichtigsten Vorteile der Glasfasertechnik. Dem steht der auch
heute noch recht hohe Preis entgegen.

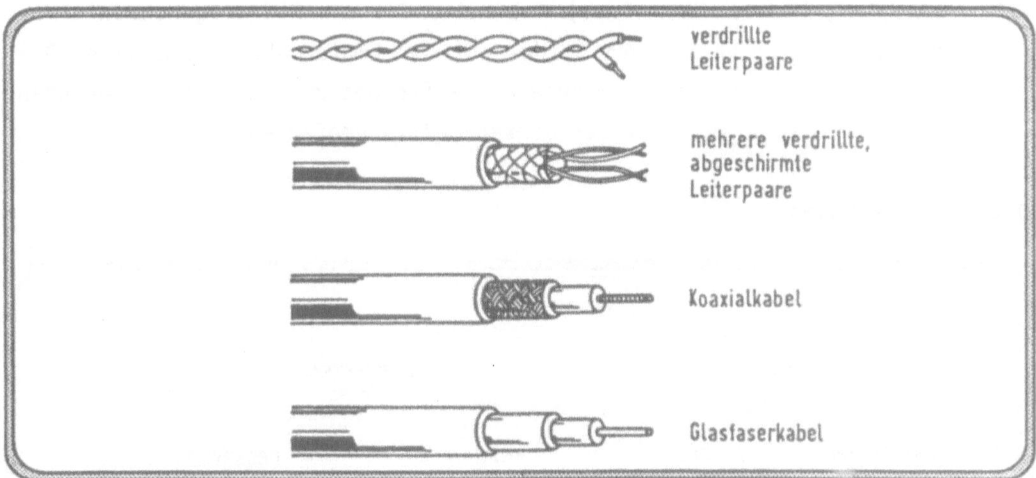

Abb. 6.2 Übertragungsmedien (Quelle: PFANNSCHMIDT[4])

Die spezifischen Kosten verhalten sich bei Kupferleitern, Koaxialkabel und
Lichtwellenleitern etwa im Verhältnis 1:4:16 (vgl. BARTH[5]) .

O Übertragungstechnik
Welches Übertragungsmedium zum Einsatz kommt, entscheidet letztendlich auch
die Art der Übertragungstechnik. Hier sind **Basisband- und Breitbandsysteme**
zu unterscheiden.

Basisbandübertragung

Als Datenübertragung im Basisband bezeichnet man die Übertragung unmodulierter Signale auf einem **einzigen Übertragungskanal** im Zeit-Multiplex-Verfahren ohne Verstärkung oder Wiederholung. Dabei kommunizieren die Teilnehmer eines Rechnernetzes sowohl auf dem gleichen logischen als auch physischen Kanal. Der Aufbau der Netzkomponenten kann einfach und damit kostengünstig gehalten werden. Nachteilig ist allerdings die limitierte Übertragungskapazität.

Breitbandübertragung

Bei einer Breitbandübertragung können zur gleichen Zeit **mehrere Signale parallel** übertragen werden, da das zu übertragende Signal auf eine Trägerfrequenz aufmoduliert wird. Über Frequenzmultiplexing kommunizieren dann die Teilnehmer auf verschiedenen logischen Kanälen auf der Basis eines physischen Kanals. Damit sich zu einem Zeitpunkt mehrere Nachrichten auf dem Übertragungsmedium befinden können, sind spezielle Netzkomponenten (Adapter, Modems, Head-Ends) notwendig die die übertragenen Informationen auf das Medium und vom Sende- auf den Empfangskanal umsetzen. Bei Midsplit-Systemen wird auf der unteren Hälfte des zur Verfügung stehenden Frequenzbandes gesendet, auf der oberen Hälfte empfangen.

O Zugriffsmethoden

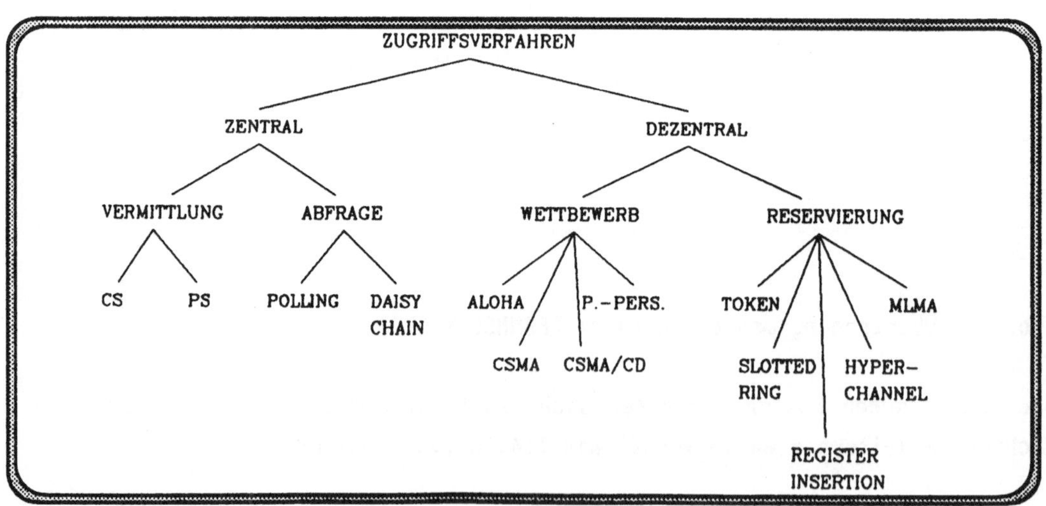

Abb. 6.3 Klassifizierung von Zugriffsverfahren

Die Ausführungen zur Basisbandtechnologie, auf der die meisten heute gebräuchlichen LAN`s realisiert sind, machen deutlich, daß immer dann, wenn
mehrere Teilnehmer eines Netzes zur gleichen Zeit auf einen Übertragungskanal zugreifen wollen, der ja nur exklusiv benutzt werden kann, das Problem
der Zugangsregelung entsteht. Zur Lösung dieses Problems sind verschiedene
Verfahren entwickelt worden.

Bei den dezentralen Verfahren, die bei den weiteren Betrachtungen zugrunde
liegen, lassen sich im wesentlichen zwei Philosophien unterscheiden. Die
**Verfahren mit kollisionbehaftetem (Wettbewerb) und mit kollisionsfreiem
(Reservierung) Zugriff.** Zentrale Steuerungen wie bspw. Polling kommen bei
lokalen Netzen nicht vor. Die wichtigsten Festlegungen in diesem Gebiet hat
das IEEE als Normen 802.x festgeschrieben (siehe Abb. 6.4).

		IEEE	OSI
802.1		Internetworking	Netzwerk
802.2		Logical Link Control	Verbindung
802 .3	802 .4	802 .5	Media Access Control	
C S M A / C D	Token Bus	Token Ring	Physik	Physik

Abb. 6.4 Normung von Zugriffsverfahren nach IEEE

Kollisionsbehafteter Zugriff

Hierzu zählen als bekannteste Vertreter die CSMA-(Carrier Sense Multiple
Access)-Verfahren. Sie arbeiten nach dem "listen-before-talking"-Prinzip,
d.h. bevor eine sendewillige Station Informationen überträgt, "hört" sie
das Übertragungsmedium ab (Carrier Sense), ob sie es exklusiv benutzen
kann. Insbesondere bei hohem Datenaufkommen kann es geschehen, daß mehrere Stationen diese Prüfung gleichzeitig durchführen und suchen (Multiple

Access). Es kommt zu Kollisionen, der Status muß zurückgesetzt werden, der Prozeß beginnt nach einer Zufallsverzögerung von vorne.

Um diese Probleme zu vermeiden sind Weiterentwicklungen vorgenommen worden. Das CSMA/CD (Collision Detection)-Verfahren (genormt als IEEE 802.3) verfügt über Kollisionserkennungsfunktionen (siehe Abb. 6.5) und ist im bekanntesten herstellerübergreifenden Netzkonzept unter dem Namen ETHERNET realisiert. Weniger Verbreitung hat das CSMA-CA (Collision Avoidance) Verfahren gefunden, das eine zusätzliche Prioritätensteuerung einführt.

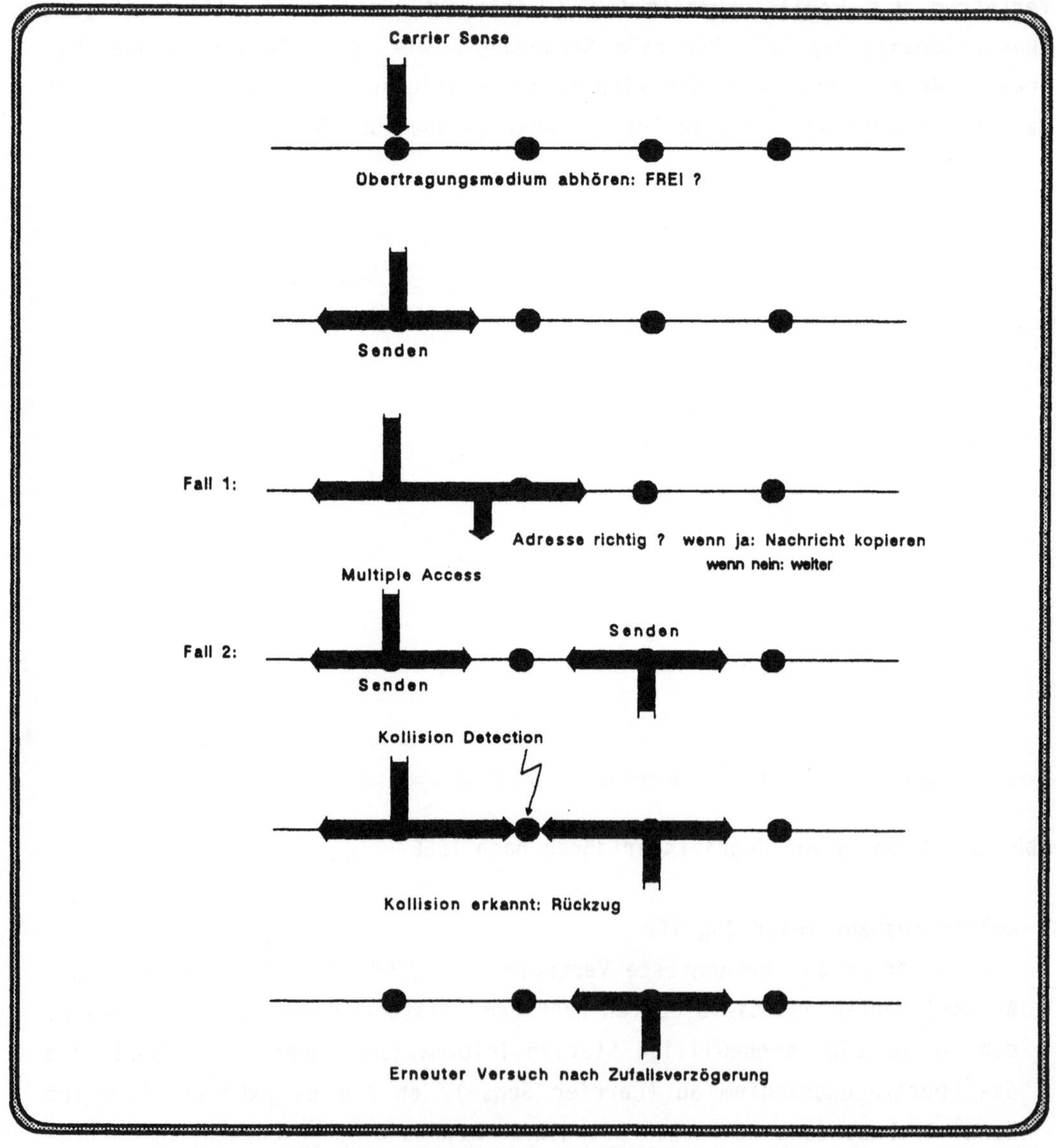

Abb. 6.5 Schematische Darstellung CSMA/CD-Verfahren

Kollisionsfreier Zugriff

Während die CSMA-Verfahren auf Anwendungen mit unregelmäßigen Verkehrsla-
sten ausgelegt sind, eignen sich die sog. TOKEN-Verfahren besser für regel-
mäßige Verkehrslasten. Unter einem **Token** versteht man eine, auf einem logischen Ring zwischen den angeschlossenen Stationen zirkulierende, eindeutige
Bitfolge, die praktisch das Zugriffsrecht auf das Netz darstellt (siehe
Abb. 6.6).
Ein solcher logischer Ring kann definiert werden auf den Topologien Stern,
Bus (Token Bus nach IEEE 802.4) und Ring (Token Ring nach IEEE 802.5).
Will eine Station im Netz eine Nachricht versenden, wartet sie auf das
nächste freie Token und ändert es in ein belegtes. Nun kann die Nachricht
auf das Netz gegeben werden. Der Nachfolger prüft, ob die Nachricht für ihn
bestimmt ist oder leitet sie weiter. Ist die Nachricht an ihrem adressier-
ten Ziel angekommen, wird sie von der empfangenden Station kopiert und das
Original zusammen mit einer Quittung an den Absender zurückgesandt. Dieser
nimmt die Nachricht vom Netz, löscht die Daten und generiert ein neues
freies Token.

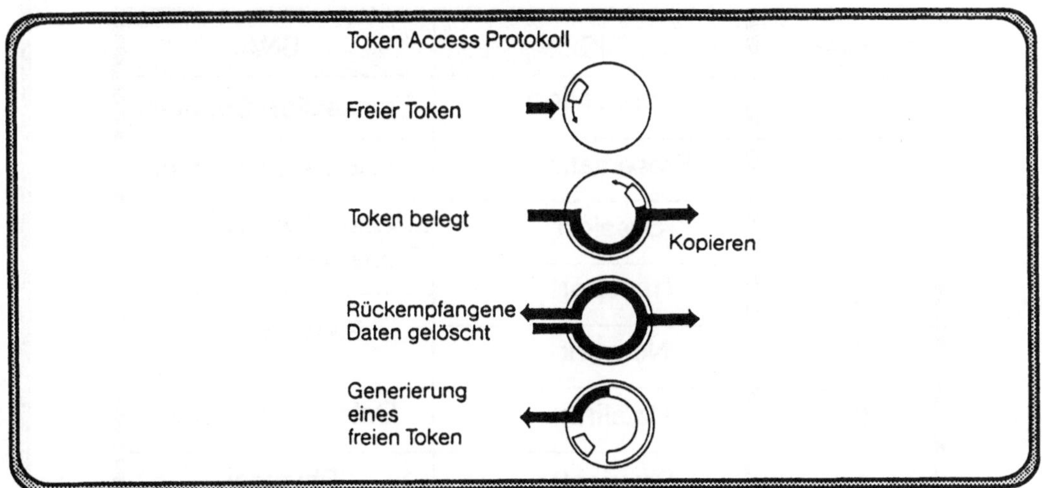

Abb. 6.6 Schematische Darstellung Token Ring-Verfahren (Quelle: WOLF[6])

Der **Token Ring** basiert auf Basisbandtechnologie. Beim **Token Bus** dagegen
wird der logische Ring auf einer physikalischen Bustopologie implementiert, die sowohl auf Basis- wie auf Breitbandtechnologie basieren kann.
Neben höheren Geschwindigkeiten (heute ca. 10 Mbit/s) sind auch unterschiedliche Prioritätenklassen realisierbar.

6.1.2 Globale Netzwerke (Wide Area Network=WAN)

Ein Wide Area Network ist definiert als ein offenes Netz für Rechnerverbindungen über größere Distanzen hinweg, mit Übertragungsraten von unter 100 KBit/s, das Einrichtungen in verschiedenen Teilen eines Landes miteinander verbindet oder als öffentliches Kommunikationsmittel benutzt wird[7]. Entfernungen sind in offenen Netzen nicht mehr von Bedeutung, prinzipiell können sie weltweit angelegt sein. Die vergleichsweise niedrigen Übertragungsraten sind bestimmt durch die Verwendung der **Übertragungsmedien**, üblicherweise:

O Telefonleitungen,

O dedizierte Datenleitungen oder

O Satellitenfunk.

Auf diesen Übertragungsmedien bauen die **Anwendungsfunktionen** aller Weitverkehrsnetze auf, ob sie standardisiert oder herstellerspezifisch sind. Die herstellerspezifischen **Netze** unterscheiden sich darin, ab welcher Schicht eigene Protokolle eingesetzt werden.

Layer	ISO	SNA
7	Application	Transaction Services
6	Presentation	Presentation Services
5	Session	Data flow Control
4	Transport	Transmission Control
3	Network	Path control
2	Datalink	Data Link Control
1	Physical	Physical

Abb. 6.7 Vergleich der Schichten im ISO-Referenzmodell und in SNA (IBM)
         (Quelle: EFFELSBERG[8])

Die meisten dedizierten Netze benutzen bereits ab der Schicht 2 eigene Protokolle, d.h. sie verwenden nur die pysikalischen Medien der Postverwaltungen (vgl. Abb. 6.7). Andere benutzen noch die Paketvermittlungsdienste der Post (bspw. DATEX P auf Schicht 3) und setzen ab Schicht 4 eigene Protokolle ein.

Im Gegensatz zu den Vereinigten Staaten ist in den meisten europäischen Ländern der Betrieb von technischen Systemen zur Nachrichtenübertragung Gegenstand eines öffentlich rechtlichen Monopols. So bietet die Deutsche Bundespost für die Datenübertragung gegenwärtig:

O das Fernsprechnnetz und

O das Integrierte Text- und Datennetz (IDN) an.

Das IDN umfaßt das Telex-Netz, das Direktruf-Netz, das Datex L und das Datex P Netz.

	Übertragungs- form	max. Geschwindig- keit in Bit/s	Verbindungs- art
Fernsprechnetz	analog	4.800	Wählleitung
IDN			
- Telex Netz	digital	50	Wählleitung
- Direktruf	digital	48.000	Standleitung
- Datex L	digital	9.600	Wählleitung
- Datex P	digital	48.000	Wählleitung

Abb. 6.8 Datenübertragungsdienste der Deutschen Bundespost

Für die Datenübertragung sind heute die wichtigsten Vermittlungsarten die Leitungs- (Datex L) und die Paketvermittlung (Datex P). Ab 1988 führt die Post schrittweise das ISDN (Integrated Services Digital Network) ein. Der erste Schritt ist die Digitalisierung des Fernsprechnetzes. Im zweiten Schritt entsteht aus dem digitalen Fernsprechnetz ein ISDN, das die Integration aller Fernmelde- und Datenübertragungsdienste bis zu 64 Kbit/s gestattet (Schmalband ISDN). Im dritten Schritt kann dieses Schmalband ISDN auf Anwendungen mit mehr als 64 KBit/s erweitert werden (Breitband ISDN).

6.2 KOMMUNIKATIONSNETZWERKE INNERHALB DER FERTIGUNG

6.2.1 Anforderungen

An Netzwerke in Fertigungsumgebungen werden, im Vergleich zu anderen Anwendungen, ganz besondere Anforderungen gestellt:

O Unempfindlichkeit gegen Störungen

Fertigungsnetze werden in "rauhen" Umgebungen eingesetzt, in denen Schmutz, Vibrationen oder starke elektrische Felder (erzeugt bspw. durch Werkzeugmaschinen) auf die empfindlichen Komponenten einwirken. Eng damit verbunden ist auch die Forderung nach hoher Zuverlässigkeit, denn durch einen Ausfall des Netzes kann ggf. der gesamte Produktionsprozeß lahmgelegt werden.

O Anschlußmöglichkeit verschiedenster Komponenten

Die Vielfalt der Fertigungs-, Handhabungs-, Transport- und Lagereinrichtungen im Produktionsprozeß ist bereits eingehend untersucht worden (vgl. Kap. 3). Auch wenn die meisten Systemen über hardwaretechnische Schnittstellen verfügen, ist aufgrund der unterschiedlichen internen Fähigkeiten, die Kommunikationsfähigkeit über ein Rechnernetz noch lange nicht garantiert. Rechnernetze in Fertigungsumgebungen haben diesen unterschiedlichen technischen Eigenschaften Rechnung zu tragen.

O Realzeitverhalten

Die Forderung nach Übertragung zeitkritischer Daten (Meßdaten, Prozeßsteuerdaten, Qualitätsdaten) ist die heute noch am schwierigsten zu realisierende. Obwohl die Übertragungsraten bereits vergleichsweise hoch sind, müssen Prioritätsregeln für die adäquate Verarbeitung mehr oder minder zeitkritischer Prozesse beachtet werden.

O Parallele Übertragung von Daten, digitalen Bildern und Sprache

Die Fähigkeiten zukunftsorientierter Netzstrukturen müssen so ausgelegt sein, daß sie neben der reinen Datenübertragung auch die Übertragung von Sprache und Bildern (bspw. zur automatischen Anlagenüberwachung) ermöglichen. Hier ist der Einsatz von Breitbandkabeln unausweichlich, die die zeitparallele Übertragung verschiedener Signale erlauben.

Die genannten Anforderungen machen lokale Netzwerke zur unbestritten Grundlage der Kommunikation in industriellen Fertigungsumgebungen, da nur sie die notwendige Performance gewährleisten können.

Allerdings ist die Bedeutung der Anforderungen in den einzelnen Kommunikationsebenen der Unternehmenshierarchie zu relativieren. Es lassen sich unterscheiden:

O Dedicated Function Level
Auf der untersten Ebene erfüllen Meßgeräte, Sensoren, Regler, Antriebe, Stell- und Zählsysteme ihre spezialisierten Aufgaben.

O Equipment Level
Hier erfolgt die direkte Maschinensteuerung, Transport- und Lagersteuerung und Prozeßregelung. Es fallen Daten wie Stückzahlen, Transportbefehle und Lagerzu- und Abgänge an, die sowohl zwischen den Systemen dieser Ebene als auch zur nächsthöheren Ebene weitergegeben werden.

O Cell Level
Von dieser Ebene werden die unterlagerten Systeme mit Sollvorgaben für die dedizierten Einzelsteuerungen und mit NC-Programmen versorgt. Rückmeldungen werden kontrolliert, verdichtet und weitergegeben.

O Area Level
Diese Ebene übernimmt die Koordination, Überwachung und Steuerung des Informationsflusses für einen spezifischen Produktionsbereich mit mehreren unterlagerten Zellensystemen. Beispiele sind Fertigungsstraßen, Montagesysteme, Verpackungsstraßen usw.

O Plant Level
Diese stellt die oberste Ebene eines Werkes dar. Hierunter werden Funktionen der Veranlassung, Steuerung und Überwachung der gesamten Produktion verstanden. Diese sind sowohl produktions- als auch managementorientiert. Allgemein ist festzustellen, daß die Kommunikationsanforderungen auf den einzelnen Ebenen unterschiedlich sind und daß die Echtzeitanforderungen auf der untersten Ebene dominieren und mit aufsteigender Hierarchie abnehmen.

6.2.2 Lösungen

Untersucht man den Markt der lokalen Fertigungsnetze, so stehen sich drei Gruppen von Systemen gegenüber:

O Ethernet-Produkte nach IEEE 802.3
O IBM Token Ring nach IEEE 802.5
O MAP Token Bus nach IEEE 802.4

Auf diese Systeme, ihre Charakteristika, Stärken und Schwächen soll im folgenden eingegangen werden.

6.2.2.1 ETHERNET

Ethernet (CSMA/CD-Netz mit 10 MBit/s) wurde Ende der 70er Jahre von den Firmen INTEL, RANK XEROX und DEC spezifiziert und ist auch trotz der Konkurrenz der anderen Systeme am weitesten verbreitet. Mittlerweile produzieren mehr als 200 Firmen weltweit Endgeräte und Netzkomponenten gemäß diesem Standard.
Bei Ethernet handelt es sich i.d.R. um ein Basisbandnetzwerk mit Busstruktur auf Basis spezieller 50 Ohm Koaxialkabel. Dabei wird ein umfassenderes Netz aus mehreren Blöcken die max. 500 m Kabellänge aufweisen gebildet, die mit Repeatern untereinander verbunden sind. Es existieren aber auch Breitbandlösungen, sogar auf Basis von Glasfaserkabeln.
Eine zweite Generation wurde mit dem **Thinwire-Ethernet**, auch als CheaperNet bekannt, realisiert. Durch Einsatz billiger Standard-Koaxial-Kabel können Hochgeschwindigkeitsverbindungen (bis 10 MBit/s) mit Verkabelungskosten von unter 100,- DM pro Rechneranschluß realisiert werden.

6.2.2.2 IBM Token Ring

Beim IBM Token Ring handelt sich um ein strategisches Produkt der IBM, das auf dem im September 1984 angekündigten IBM Verkabelungssystem (IVS) basiert. Physisch ist der Token Ring ein Sternnetz, jede Station wird über Doppelleitungen an einen Konzentrationspunkt (Ringverteiler) herangeführt. An einen Ringverteiler können bis zu 8 Stationen angeschlossen werden, die Ringverteiler ihrerseits sind ebenfalls untereinander verbunden. Auf diese Weise erreicht man auch die dynamische Hinzu- und Wegnahme von Stationen ohne Unterbrechung des Netzbetriebes. An einen Ring können über 33 Ringleitungsverteiler 260 Stationen angeschlossen werden.

Der IBM-Token Ring in der ersten Version war lediglich ein PC-Netzwerk an das alle IBM-PC anschließbar waren. Die Verbindung zur Großrechner-Welt wurde lediglich durch 3270-Emulation mit Hilfe eines als **Gateway** fungierenden PC realisiert. Gleiches gilt für die Systeme /1 und /36,/38.
Im Mai 1986 erfuhr das Konzept eine wesentliche Erweiterung durch Bridgefunktionen, wodurch mit Hilfe von dedizierten PC`s bis zu 8 Token Ring Systeme miteinander verbunden werden können. Zusätzlich wurde der Anschluß an die 3270-Welt durch die Realisierung der 3174 Terminalsteuereinheit verbessert.

6.2.2.3 MAP

Aus der Zahl der Kriterien zur Klassifizierung von lokalen Netzen und den Unterschieden in den Konzepten der Hersteller, läßt sich erkennen, welche Vielfalt an unterschiedlichen Netzen heute möglich ist. Eine Anzahl nationaler und internationaler Normungsgremien erkannte die Notwendigkeit, einen Standard für lokale Netze zu schaffen. Verständlicherweise wurden diese Bemühungen durch die Interessen von den Netzwerk-Anbietern, ihr eigenes Produkt als Standard zu etablieren eher gebremst als unterstützt.

So war es ein großer Anwender, der 1980 die Vorreiterrolle bei der Schaffung eines genormten lokalen Netzes übernahm. Daher ist MAP heute untrennbar mit dem Namen General Motors verbunden. Bei General Motors als dem größten Automobilhersteller waren die technischen Inkompatibilitäten größer als bei den meisten anderen Unternehmen. Allein im Fabrikbereich belief sich die Anzahl intelligenter Teilnehmer auf rund 40000, darunter 20000 programmierbare Steuerungen und 3000 Industrieroboter. Von diesen konnten lediglich 15% mit anderen Systemen kommunizieren (vgl. NECKERMANN[9]). Jede Kopplung war nur mit unverhältnismäßig hohen Kosten realisierbar, da jeweils spezifische Lösungen erstellt werden mußten.

Die Marktmacht von General Motors, sowie die Tatsache, daß sich auch weitere große Unternehmen dem Konzept anschlossen, zwang sowohl die Hersteller lokaler Netzwerke als auch die Hersteller intelligenter Endeinheiten, sich am MAP-Projekt zu beteiligen. Heute sind mehr als die Hälfte der größten US-Unternehmen Mitglied einer MAP-Anwendervereinigung (User Group), darunter Kodak, McDonnell Douglas, Procter & Gamble, Ford und Chrysler.

In Europa schlossen sich inzwischen 200 Unternehmen zur European MAP User Group (EMUG) zusammen, unter ihnen VW, Siemens und Nixdorf. Dabei ist der GM Vorschlag kein völlig neues Konzept, sondern eine weitere Spezifikation des ISO-Referenzmodells. Dieses sieht im einzelnen wie folgt aus:

Ebene 1 (Physical Layer)

Wegen der verhältnismäßig kurzen Entfernungen im Fertigungsbereich und der Möglichkeit, verschiedene Signaltypen (Daten, Video, Sprache,..) zeitgleich übertragen zu können entschied man sich für eine Breitband-Bus-Verkabelung auf Basis von CATV-(**TV CABLE**) Kabeln nach dem IEEE 802.4 Token Passing Broadband Document mit 10 M/Bit Übertragungsrate. MAP arbeitet in Midsplit-Technik, d.h. es existiert jeweils ein Vorwärts- und ein Rückwärtskanal, der wiederum in drei logische Kanäle von je 12 MHz aufgeteilt ist. Bei einer möglichen Bandbreite von ca. 130 MHz pro Richtung verbleiben weitere Kanäle, die frei genutzt werden können.

Ebene 2 (Data Link Layer)

Auf der Datensicherungs- und Verbindungsschicht entschied man sich für die IEEE 802 Spezifikation, die in zwei Sublayer unterteilt wurde. Als **Zugangsprotokoll** (**M**edia **A**ccess **C**ontrol=MAC) wählte man das Token-Bus Protokoll, das bis dahin weitgehend unbeachtet war und heute als IEEE 802.4, als Rev. ECMA-Standard 90 und als Draft International Standard 8802/4 der ISO anerkannt ist. Als **Datenübertragungsprotokoll** (Logical Link Control=LLC) kommt der ISO Standard DIS 8802/2 Typ 1, Class 1 (IEEE 802.2) zum Einsatz. Dabei handelt es sich um ein **sog.** verbindungsloses Verfahren, d.h. daß ein Datenaustausch ohne vorherigen Aufbau einer logischen Verbindung (virtual circuit) stattfinden kann. Die fehlende Überwachung der Reihenfolge der zu übermittelnden Datenpakete, die Flußkontrolle (Message Sequencing) und Fehlerüberwachung wird von höheren Layern realisiert.

Ebene 3 (Network Layer)

Obwohl die Standardisierungsvorschläge bezüglich der dritten ISO-Schicht in der MAP-Dokumentation der Version 2.1. auf 26 Seiten recht gründlich abgehandelt werden, kommen sie nur rudimentär zur Anwendung. Aufgrund der Komplexität ist eine Einteilung in vier Sublayer erforderlich:
o Inter-Network Sublayer
o Harmonizing Sublayer
o Intra-Network Sublayer
o Access Sublayer

Für alle gilt, daß sie globale Adressen, d.h. Adressen eines Verbundes aus verschiedenen Netzwerkarten in Routing Informationen umsetzen, die entsprechenden Message-Routing-Tabellen verwalten und die nötigen Algorithmen hierzu festlegen (vgl. SEGL[10]).

Ebene 4 (Transport Layer)
Als MAP-Standard für die Ebene 4 wurde der ISO-kompatible Entwurf (ISO 8073 Class 4 = Error Detect Recovery Class) des National Bureau of Standards (NBS-Class 4) festgelegt, der bei amerikanischen Computerherstellern die größte Verbreitung hat und umfangreiche Fehleranalyse- und -behebungsmechanismen innerhalb des Datagramm-Netzbetriebs ermöglicht (vgl. SEGL[11]).

Ebene 5 (Session Layer)
Ein weiterer internationaler Standard wird auf dieser Ebene mit dem ISO-Standard 8327 (Basic Combined Subset and Session Kernel Full Duplex) eingesetzt. Hier wird neben der Nutzung der Datenleitungen im Vollduplex-Mode (Hin- und Zurückübertragung zeitlich parallel auf jeweils eigener Datenleitung oder Frequenzband) der Kern der Kommunikationssteuerung zwischen zwei Prozessen festgeschrieben.

Ebene 6 (Presentation Layer)
Im Gegensatz zu den anderen Ebenen ist das Presentation Protocol der Ebene 6 nahezu leer. Man hat sich lediglich darauf geeinigt, ASCII- und Binary-Coding zu verwenden, was bedeutet, daß die Darstellungsfunktionen in der Anwendungsebene selbst abzuhandeln sind.

Ebene 7 (Application Layer)
Auf der Anwendungsebene sind die Normierungsvorhaben der internationalen Gremien, wegen der Komplexität am wenigsten fortgeschritten. In der MAP Version 2.1. sind 3 wesentliche Anwendungen festgeschrieben.
CASE (Common Application Service Elements) der ISO (8649/8650) stellt den technischen Rahmen (Verbindungsauf- und abbau; Senden/Empfangen) für die "Anwendung zu Anwendung"-Kommunikation zweier Rechnersysteme zur Verfügung.
FTAM (File Transfer Protocol) nach ISO 8571 ermöglicht eine Kommunikation unabhängig ob binäre oder ASCII-Dateien zugrundeliegen, indem ein virtuelles Dateiensystem als neutrale Schnittstelle zwischengeschaltet wird.
Mit **MMFS** (Manufacturing Messaging Format Standard) wird speziell für Anwendungen in der Produktion (Datenaustausch zwischen CNC-Maschinen, Robotern, Transportsystemen,..) eine eigene Syntax geschaffen.

Die Weiterentwicklung auf Basis des Standard RS 511 erfolgte durch die EIA
(Electronic Industries Association) und wurde in der MAP Version 3.0 (Mitte
1988) inzwischen festgelegt. Dort wurden auch die bisher nicht definierte
Protokollsyntax zwischen dem MAP-Netzwerkmanagement und dem Systemmanage-
ment der einzelnen Netzstationen sowie die Probleme bei der Abgrenzung der
Aufgabenbereiche bei gekoppelten Netzen und verschiedene Sicherheitsfragen
(Benutzerauthorisierung, Verschlüsselungstechnik) geklärt.

Die MAP-Anwendungen der ersten Generation sind als **File Transfer Anwendungen** und damit weitgehend zeitunkritisch ausgelegt. Deswegen sind aufwendige
Protokolle auf den höheren Ebenen (Plant-, Area-, und Cell-Level (vgl.
Gliederungspunkt 6.2.1)) unproblematisch einsetzbar. Auf den darunterlie-
genden Ebenen (Dedicated Function Level, Equipment Level) der Produktions-
hierarchie exisitiert aber auch ein großer Anteil zeitkritischer Anwendungen, für die der Performancenachteil der höheren Protokolle störend ist.
So können die für **Realtime-Anwendungen** geforderten Reaktionszeiten von max.
20 ms für eine Anforderungsbehandlung bei weitem nicht eingehalten werden,
da alleine für den Verbindungsaufbau mehrere 100 ms benötigt werden. Zu den
Realtime Anforderungen gehört auch die Berücksichtigung von Prioritäten,
bspw. für Alarmmeldungen, die MAP heute und in der näheren Zukunft nicht
explizit berücksichtigt.

Daneben bedingt die Funktionalität der MAP-Protokolle relativ **hohe An-
schlußkosten**, die mehrere tausend DM pro Netzteilnehmer betragen, was bei
der meist großen Zahl von Geräten auf der Einheitenebene heute wirtschaftlich noch nicht in jedem Fall vertretbar ist.

6.2.2.3.1 Subnetze

Aus den genannten Gründen hat man eine geteilte Protokollarchitektur entwickelt. Die eigentlichen MAP-Protokolle decken alle 7 Schichten des ISO-
Referenzmodells ab (=full MAP). Für zeitkritische Anwendungen dagegen wird
ein Zellenkonzept verfolgt. Dabei handelt es sich um separate Kommunikationsnetze mit eigener Kommunikationstechnologie, i.d.R. Basisband und Token-
Bus mit immediate Response. Ein **Router** verbindet die MAP-Protokollarchi-
tektur (full MAP) mit der stark reduzierten Zellenarchitektur (collapsed
architecture), die nur die Schichten 1, 2 und 7 beinhaltet, indem es die
Nachrichten von einem Netz zum anderen übersetzt.

Im hier betrachteten Fall wird über die unausgefüllt bleibenden Protokoll-
schichten 3-5 als Presentation-Protocol die CCITT-Empfehlung X.409 eingesetzt, darüber soll das bereits erwähnte Anwendungsprotokoll MMFS (RS
511) zur Anwendung kommen (vgl. SUPPAN-BOROWKA[12]). Zwei Alternativen haben
sich herausgebildet:

Mini-MAP definiert Protokolle bis zur Schicht 2 unter Nutzung des LCC-Typs
3 und Immediate Response. Mini-MAP-Knoten können nur über den Zellenrechner
mit dem MAP-Backbone kommunizieren, der sowohl über volle MAP- wie auch
über Mini-MAP-Funktionalität verfügen muß.

Enhanced Performance Architecture (EPA)-Stationen bieten die "volle" MAP-
Protokollarchitektur, allerdings auf Basisbandtechnik und können direkt mit
Stationen eines Full-MAP-Netzes kommunizieren (vgl. KILIAN, LEINENKUGEL[13]).
Als bekannteste Spezifikation eines MAP-Subnetzes gilt die IEC **PROWAY C**
(**Process Data Highway**) Norm von 1983. PROWAY C ist im Gegensatz zu MAP dar-
auf ausgerichtet, in dezentralen, leittechnischen Systemen unter Realzeit-
bedingungen eingesetzt zu werden. Die geforderten max. 20 ms Reaktionszeit
werden durch die bereits geschilderte Beschränkung der Protokollarchitektur
auf die Ebenen 1 und 2 erreicht, die MAP Kompatibilität durch geeignete
Wahl der Optionen des IEEE 802.4 Standards in Version F auf der MAC-Schicht
in Verbindung mit dem Erweiterungsentwurf für den LLC-Typ 3 erreicht (vgl.
Mini-MAP). Weitere Merkmale der PROWAY C-Norm sind der Einsatz von Basisband als Übertragungsmedium mit einer max. Länge von 2000 m für den Anschluß von max. 100 Stationen bei einer Übertragungsrate von 1 MBit/s. Die
Medienzugangszeit beträgt bei der höchsten von 4 Prioritätsstufen max. 10
ms, die Reaktionszeit für eine Anforderungsbehandlung max. 20 ms. Die Prioritätsstufen gelten für folgende Funktionen (vgl. SUPPAN-BOROWKA[14]):

Höchste Priorität: Alarme, Koordinationsfunktionen
Gehobene Priorität: Kontroll- und Wartungsfunktionen für das Netz
Normale Priorität: Sammlung von Meßwerten, Datenaktualisierung
Niedrige Priorität: Datei und Programmtransfer.

6.2.2.3.2 Technische Komponenten

Für den Aufbau eines einsatzfähigen MAP-Netzes sind als technische Komponenten erforderlich:

O Breitbandnetz mit dem Kabelsystem

Auf die verschiedenen in Frage kommenden Übertragungsmedien (Koaxialkabel, Glasfaserkabel) wurde bereits eingegangen. Vor der physische Verlegung des Kabels sollte eine intensive Netzplanung durchgeführt werden, da spätere außerplanmäßige Änderungen zum kostenintensiven Austausch von Komponenten führen können (bspw. leistungsfähigere Signalverstärker).

O Headend-Station

Sie besteht im wesentlichen aus sog. Translatoren, die die in bidirektionalen Kabelsystemen erforderliche Umsetzung der Signale von der Sende- auf die Empfangsfrequenz vornehmen. Dabei werden die ankommenden Signale demoduliert, regeneriert und neu auf den ausgehenden Kanal aufmoduliert, um Störungen der Signale herauszufiltern. Der Ausfall der Headend-Station führt zum Ausfall des gesamten Netzes, so daß trotz der höheren Kosten eine redundante Auslegung sinnvoll sein kann.

O Modems (Modulator-Demodulator)

Modems übernehmen das Umwandeln der digitalen Signale der Netzeinheiten auf das analoge Trägersignal (Modulieren) und umgekehrt (Demodulieren). Sie werden als separate Boxen oder kostengünstiger auf Steckkarten für verschiedene Bussysteme angeboten (IBM PC-Bus, VME-Bus, Multibus I,..).

O Board Produkte

Sie bestehen aus einem Interface Board in das Modem, Token-Bus-Controller, Microprocessor mit Realtimebetriebssystem sowie Speicherbereiche für Schnittstellensoftware integriert sind. Ihre Aufgabe ist der Anschluß intelligenter Netzkomponenten. Standardmäßig werden die o.g. Bussysteme (PC-Bus, VME-Bus,..) unterstützt. Harwarehersteller, die in ihren Produkten abweichende Bussysteme einsetzen, müssen eigene Boards entwickeln, wollen sie an MAP anschließbar sein.

O Box Produkte

Zum Anschluß von Netzkomponenten in die keine Boards integrierbar sind, werden eigenständige Hardwareeinheiten (Boxes) angeboten. Sie stellen eigenständige Bussysteme dar und verfügen i.d.R. über RS 232C Schnittstellen (bspw. zum Aufbau von Terminalnetzen) und über RS 449 Schnittstellen (bspw. zur Anbindung von Rechnern über HDLC-Leitungen. Typische Beispiele sind die Network Interface Units (NIU) von Allen Bradley oder Industrial Networking Incorporated (INI).

6.3 KOMMUNIKATIONSNETZWERKE INNERHALB DES ADMININSTRATIVEN BEREICHES

6.3.1 Anforderungen

Die Ausrichtung der bisher dargestellten Kommunikationsbeziehungen bezog
sich auf die eigentliche Auftragsdurchführung innerhalb des Fertigungsbe-
reiches. Diese "vertikale" Ausrichtung erfaßt nur einen Teil des betrieblichen Geschehens. Den anderen Teil bilden "horizontale" oder Querschnitts-
funktionen, die hauptsächlich administrativen, unterstützenden und planenden Charakter haben und oft auch unter dem Schlagwort Office Automation zusammengefaßt werden. Bürokommunikation (BK) oder Office Automation unterstützt auftragsunabhängig alle Aktivitäten, die Mitarbeiter in technischen
und nichttechnischen Abteilungen in ihrer täglichen Arbeit durchführen. Dazu gehören Elektronische Post, Textverarbeitung, Termin-, Kapazitäts- und
Kostenplanungen, technische Dokumentation und ad-hoc Zugriffe auf interne
und externe Datenbanken (vgl. ZIERER[15]).

Ebenso wie die Entwicklung von die Produktion planenden und steuernden Systemen und technisch/geometrischen Systemen weitgehend unabhängig voneinander verlief, klafft auch eine Lücke zwischen CIM und Bürokommunikation.
Dabei gibt es durchaus ernstzunehmende Überschneidungen zwischen beiden Bereichen. Ein Beispiel ist die automatische Weitergabe von, über öffentliche
Netze eingehenden Kundenaufträgen bzw. Änderungswünschen an alle betroffenen Bereiche der Fertigung. Ein weiteres Beispiel ist die gleichzeitige
Verarbeitung und Übermittlung von Grafiken und Daten wenn, bspw. zur Bestellung eines Kaufteils, die Zeichnung mit erläuterndem Text des Konstrukteurs an den Lieferanten geschickt werden soll. Gerade in diesem Zusammenhang kann dann bei der Überwachung der Termine das Bürosystem wertvolle Unterstützung leisten. Als letztes Beispiel sei die systemgestützte Aufberei-
tung von Informationen für das interne Berichtswesen angeführt, die aus den
umfangreichen Listen des PPS-Systems stammen.

6.3.2 Lösungen

Aus kommunikationstechnischer Sicht dringen zwei unterschiedliche Systemphilosophien in das Büro vor, die digitalen Nebenstellenanlagen (**ISPABX** =
Integrated **S**ervices **P**rivate **A**utomatic **B**ranch **E**xchange) auf Basis von ISDN
und die bereits ausführlich geschilderten LAN (vgl. DIETERLE[16]).

6.3.2.1 ISDN und ISPABX

Ende der 70er Jahre wurde vom CCITT (Comitee Consultatif International Telegraphique et Telephonique) mit der Entwicklung eines digitalen Netzkonzeptes für öffentliche, flächenübergreifende Kommunikationsdienste begonnen, dessen physische Implementierung unter dem Namen ISDN 1988/89 beginnt und das auf Basis einer offenen Netzarchitektur bis zur Jahrhundertwende alle bestehenden öffentlichen Netze zu einem Universalnetz auf Breitbandbasis zusammenfassen soll (vgl Abb. 6.9 und Abb. 6.10).

	Experimentelle Technikinstallationen und Feldtests	Angebot von ISDN-Diensten in begrenzten Pilotprojekten	Aufnahme von öffentlichen ISDN-Diensten	Einführung des CCITT-Zeichengabesystems Nr. 7
Belgien	1984/85	1988	1989/90	1985
Dänemark	–	–	–	1985
Finnland	1987	[1])	[1])	1985
Frankreich	1986	–	1988	1986
Bundesrepublik Deutschland	–	1986	1988	1986
Griechenland	–	[1])	[1])	1987/88
Irland	1986/87	1988	[1])	1986
Italien	1984	1987/88	1990	1986
Holland	1987	[2])	[2])	1987/88
Norwegen	–	–	1987/88	1987
Spanien	1985	1987	1988	1986
Schweden	1984	1987/88	[3])	1985
Schweiz	–	1987/89	[3])	1987
England	1983	1984/85	[4])	1984
USA	–	Ab 1986/87 erste ISDN-Installationen		1986/87

[1]) Bisher keine Entscheidung

[2]) Die Einführung des ISDN ist ab 1988 theoretisch möglich. Es ist bisher jedoch noch keine Entscheidung über den endgültigen Einführungstermin getroffen.

[3]) Termin abhängig von der Nachfrageentwicklung

[4]) Die ISDN-Pilotdienste werden als reguläres öffentliches Diensteangebot betrachtet.

Abb. 6.9 Geplante Einführung von ISDN in verschiedenen Ländern
        (Quelle: KAFKA[17])

Dabei sehen die Vorgaben für einen ISDN-Basisanschluß zwei durchschaltevermittelte Datenkanäle (B-Kanäle) mit je 64 Kbit/s vor, sowie einen paketvermittelten Signalisierkanal (D-Kanal) mit 16 KBit/s, der zum Verbindungsauf- und -abbau benötigt wird. Im Unterschied zur bisherigen Netztechnik handelt es sich bei ISDN um ein Gebilde aus zwei überlagerten Netzwerken:

O dem eigentlichen Übertragungsnetz für die Nutzdaten, sowie
O dem Steuernetz für die Durchschaltung, Überwachung und den Auf- und Abbau von Kommunikationsverbindungen.

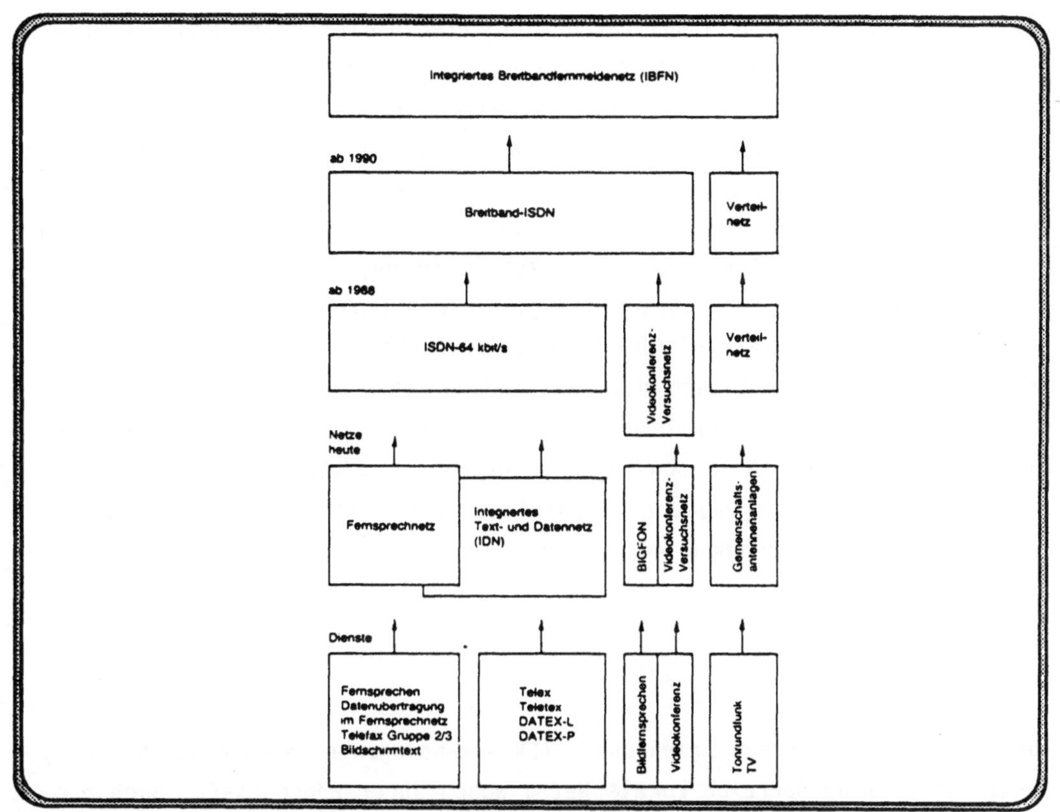

Abb. 6.10 Zeitlicher Ablaufplan für ISDN (Quelle: STADTHERR[18])

Der Vorteil der Trennung liegt in der Tatsache, daß für den Verbindungsaufbau nicht mehr die teuren Nutzkanäle verwendet werden müssen, sondern das logisch getrennte Steuernetz (vgl. KAFKA[19]).

Die Datenkanäle können alternativ digitalisierte Sprache oder digitale Daten übertragen. Multifunktionale Endeinrichtungen (Integration von Telefon, Datenendeinrichtung, Video, usw.) erlauben ein Umschalten auch während einer bestehenden Verbindung.

Für den Endbenutzer bedeutet die Einführung digitaler Technik, daß die bisherige Fernsprechnebenstellenanlage durch ein ISDN-fähiges System ersetzt wird, für das sich die Bezeichnung ISPABX durchgesetzt hat. Dabei bedient sich die neue Technologie zunächst der vorhandenen Telefonleitungen, wodurch ein fließender Übergang gewährleistet ist. Ein großer Vorteil ergibt sich aber dadurch, daß Gateways als Protokollumsetzer zwischen lokaler Kommunikation innerhalb eines Unternehmens und Weitverkehrsnetzen wie sie bisher erforderlich sind, überflüssig werden.

Dabei geht aber die Funktionalität der privaten digitalen Nebenstellenanlage weit über die im öffentlichen Bereich hinaus. Auch wenn dieses System nach wie vor hauptsächlich für die Sprachkommunikation genutzt wird, können über einen 64 KBit/s ISDN-Basiskanal einfache zeichenorientierte Büroanwendungen ablaufen, bspw. zur Faksimile- oder Business-Grafik Übertragung. Der grundlegende Unterschied zu lokalen Netzen liegt in der zentralorientierten Architektur des ISPABX Konzepts (logisches und physisches Sternnetz), was sich auf die gesamte Funktionsweise, die Vermittlungs- und Übertragungseigenschaften und damit auf die bürorelevanten Funktionen auswirkt. Eine Konsequenz ist bspw., daß sich die Leistungsmerkmale einer über eine ISPABX geschalteten Leitung ausschließlich auf die Realisierung der digitalen Verbindung beschränken. Alle sonstigen Aufgaben wie Flußkontrolle, Block-Sequencing, Fehlerentdeckung und -behandlung müssen von den angeschlossenen Endgeräten selbst abgefangen werden.

6.3.2.2 Büro-LAN

Für alle bitorientierten Anwendungen (DV-Anwendungen nichtsprachlicher Art) werden sich im Bürobereich Lokale Netze wegen ihrer Eigenschaft, auch größere Datenvolumen bewältigen zu können, durchsetzen. Insofern kann auf die im Rahmen der Kommunikation in Fertigungsumgebungen getroffenen Aussagen verwiesen werden. Wie dort, war auch in Büroumgebungen das CSMA/CD Zugriffsverfahren (Ethernet) in der Vergangenheit am weitesten verbreitet (vgl. BARTH[20]). Nicht zuletzt auch auf Initiative der IBM hin wird in neuerer Zeit auch das Token Ring Prinzip verwendet, das insbesondere bei der Nutzung von Lichtwellenleitern Vorteile hat. So bspw. aufgrund der Tatsache, daß über Lichtwellenleiter auch Sprachanwendungen realisiert werden können, was bei CSMA/CD-LAN nicht möglich ist. Mit einer Datenrate die sehr schnell auf bis zu 100 MBit/s ansteigen wird, sind Lichtwellenleiter das ideale Übertragungsmedium für zukünftige Office Anwendungen, die einen hohen Heterogenitätsgrad (Daten, Sprache, Grafik, Video,..) aufweisen.

Vergleicht man ISPABX und Büro LAN liegt der Schluß nahe, daß die beiden Systemphilosophien trotz einer Annäherung in näherer Zukunft noch keine Alternativen zueinander darstellen werden. Einen Vergleich der spezifischen Vor- und Nachteile zeigt folgende Gegenüberstellung:

<table>
<tr><td>ISPABX</td><td>Büro LAN</td></tr>
<tr><td>Herkunft Nachrichtentechnik</td><td>Herkunft Computertechnik</td></tr>
<tr><td>Einfache Integration Sprache</td><td>Aufwendige Integration Sprache</td></tr>
<tr><td>Große Teilnehmerzahl möglich</td><td>Teilnehmerzahl begrenzt</td></tr>
<tr><td>Mindestanforderung Kupferkabel</td><td>Mindestanforderung Koaxkabel</td></tr>
<tr><td>Interne wie externe Kommunikation</td><td>Nur interne Kommunikation</td></tr>
<tr><td>Niedrige Übertragungsraten</td><td>Hohe Übertragungsraten</td></tr>
<tr><td>Ungeeignet für Hochlastanwendungen</td><td>Geignet für Hochlastanwendungen</td></tr>
<tr><td>Hohe Einstiegskosten (Zentr. Steuerung)</td><td>Niedrigere Einstiegskosten</td></tr>
</table>

Abb. 6.11 Gegenüberstellung von ISPABX und Büro-LAN

Eher ist eine Koexistenz in Form von sog. Hybridnetzen zu erwarten in denen schnelle Daten-, Bewegtbild- und Farbgrafikanwendungen auf Basis von LAN`s über Gatewayfunktionen für den Zugang in öffentliche Netze von der digitalen Nebenstellenanlage übernommen werden.

6.3.2.3 TOP (Technical Office Protocol)

Eine weitere Aktivität in diesem Bereich, die parallel zu den Aktivitäten von General Motors mit MAP entstand, ist TOP, das von Boeing initiiert wurde. Es wurde für den Einsatz im technischen Büro, also in Planungs-, Abwicklungs- und Verkaufsabteilungen konzipiert und soll die Kommunikation zu den Produktionsabteilungen, in denen MAP zum Einsatz kommt, ermöglichen. TOP ist stark an MAP angelehnt, basiert ebenso auf dem ISO 7 Schichten Modell und unterscheidet sich von MAP lediglich in den Kommunikationsebenen 1 und 7 (vgl. Abb. 6.12).
Beide besitzen eine Busstruktur, die auf Koaxialkabel als Übertragungsmedium aufsetzt und Übertragungsgeschwindigkeiten von 10 MBit/s unterstützt. Dabei basiert MAP allerdings auf Breitband-Basis, während für TOP Basisband-Technik ausgewählt wurde. Auch das Zugriffsverfahren ist als CSMA/CD-Verfahren (IEEE 802.3) einfacher ausgelegt als bei MAP, da im technischen Büro keine Anforderungen an definierte Reaktionszeiten gestellt werden.

Layer	ISO	SNA
7	Application	Transaction Services
6	Presentation	Presentation Services
5	Session	Data flow Control
4	Transport	Transmission Control
3	Network	Path control
2	Datalink	Data Link Control
1	Physical	Physical

Abb. 6.12 Vergleich MAP- versus TOP-Spezifikation

6.4 KOMMUNIKATIONSNETZWERKE ÜBER UNTERNEHMENSGRENZEN HINAUS

6.4.1 Anforderungen

Neben der kommunikationstechnischen Optimierung des Informationsflusses in
den fertigungsnahen Bereichen und einer gleichzeitig automatisierten Abwicklung der administrativen Funktionen als Ausprägungen der **internen
Kommunikation**, gewinnt die **externe Kommunikation** immer mehr an Bedeutung.
Dabei wird unter externer Kommunikation der DV-technische Informations- und
Datenaustausch zwischen einem Unternehmen und seinen Lieferanten, Kunden
oder Tochtergesellschaften innerhalb eines Konzerns, verstanden.
Als Vorreiter gilt auf diesem Gebiet die Automobilindustrie, auf die sich
die hier getroffenen Aussagen meist beziehen. Sie sind aber in gleicher
Weise auf jeden Serien- oder Massenproduzenten (bspw. Haushaltsgeräte, Un-
terhaltungselektronik,..) anwendbar, der eigene oder fremde Zulieferer in
seine Produktion einbindet.

Auslöser der Entwicklung war die Explosion der Variantenzahl in der Automobilindustrie, bei gleichzeitigem Anwachsen des Zukaufteilanteils (bis zu 60%). Wollte man nicht hohe Bestände an Variantenteilen in Kauf nehmen, die dann vielleicht doch nicht gebraucht wurden, mußten die Intervalle bei den Bestellzeiten bzw. Liefereinteilungen verkürzt werden. Die Folge waren immer größere Probleme bei der zeitgerechten Zustellung der Papierbelege und deren Bearbeitung bei den Zulieferern. Damit aber der Warenfluß den Informationsfluß nicht überholt, entstand schon Mitte der 70er Jahre im VDA (Verband der Automobilindustrie) die Idee, Liefereinteilungen und andere Informationen mittels Datenfernübertragung (DFÜ) zu übermitteln. Da es um die Überbrückung größerer räumlicher Entfernungen zu heterogenen Kommunikationspartnern geht, kommen als Datenübertragungsmedium nur Wide Area Networks in Frage. Die universellste Möglichkeit sind dabei die jeweiligen nationalen Postdienste.

6.4.2 Lösungen

6.4.2.1 VDA-DFÜ

Im VDA ist seit 1977 der Arbeitskreis "Vordruckwesen/Datenaustausch" (AK VD) intensiv damit beschäftigt, praxisnahe Regeln für den Datenaustausch zwischen europäischen Automobilherstellern und der Zulieferindustrie zu entwickeln. Als Übertragungsmedium werden Wählleitungen mit 2400 Bit/s oder alternativ DATEX L Leitungen mit 9600 Bit/s benutzt. Alle Verbindungen werden als Point to point-Verbindungen realisiert.
Als standardisierte Übertragungsprozeduren werden RVS (Rechner Verbund System), DAKS (Daten Kommunikations System) oder FTP (File Transfer Protocol) nach VDA 4914 (=gemeinsame Untermenge von RVS und DAKS) eingesetzt.
Für jede DFÜ-Anwendung, auf die im folgenden noch näher eingegangen wird, wurden vom AKVD eine Verfahrensbeschreibung und Checkliste für die Realisierung erstellt. Diese VDA-Empfehlungen sind verbindliche Programmiergrundlage für alle DFÜ-Teilnehmer.

Derzeit arbeiten Unternehmen wie BMW, Daimler Benz, Ford, M.A.N., Opel, Porsche, Volvo, VW/Audi mit Großlieferanten wie Hella Hueck & Co., der Robert Bosch GmbH, Keiper Recaro oder der Gebr. Happich GmbH bei der umfassenden Realisierung des DFÜ-Verfahrens zusammen (vgl. BERKE[21]). Die Gründe liegen auf der Hand:

O Zeitgewinn von 4 - 8 Arbeitstagen für die Produktionsplanung beim Lieferanten durch Wegfall der Briefzustellung,

O Wegfall der erneuten Datenerfassung beim Zulieferer und damit Vermeidung von Übertragungsfehlern,

O Bestandsenkungen und damit verbunden erhebliche Kostensenkungen.

Als mittelfristiges Ziel wird angestrebt:

O Täglich mehrmalige Übertragung von Lieferschein- und Transportdaten,

O Tägliche Feinabrufe mit letzten Angaben über bestellte Teile,

O Tägliche bis wöchentliche Lieferabrufe (statt einer schriftlichen Bestellung erhält der Lieferant die Abrufe direkt in sein Produktionsplanungssystem),

O Täglicher oder wöchentlicher Rechnungsversand (Forderungen und Verbindlichkeiten gelangen beleglos zum Kommunikationspartner),

O Monatliches Zahlungsavis (der Abnehmer kündigt die Bezahlung der Rechnung elektronisch an),

O Regelmäßiger Austausch von Anfragen und Angeboten.

O Regelmäßiger Austausch von CAD/CAM Daten.

Einen Überblick über die vom VDA-AKVD bereits entwickelten oder geplanten Empfehlungen für DFÜ-Anwendungen gibt Abb. 6.13.

O Anfrage-DFÜ nach VDA 4909/Angebot-DFÜ nach VDA 4910

Diese Prozedur wird seit 1985/86 von VW mit seinen Zulieferern praktiziert. Alle bis dahin verwendeten Formulare und Vordrucke wurden ersatzlos gestrichen.

O Lieferabruf-DFÜ nach VDA 4905

Diese Anwendung existiert bereits seit April 1978. In der LAB-DFÜ teilen die Hersteller ihren Lieferanten in Menge und Termin schwankende Bedarfe für einen mittelfristigen Zeitraum (Wochen-/Monatsprogramme) in regelmäßigen Zeitabständen (i.d.R. im 14 Tage Rythmus) rollierend mit. Die Vorschaudaten sind aus der Primärbedarfsplanung (siehe Kap. 3) der Hersteller abgeleitet und dienen den Zulieferern zur Disposition der Rohstoffe und Zukaufteile sowie zur Kapazitätsplanung. Die Zahl der Lieferanten in Europa die diese Anwendung realisiert haben, beträgt Anfang 1988 etwa 700.

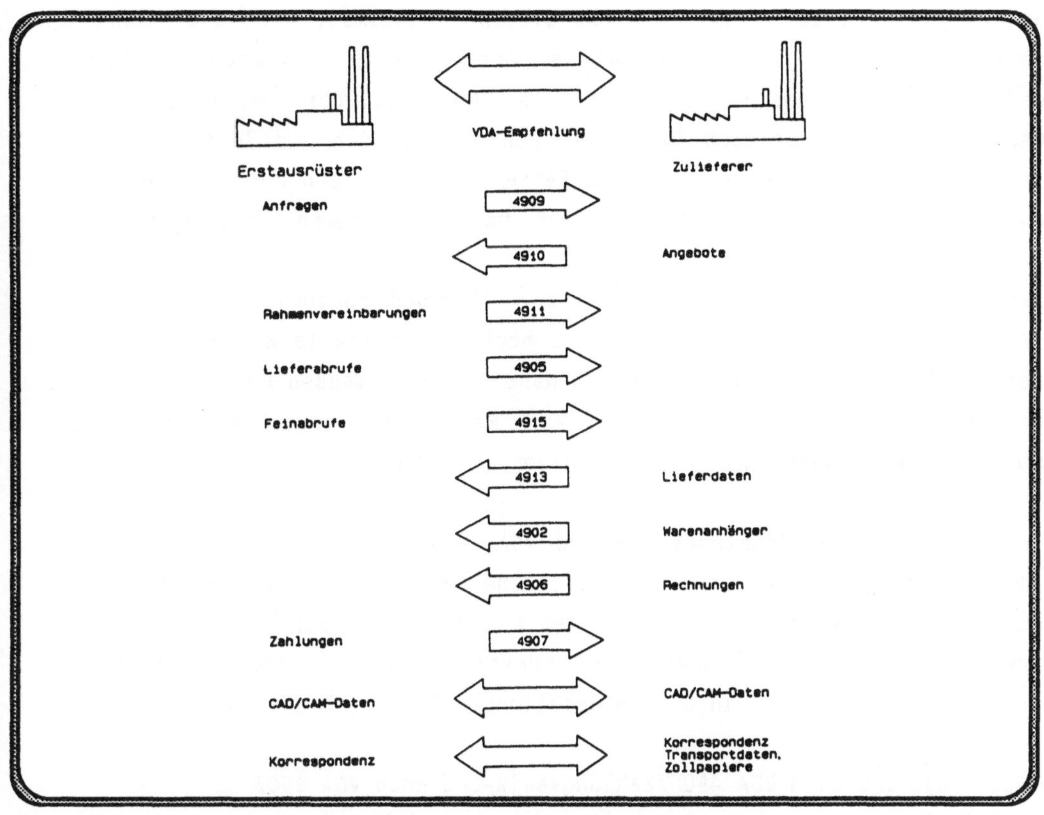

Abb. 6.13 VDA-Datenaustausch (Quelle: MEYER[22])

0 Feinabruf-DFÜ nach VDA 4915

Der praxisnahe Test begann Anfang 1987. Ziel ist die Übertragung von Feinabrufen im kurzfristigen Bereich als Feinsteuerung der Produktion (täglich für max. 15 Arbeitstage) und als exakte Fertigungs-/Versandsteuerung für den Zulieferer. Die übermittelten Daten sind direkt aus dem aktuellen Produktions- oder Montageplan des Herstellers abgeleitet und verbindlich für die Anlieferung und sollen die manuellen Abstimmungen der Disponenten ersetzen. Informationsinhalte sind bspw. Eintreff-Datum, Eintreff-Zeit, Anzeige kritisches Teil, Transit-Information,.. Die Einbeziehung der Lieferanten erfolgt derzeit noch nach dem Volumen bzw. dem Wert der Teile.

0 Produktionsdaten-DFÜ nach 4916

Diese Anwendung ist in ihrem vollen Umfang noch nicht abschließend definiert. Mit den organisatorischen Vorarbeiten begann der VDA-AKVD Anfang 1987. Ziel des PD-DFÜ ist die direkte Anlieferung exakt definierter und per LAB-DFÜ bestellter Teile, mit vom Besteller vorgegebener Produktionsnummer, an ein bestimmtes Montageband, zu einem exakt vorbestimmten Zeitpunkt.

Ein Beispiel ist der Einbau von PKW-Sitzen. "Jedesmal, wenn die Kamera am Arm eines Roboters im Bremer Daimler-Benz-Werk den Inneneinbau-Impuls auslöst, läuft Sekunden später bei Keiper-Recaro,...der computergesteuerte Zusammenbau der benötigten Sitze an. Genau 5 Stunden und 30 Minuten verbleiben dann noch, die gepolsterten Gestelle zu montiern und sie vier Minuten vor dem geplanten Einbau an den Mercedes-Bändern abzugeben" (vgl. BERKE[23]).

Hier bietet sich auch der Einsatz sog. "Focused Factories" an. Darunter wird verstanden, daß Zulieferer eigens hochautomatisierte Werke für ein begrenztes Produktspektrum in direkter Nähe des abnehmenden Herstellers (z.B. für Audi -> Werk Ingolstadt; BMW -> Werk Regensburg) errichten, um die engen zeitlichen Rahmenbedingungen erfüllen zu können.

O Lieferschein- und Transport-DFÜ nach VDA 4913

Damit die Versand- und Transportdaten einer Warensendung vor der Ware beim Besteller sind, werden die wichtigsten Liefer- und Frachtbriefdaten sofort nach dem Versand per DFÜ übertragen. Künftig sollen auch Spediteure und die Deutsche Bundesbahn mit in die Informationskette eingebunden werden.

O Rechnungs-DFÜ nach VDA 4906/Zahlungsavis-DFÜ nach VDA 4907

Der Zulieferer sammelt über einen vereinbarten Zeitraum alle Rechnungsdaten und überträgt sie zu einem Zeitpunkt als Einzelpositionen und als Summe (Rechnungs-DFÜ). Im Gegenzug sendet der Automobilhersteller seine Zahlungsavis-Daten per DFÜ an den Zulieferer.

O Preis-DFÜ nach VDA-4911

Bereits seit Anfang der 80er Jahre werden die Standard-/Katalogpreise an die Hersteller übermittelt. Dies wird z. Zt. auf alle Preisinformationen (Rabatte/Sonderpreise..) ausgedehnt.

6.4.2.2 ODETTE

Erklärtes Ziel aller Automobilhersteller ist es, in den kommenden Jahren den Datenaustausch per DFÜ auf den gesamten Lieferantenkreis auszuweiten, eingeschlossen auch mittlere und kleinere Betriebe sowie Zulieferanten des Auslandes (vgl. MEYER[24]).

Damit die Datenfernübertragung nach VDA-Regeln in Zukunft auch über Ländergrenzen hinaus erfolgen kann, wobei dann verschiedene nationale Postdienste und Standards miteinander verbunden werden müssen, wurde das internationale DFÜ-Projekt **ODETTE** (**O**rganisation for **D**ata **E**xchange by **T**eletransmission in **E**urope) ins Leben gerufen. Seit 1982 wird von einer Gruppe um Ford, Austin/ Rover, Peugeot/Talbot und GM/Vauxhall, zu der jetzt auch der VDA gestoßen ist, der Versuch unternommen, internationale und branchenübergreifende Anforderungen an ein Kommunikationssystem zu spezifizieren. Berücksichtigung finden nicht nur die Belange von Herstellern und Zulieferern, sondern auch von Handelsbetrieben, Spediteuren und Banken. Datentechnische Grundlage sind die von der UN empfohlenen GTDI-(**G**uidelines of **T**rade **D**ata **I**nterchange) Formate, die allerdings nur sehr flexible Syntax-Regeln definieren. Dazu gehören ein hierachischer Satzaufbau mit variabler Satzlänge, sowie allgemeine An- und Abmeldeverfahren (shake hands).

Derzeit wird ODETTE in einigen Pilotanwendungen unter Praxisbedingungen getestet. VW, Opel und Volvo übertragen derzeit Lieferabrufdaten sowohl im VDA-Format als auch nach ODETTE als Message 240 Delivery Instruction an einige europäische Großlieferanten.
Die Hella Hueck & Co. überträgt im Gegenzug Rechnungsdaten an VW und Opel, ebenfalls nach beiden Verfahren parallel. Ziel ist es, exakte Vergleiche bezüglich Zuverlässigkeit und Übertragungszeiten bzw. -kosten zwischen VDA und ODETTE anzustellen. Nach heutigem Stand ist die Übertragung nach dem VDA-Regelwerk noch günstiger, da ODETTE den Overhead möglichst allgemeingültiger Syntaxregeln mit abzudecken hat.

6.4.2.3 EDIFACT

Einen noch umfassenderen Ansatz was die am firmenübergreifenden Geschäftsverkehr beteiligten Unternehmen angeht, verfolgt das Projekt **EDIFACT** (**E**lectronic **D**ata Interchange for Administration in Commerce and Transport). Während die bisher dargestellten Systeme sich ausschließlich auf die Automobilindustrie bezogen, steht EDIFACT für den grenzüberschreitenden elektronischen Datenaustausch in Industrie, Handel und Verwaltung. Die schwierige Aufgabe besteht darin, nationale Insellösungen wie ANSI-X12 (USA), GTDI (Großbritannien) und die deutschen Systeme wie VDA-DFÜ (Automobilindustrie) und SEDAS (Handel) abzulösen.

Ein erster Entwurf wurde Anfang 1987 der ISO zur Normung vorgelegt. Die Verabschiedung erfolgte Ende 1988 (vgl. THOMAS[25]).
Heute liegen mit dem Handbuch der Handelsdatenelemente (Entwurf DIN ISO 7372) und den Syntax-Regeln (Entwurf DIN 16 556) erste, wesentliche Elemente des EDIFACT-Verfahrens vor.

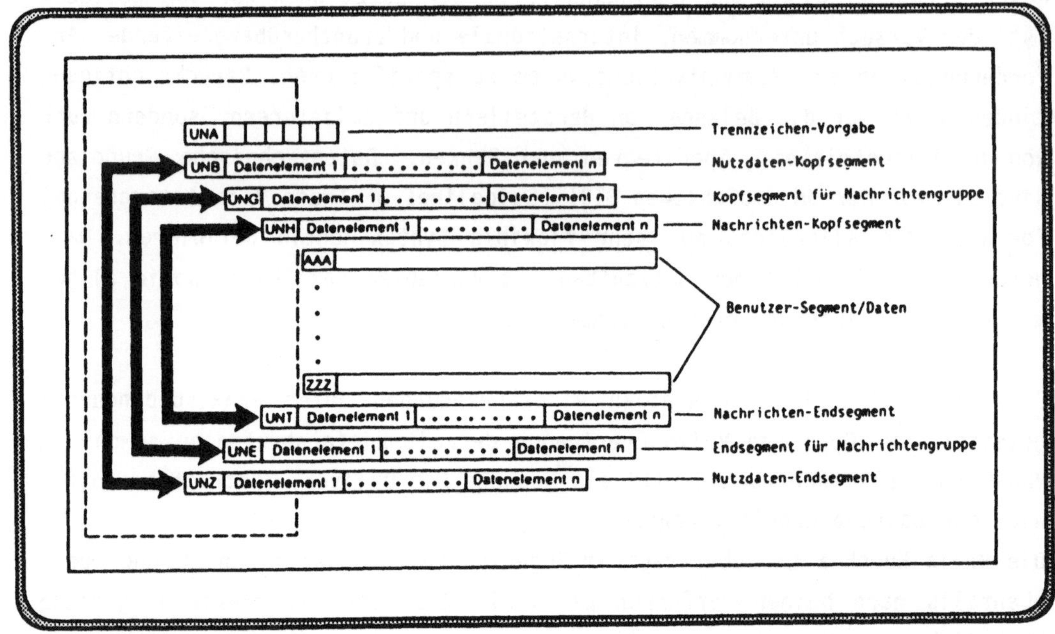

Abb. 6.14 Nutzdatenrahmen EDIFACT (Quelle: HERMES[26])

DV-technisch werden aus den Handelsdatenelementen und unter Berücksichtigung der Syntax-Regeln Segmente für die im Geschäftsverkehr benötigten Nachrichten "konstruiert". Diese in Dateien des Absenders enthaltenen Nachrichten können mittels genormter Kommunikationsdienste und -protokolle an den Empfänger übermittelt werden, wobei die Abwicklung geräteunabhängig sein soll.
Die zu entwickelnden Nachrichtentypen müssen sowohl den Bedürfnissen spezieller, z.B. branchenorientierter Anwendungen, als auch regionalen oder nationalen Eigenheiten, wie sie aus den gesetzlichen Erfordernissen abzuleiten sind, Rechnung tragen.
Derzeit liegt neben den Richtlinien für die Entwicklung von Nachrichtentypen und den Syntax-Regeln erst der Nachrichtentyp "Rechnung" vor, weitere Nachrichtentypen wie Bestellung, Versandanzeige usw. sollen folgen.

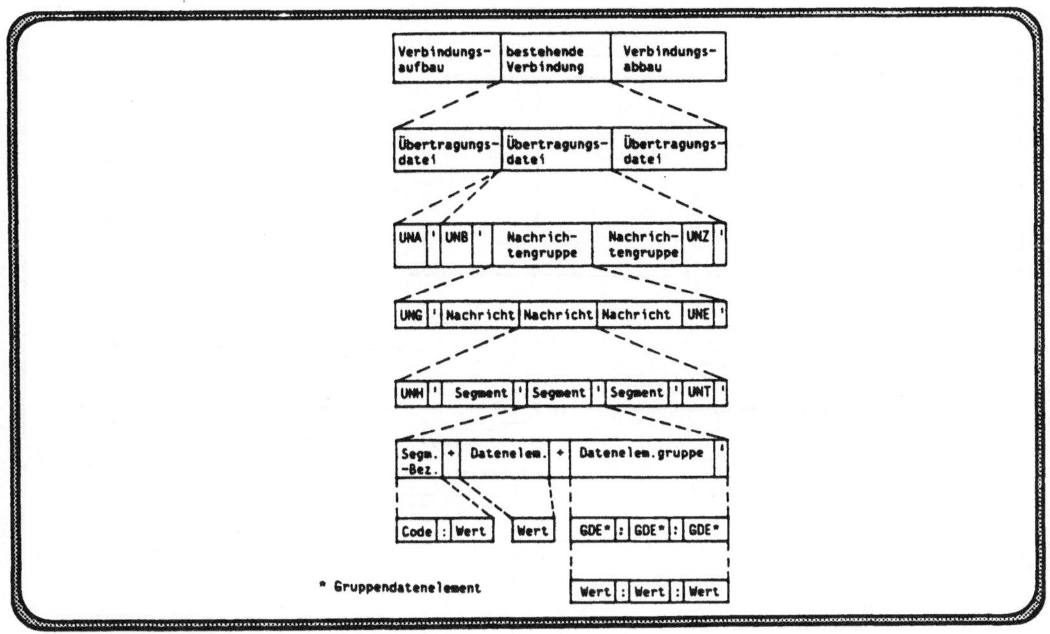

Abb. 6.15 Struktur einer Übertragungsdatei (Quelle: THOMAS[27])

6.5 GESAMTARCHITEKTUR FÜR KOMMUNIKATIONSNETZWERKE

Wie in den voranstehenden Gliederungspunkten ausgeführt, existieren trotz des Vorhandenseins internationaler Standards noch sehr unterschiedliche Ausprägungen von Rechnernetzen. Die Unterschiede sind im wesentlichen durch die Leistungsfähigkeit, die Installationsrandbedingungen und nicht zuletzt durch den Preis bedingt, wodurch sich die verschiedenen Netztypen für unterschiedliche CIM-Anwendungsgebiete mehr oder weniger gut eignen. In der Praxis ist es daher nicht sinnvoll, eine durchgängige Kommunikationsstruktur mit nur einem Netztyp zu realisieren. Vielmehr müssen die unterschiedlichen Realisierungsmöglichkeiten ihren Eigenschaften entsprechend eingesetzt werden und dennoch zu einer homogenen unternehmensweiten Netzwerkarchitektur verschmolzen werden.

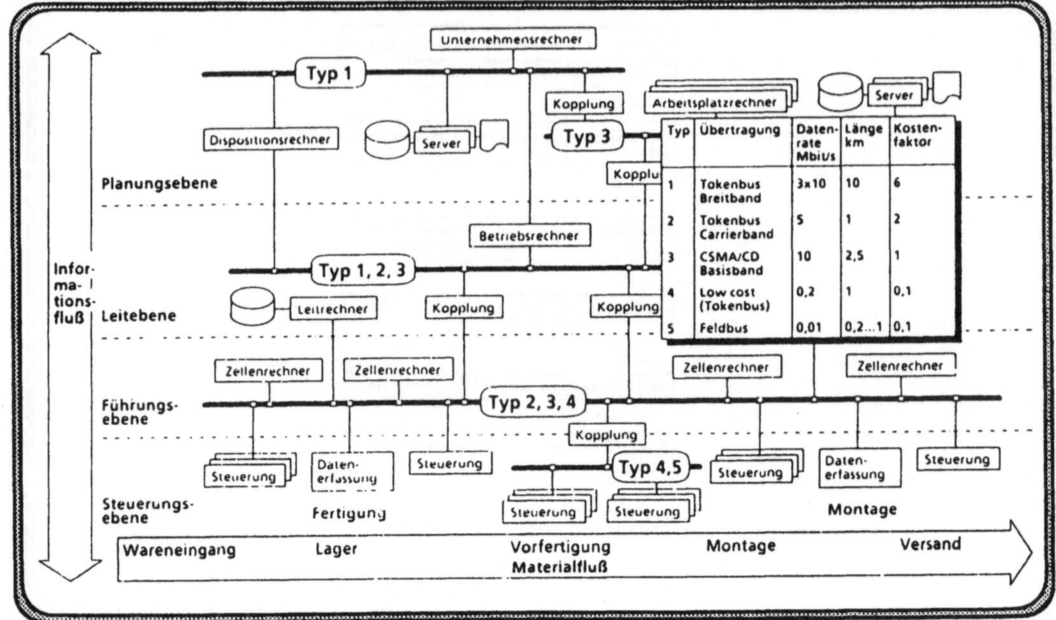

Typ	Übertragung	Daten-rate Mbit/s	Länge km	Kosten-faktor
1	Tokenbus Breitband	3×10	10	6
2	Tokenbus Carrierband	5	1	2
3	CSMA/CD Basisband	10	2,5	1
4	Low cost (Tokenbus)	0,2	1	0,1
5	Feldbus	0,01	0,2...1	0,1

Abb. 6.16 Beispiel einer unternehmensweiten Netzwerkarchitektur

Dazu müssen allerdings Übergänge zwischen Netzen verschiedenen Typs über Koppelelemente hergestellt werden. Im Sinne des Ordnungsschemas des OSI-Referenzmodells unterscheidet man die Koppelelemente Repeater, Bridge, Router und Gateway.

Grundsätzlich gilt, daß Funktionalität und Konvertierungsaufwand steigen, je mehr Ebenen des 7-Schichten-Modells abgedeckt werden müssen.
Den einfachsten Fall stellt ein **Repeater** dar, der innerhalb eines **einheitlichen Netztyps** eine Signalweiterleitung bzw. -verstärkung auf der physikalischen Ebene (Ebene 1) vornimmt. Dies kann z.B. notwendig sein, wenn zur Erweiterung des physikalischen Wirkungsbereiches des Netzes, die Verbindung mehrerer Netzsegmente notwendig ist.
Zur kommunikationstechnischen Kopplung zweier eigenständiger Teilnetze, die sich trotz **ähnlicher Grundstruktur** bis zur Schicht 2 (Ebene der Zugriffsverfahren) unterscheiden, werden **Bridge**-Koppelelemente eingesetzt. Die angesprochenen Unterschiede können z.B. darin bestehen, daß das eine Netz das CSMA/CD-Zugriffsverfahren verwendet, während das andere Netz nach dem Token-Verfahren arbeitet. Die Bridge, die in diesem Falle beide Verfahren beherrschen muß, erfüllt ihre Aufgabe dadurch, daß sie z.B. eine Nachricht aus Netz A übernimmt, diese zwischenspeichert und sie, falls ihr der Zugriff zugeteilt wird, auf Netz B weitergibt und umgekehrt.

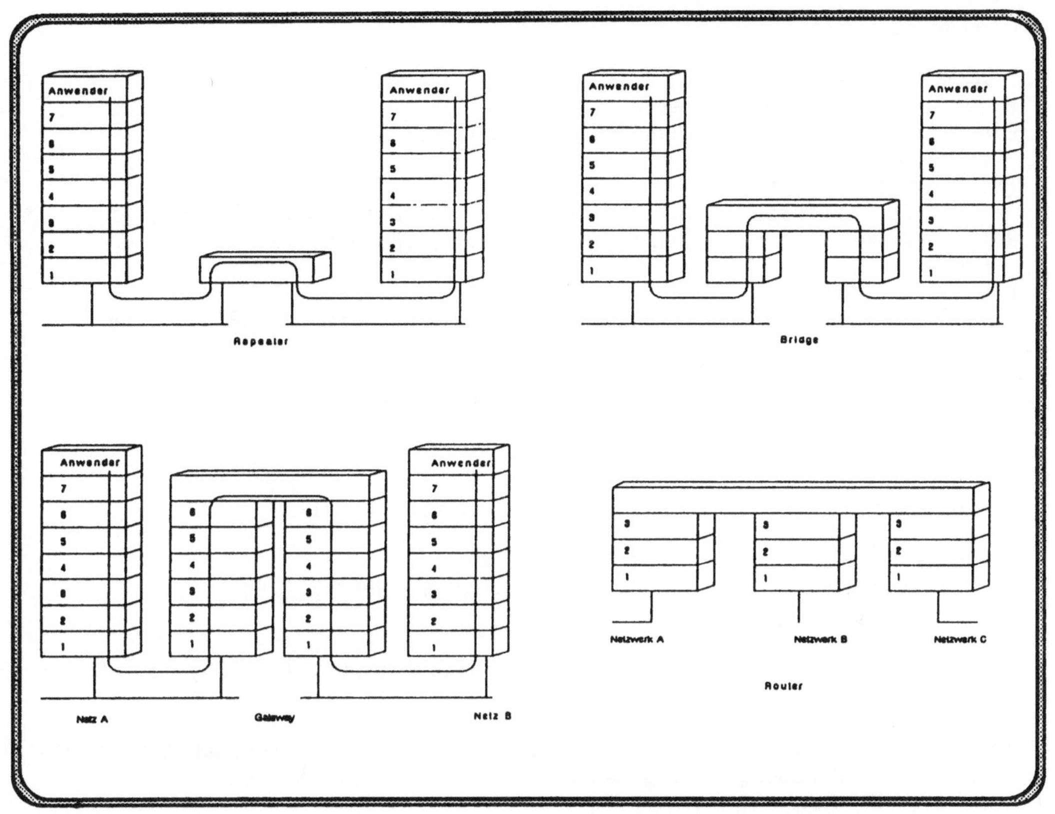

Abb. 6.17 Prinzipielle Arbeitsweise verschiedener Koppelelemente

Kommunikationsfähigkeit zwischen Netzen **unterschiedlichen Netztyps** wird durch Nutzung von **Routern** erreicht, die erst oberhalb der 3 Schichten der Übertragungsphysik, eine für alle Kommunikationspartner verbindliche Konvention zur Zeichendarstellung und -interpretation benötigen. Im Gegensatz zu einer Bridge werden keine eindeutigen (Teilnehmer-) Adressen im Gesamtnetz vorausgesetzt, so daß diese Funktion durch eine entsprechende Auslegung der Schicht 3 (Netzwerk) abgefangen werden muß. Neben der Hauptfunktion Adressumsetzung sind außerdem Formatanpassungen sowie Wege- und Flußkontrollen durchzuführen.

Volle Anwendung- zu Anwendung-Kommunikation ist nur mit Hilfe von **Gateways** möglich, die alle 7 Schichten des ISO/OSI-Modells abdecken und somit volle Kompatibilität zwischen zwei **unterschiedlichen Rechnernetzen** schaffen. Dazu müssen alle individuellen Konventionen eines Netztyps in die individuellen Konventionen des anderen Netztyps eins zu eins übersetzt werden, was einen entsprechenden Realisierungsaufwand erfordert. Daher existieren Gateways auch hauptsächlich zwischen weit verbreiteten Standards, so bspw. zwischen Ethernet und SNA.

LITERATUR ZU KAPITEL 6

1. SIEMENS (Hrsg.):
    Wege zur offenen Kommunikation;
    Eigenverlag Siemens; München-Berlin (1985); S. 9
2. MACHE, W.:
    (Rechner-)Netzwerke;
    in: MERTEL, H. (Hrsg.); Lexikon der Text- und Datenkommunikation;
    Reihe: Kommunikationstechnik; München Wien (1980); S. 196
3. o.V.:
    Lokale Netzwerke;
    in: CAD/CAM; Verlag für Computergrafik München; Heft 1 (1986); S. 86
4. PFANNSCHMIDT, H.:
    Netze - Arten und Verfahren;
    in: GEITNER U.W.(Hrsg.); CIM-Handbuch; Vieweg Verlagsgesellschaft; Braun-
    schweig (1987); S. 437
5. BARTH, H.:
    Einführung eines Local Area Network;
    in: Output; Fachpresse Goldach; Heft 11 (1985); S. 31-39
6. WOLF, M.:
    Aktuelle Entwicklungen im LAN Bereich;
    in: CIM-Management; Oldenbourg Verlag München; Heft 3 (1986); S. 17
7. o.V.:
    Lokale Netzwerke;
    in: CAD/CAM; Verlag für Computergrafik; München; Heft 1 (1986); S. 89
8. EFFELSBERG, W.:
    Datenbankzugriff in Rechnernetzen;
    in: HÄRDER, T. (Hrsg.); it (Informationstechnik); Schwerpunktthema: Da-
    tenbanken; Oldenbourg Verlag München; Heft 3 (1987); S. 142
9. NECKERMANN, R.:
    Das Netz von morgen wird heute schon gestrickt;
    Sonderdruck aus: Produktion; Heft 25 (1985); S. 1
10. SEGL, E.:
    Alles in Bewegung;
    in: Markt & Technik; Heft 43 (1985); S. 139
11. SEGL, E.:
    MAP: Kommunikation ohne Grenzen;
    in: Design und Elektronik; Heft 10 (1985); S. 140
12. SUPPAN-BOROWKA, J.:
    MAP, Datenkommunikation in der automatisierten Fertigung;
    Datacom Verlag; München (1986); S. 119
13. KILIAN, B.; LEINENKUGEL, F.:
    Fertigungsnetze;
    in: GEITNER, U.W.(Hrsg.); CIM-Handbuch; Vieweg Verlagsgesellschaft;
    Braunschweig (1987); S. 461
14. SUPPAN-BOROWKA, J.:
    MAP, Datenkommunikation in der automatisierten Fertigung;
    Datacom Verlag; München (1986); S. 161
15. ZIERER; H.:
    "Office und CIM" - Zeit der Insellösungen;
    in: Office Management; FBO-Verlag Baden Baden; Heft 9 (1987); S. 19
16. DIETERLE, G.:
    LAN und PABX - Zeit der Koexistenz;
    in: Jahrbuch der Bürokommunikation 1986; FBO-Verlag Baden Baden; S. 208-
    212
17. KAFKA, G.:
    Das Telekommunikationsnetz der Zukunft;
    in: DATACOM; Verlag K. Lipski Pulheim; Heft 10 (1987); S. 78

18. STADTHERR, K.O.:
ISDN-Perspektive der zukünftigen Bürokommunikation;
in: Handwörterbuch der modernen Datenverarbeitung (HMD) 24; Forkel Verlag
Wiesbaden; Heft 136 (1987) S. 52
19. KAFKA, G.:
Das Telekommunikationsnetz der Zukunft;
in: DATACOM; Verlag K. Lipski Pulheim; Heft 10 (1987); S. 72-79
20. BARTH, W.-C.:
Lokale Netzwerke: Rückrat der Bürokommunikation;
in: Office Management; FBO-Verlag Baden Baden; Heft 9 (1987); S. 46-50
21. BERKE, J.:
Elektronische Partner;
in: Wirtschaftswoche-Spezial-Supplement; Nr. 5 (1987); S. 53
22. MEYER, B.E.:
Zulieferer-Hersteller-Kunde im Direktverbund;
in: Computer Magazin; Verlag Computer Magazin Langen; Heft 4 (1987); S. 45
23. BERKE, J.:
Elektronische Partner;
in: Wirtschaftswoche-Spezial-Supplement; Nr. 5 (1987); S.48
24. MEYER, B.E.:
DFÜ - Herausforderung für die Zulieferindustrie;
in: Beschaffung aktuell; Konradin Verlag Leinfelden-Echterdingen; Heft 6
(1986); S. 84
25. THOMAS, H.E.:
EDIFACT: Firmenübergreifender elektronischer Geschäftsverkehr nach Normen
in: Office Management; FBO-Verlag Baden Baden; Heft 10 (1987); S.50-54
26. HERMES, H.:
Syntax-Regeln für den elektronischen Datenaustausch;
in: DIN (Hrsg.); Einführung in EDIFACT; 2. Auflage; Berlin (1988); S. 10
27. THOMAS, H.E.:
Firmenübergreifender elektronischer Geschäftsverkehr nach Normen;
in: SCHEER, A.-W. (Hrsg.); Rechnungswesen und EDV; 9. Saarbrücker Arbeitstagung 1988; Physica Verlag Heidelberg (1988); S. 35

7. INTEGRATION DER TEILKONZEPTE IN EINEM CIM-GESAMTKONZEPT

In den voranstehenden Kapiteln wurden vorrangig die funktionalen Teilkonzepte zum **unternehmensneutralen** Aufbau eines CIM-Systems behandelt. Im Gegensatz zu diesen hauptsächlich **inhaltlich** geprägten Aspekten von CIM werden in diesem Kapitel die stärker **organisatorisch** geprägten Aspekte zur Erstellung einer CIM-Rahmenkonzeption entwickelt, die sich an den zum Implementierungszeitpunkt vorliegenden Gegebenheiten der Fertigungs- und Informationstechnologie einer **konkreten Unternehmensumgebung** orientieren.

Dazu ist neben den bereits erläuterten technikbezogenen Aspekten ein erhebliches Maß an organisatorischem Wissen zur strukturierten (System-)Analyse, bspw. zur Erfassung der informationellen Verflechtungen und Abläufe innerhalb eines Unternehmens, notwendig. Daher werden in diesem Teil der Arbeit Vorgehensweisen und Verfahren entwickelt, die die vorgestellten Teilkonzepte von CIM zusammenführen und die Erstellung eines unternehmensindividuellen Rahmenkonzeptes unterstützen.

Es werden schwerpunktmäßig die frühen Phasen der Systementwicklung betrachtet, da sie die bei weitem wichtigsten Phasen einer (CIM-)Realisierung darstellen und weil hier grundsätzliche Weichenstellungen vorgenommen werden, die die spätere detaillierte Ausgestaltung wesentlich festlegen.
So sind ausgehend von der Ist-Analyse und Bewertung der Ausgangsvoraussetzungen die strategischen Entwicklungsfelder zu bestimmen, aus diesen strategische Entscheidungen für die fertigungs- und informationstechnische Infrastruktur abzuleiten, Wirtschaftlichkeiten und Risiken zu untersuchen und eine geeignete Projektorganisation vorzugeben, um letzten Endes detaillierte Sollkonzepte für die Teilbereiche zu erarbeiten und diese in die Realisierung zu überführen.

Um das Verständnis zu erleichtern, werden die einzelnen Punkte zunächst theoretisch erläutert, dann aber anhand eines Fallbeispiels, das sich an einem existierenden Unternehmen orientiert, konkretisiert.

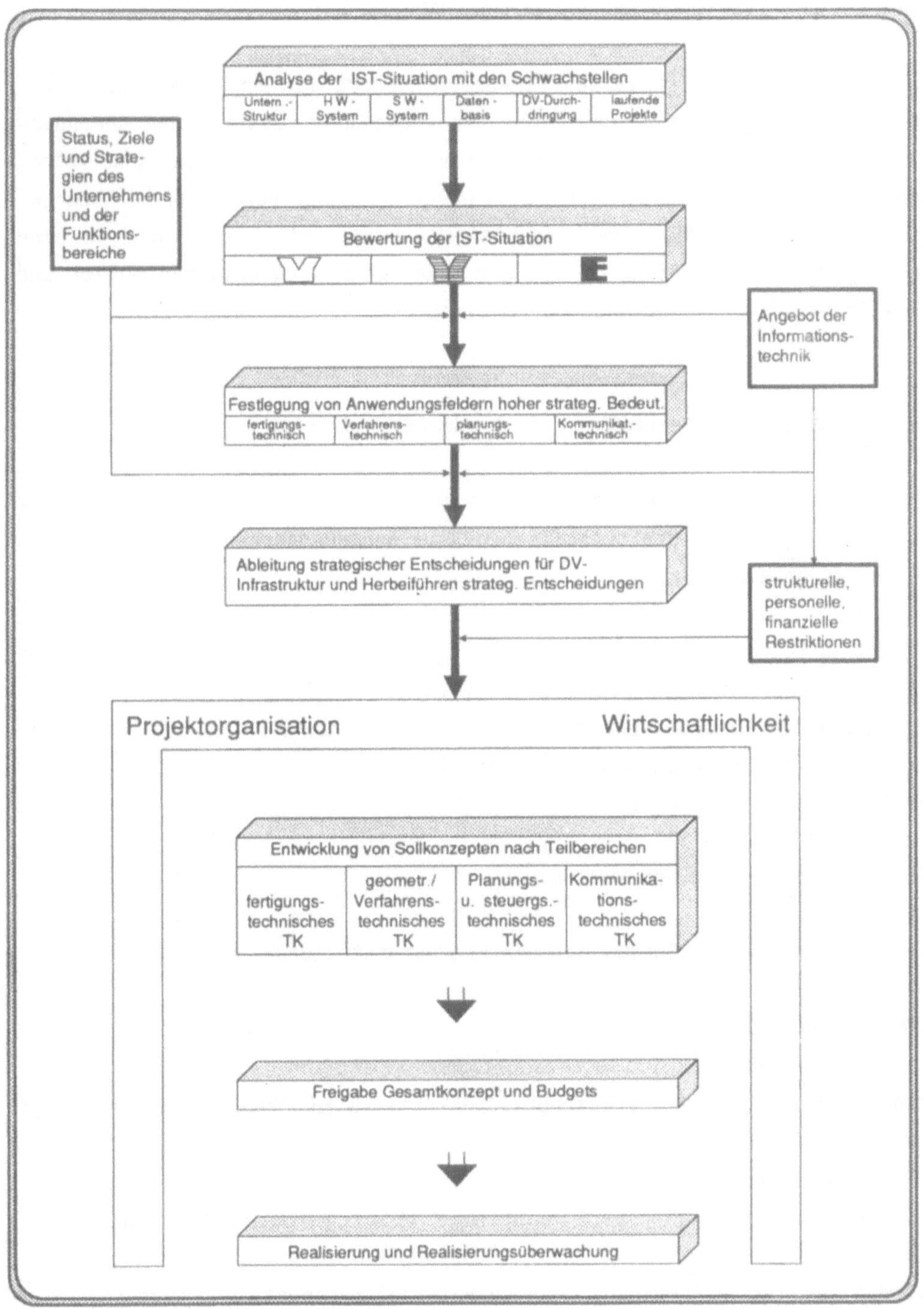

Abb. 7.1 Vorgehen zur CIM Rahmenplanung

7.1 ANALYSE DER IST-SITUATION MIT DEN SCHWACHSTELLEN

Zielsetzung der ersten Phase der CIM-Gesamtplanung ist es, einen systematischen Überblick über das Unternehmen, die vorhandenen Systeme und Anwendungen sowie die Stärken und Schwächen der vorhandenen fertigungs- und informationstechnischen Infrastruktur zu erlangen. Daraus können dann Entwick-
lungsziele und zukünftige Anwendungsfelder abgeleitet werden, die in eine
Reihenfolge zu bringen sind, die an dem jeweiligen strategischen Nutzen und
den Realisierungsvoraussetzungen orientiert ist.

7.1.1 Analyse der Unternehmens- bzw. Produktionsstruktur

Eine wesentliche Rahmenbedingung für die Erstellung eines CIM-Rahmenkon-
zeptes ist die Analyse der spezifischen Unternehmensgegebenheiten. Dazu gehören Kriterien wie z.B.:

UNTERNEHMENSSTRUKTUR:
O Art des Unternehmens
   Größe (Umsatz, Mitarbeiterzahl,..)
   Marktmacht des Unternehmens (Marktanteil)
O Art der Aufbauorganisation
   Zentralisationsgrad
   Räumliche Verteilung von Werken
O Art des Vertriebes
   Stärke des Kundeneinflusses auf die Produktgestaltung

PRODUKTIONSSTRUKTUR:
O Art des Leistungs- und Erzeugnisspektrums
   Standardisierungsgrad des Erzeugnisspektrums (Standard/Einzelanfertigung/
   Zwischenstufen/Handelsware)
O Art der Fertigung
   Größe durchschnittlicher Fertigungslose (Einzel-/Serienfertigung/Zwi-
   schenstufen)
   Automationsgrad in Fertigung/Montage/Materialtransport
O Art der Materialbeschaffung
   Marktmacht des Unternehmens auf dem Beschaffungsmarkt
   Notwendigkeit dv-gestützter unternehmensübergreifender Kommunikation mit
   Lieferanten

Diese sind insofern von Bedeutung, als CIM-Konzepte heute und in näherer Zukunft nur unternehmensspezifisch entwickelt werden können und anhand dieser Kriterien Realisierungsschwerpunkte festgelegt werden können.

Das Fallbeispiel

Als Beispielunternehmen wurde für diese Arbeit ein Großunternehmen mit komplexer Struktur ausgewählt, um die Erstellung eines unternehmensspezifischen CIM-Rahmenkonzepts möglichst umfassend darstellen zu können. Es handelt sich um einen Großserienproduzenten von Elektrogeräten. Das Unternehmen hat eine divisionale Struktur mit mehreren räumlich verteilten Werken.

Im Hauptwerk, wo sich auch der Unternehmenssitz befindet, existieren hochautomatisierte Fertigungslinien für Standard-Baugruppen sowie eine Fließbandmontage mit in den Montageprozeß integrierter automatischer Qualitätsprüfung.

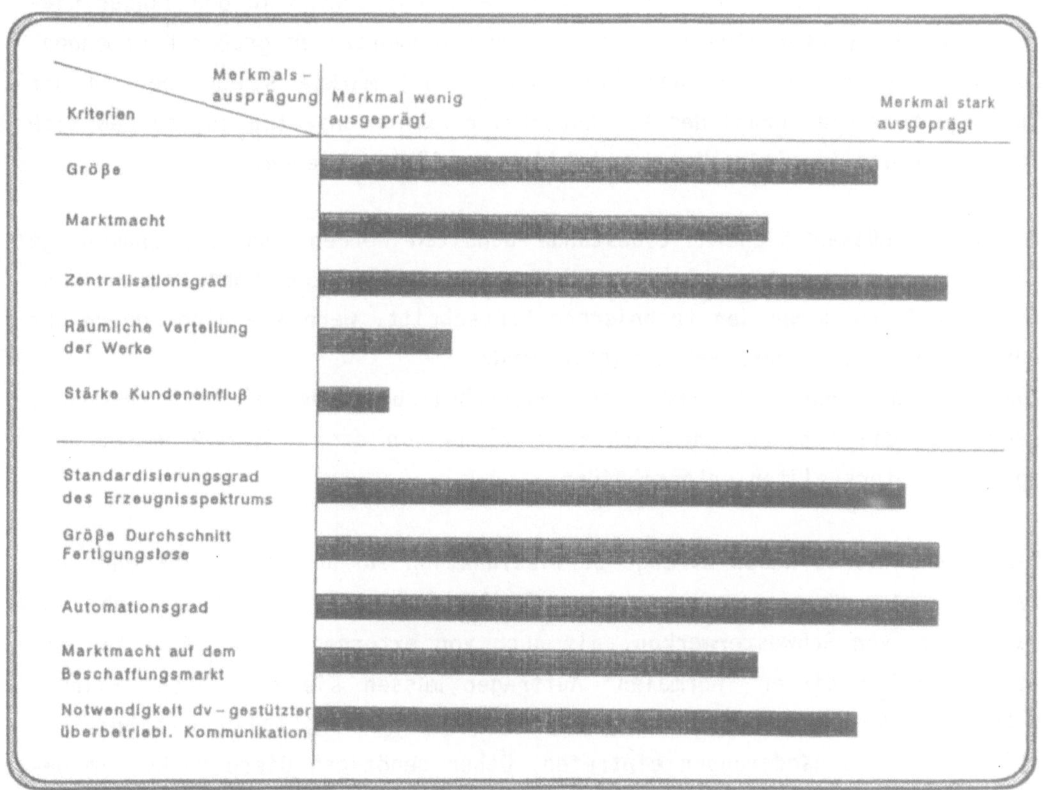

Abb. 7.2 Struktur des Beispielunternehmens

Die Kapazität aller Fertigungslinien ist exakt auf den Ausstoß der Montagelinie abgestimmt. Wegen dieser starren Verknüpfung zur getakteten Montagelinie wurde in der Vergangenheit auf die Entwicklung ausgefeilter Planungssysteme, mit Ausnahme der Auftragsbearbeitung und Materialwirtschaft, weitgehend verzichtet. Ebenso ist die explizite Bildung von Fertigungsaufträgen nicht erforderlich, da alle Abstimmungen über das Montageprogramm erfolgen. Dieses Montageprogramm (Menge und Ausführungen der einzelnen Gerätetypen) wird aufgrund der Auftragseingänge zyklisch überarbeitet und zu einem festen Zeitpunkt vor Montagebeginn fixiert. Von diesem Zeitpunkt an ist es bindend für alle zuliefernden Unternehmensteile.

Variantenteile bezieht das Hauptwerk von verschiedenen Lieferanten. Zum einen sind dies die zum Konzern gehörenden Werke, zum anderen sind dies externe Lieferanten.
Die externen Lieferanten liefern aufgrund längerfristiger Bestellungen, die mit Hilfe von Prognosen im Rahmen der Primärbedarfsplanung lange vor Fixierung des Montageprogramms, in das die Teile eingehen sollen, festgelegt werden. Die Begründung für dieses Vorgehen liegt sowohl in den langen Lieferzeiten der Lieferanten als auch in den Preisvorteilen großer Kaufmengen. Durch die Erschließung neuer (internationaler) Märkte stieg aber in der Vergangenheit die Anzahl der Variantenteile explosionsartig an, so daß sich für die Teiledisposition jetzt erhebliche Probleme ergeben.

Zum einen müssen Sicherheitsbestände gehalten werden, um die Endmontage nicht durch Materialmangel zu gefährden. Diese erzeugen hohe Bestandskosten, veraltern durch den technischen Fortschritt, wenn sie nicht gebraucht werden, und müssen dann verschrottet werden.
Zum anderen können sich trotz der Sicherheitsbestände Fehlteile ergeben, wenn sich die tatsächliche Marktentwicklung von der in der Primärbedarfsplanung unterstellten unterscheidet.

Die eigenen Werke haben strenge Servicefunktion für das Hauptwerk und müssen flexibler reagieren als externe Lieferanten. Sie erhalten sowohl vom Hauptwerk, von Schwesterwerken, als auch von externen Kunden Aufträge mit Termin. Neben diesen "normalen" Aufträgen müssen sie aber auch "Eilaufträge" des Hauptwerkes mit höchster Priorität erfüllen, falls dort kurzfristige Montageplanänderungen eintreten. Daher benötigen diese Werke, im Gegensatz zum Hauptwerk, aufwendige PPS-Systeme mit schnellem Durchgriff bis in die Fertigung.

Was die produktionstechnische Ausstattung angeht, sind in diesen Werken unterschiedliche Voraussetzungen gegeben. Es existieren sowohl Großserien-Fertigungslinien, die für die Steuerung mit Leitrechnern ausgelegt sind, als auch klassische Werkstätten mit herkömmlichem Maschinenpark ohne Rechnersteuerung. Gerade in dieser heterogenen Maschinenausstattung bei hohen Anforderungen an die Flexibilität, liegen die Probleme der Werke.

7.1.2 Analyse der vorhandenen DV-Systeme

7.1.2.1 Hardware-Systeme

Ziel der Erhebung und Analyse der informationstechnischen Hardwarestruktur eines Unternehmens ist es, den Grad der Übereinstimmung zwischen der Unternehmensstruktur (Räumliche Verteilung, Hierarchieebenen,..) und den DV-Systemen (Rechnerverteilung, Rechnerhierarchie) zu ermitteln. Dadurch, daß die Hardware-Struktur der meisten Unternehmen historisch gewachsen ist, wird sie unter normalen Bedingungen kaum in Frage gestellt. Dies geschieht erst durch den ganzheitlichen Planungsansatz von CIM. Dabei ist bei den meisten Anwendern ein ähnlicher Entwicklungsprozeß der EDV festzustellen.
In einer **ersten Phase** war Computerleistung überwiegend zentral orientiert und wurde zur Bearbeitung reiner Massenvorgänge (Batch-Verarbeitung) eingesetzt. Um die Kontinuität der wichtigen Anwendungen, die oft von Hunderten von Mitarbeitern benutzt wurden, nicht zu gefährden, wurde die Hardwareentwicklung in diesem Segment meist anhand aktueller Kapazitätskriterien und Investitionsbudgets gesteuert.
In einer **zweiten Phase**, die in fortschrittlichen Unternehmen nahezu abgeschlossen ist, galt es, jeden Arbeitsplatz, sofern sinnvoll, mit Computerleistung zu versehen. Da es für die Verteilung von Daten und Funktionen auf Basis dezentraler Systeme in der Vergangenheit keine Beispiele gab, gleichzeitig weder Hersteller noch Betreiber die einzelnen Komponenten aufeinander abstimmten, entstand sehr oft eine entsprechend heterogene Hardwarestruktur. Diese Entwicklung wurde noch durch das Aufkommen von Personal Computern verstärkt, die zumindest in der Anfangsphase, von den Endbenutzern selbst ausgewählt und angeschafft wurden. Diese Vielfalt hat die Systemwelten äußerst komplex werden lassen. Rechner ungleicher Größenordnung mit unterschiedlichen Betriebssystemen und verschiedenen Datenbanksystemen müssen über Netze unterschiedlichen Charakters und unterschiedlicher Geschwindigkeit zusammenwirken.

Aufgabe der **dritten Phase** ist es, diese heterogenen Welten durch homogene zu ersetzen, selbst wenn dies eine langfristige Aufgabe ist.

Das Fallbeispiel

Die Rechnerhierarchie des betrachteten Unternehmens läßt sich in zwei Anwendungskomplexe unterteilen. Ein Komplex sind die **vertriebsorientierten Systeme**, die sich in die Aggregationsebenen "Reisende Vertriebsbeauftragte" und Händler (small sales-representants) sowie Gebiets- bzw. Ländervertretungen (big sales-representants) unterteilen. Diese kommunizieren teils direkt, teils über die Hierarchiestufen mit dem Hauptwerk, in dem alle Ergebnisse von Vertriebsaktivitäten zusammenlaufen. Allerdings ist nur ein Teil der Kommunikationspartner mit Rechnern ausgestattet. Darüber hinaus werden selbst innerhalb einer Hierarchieebene je nach Größe der Einheit, unterschiedliche Hardwaresysteme mit unterschiedlichen Leistungsfähigkeiten eingesetzt.

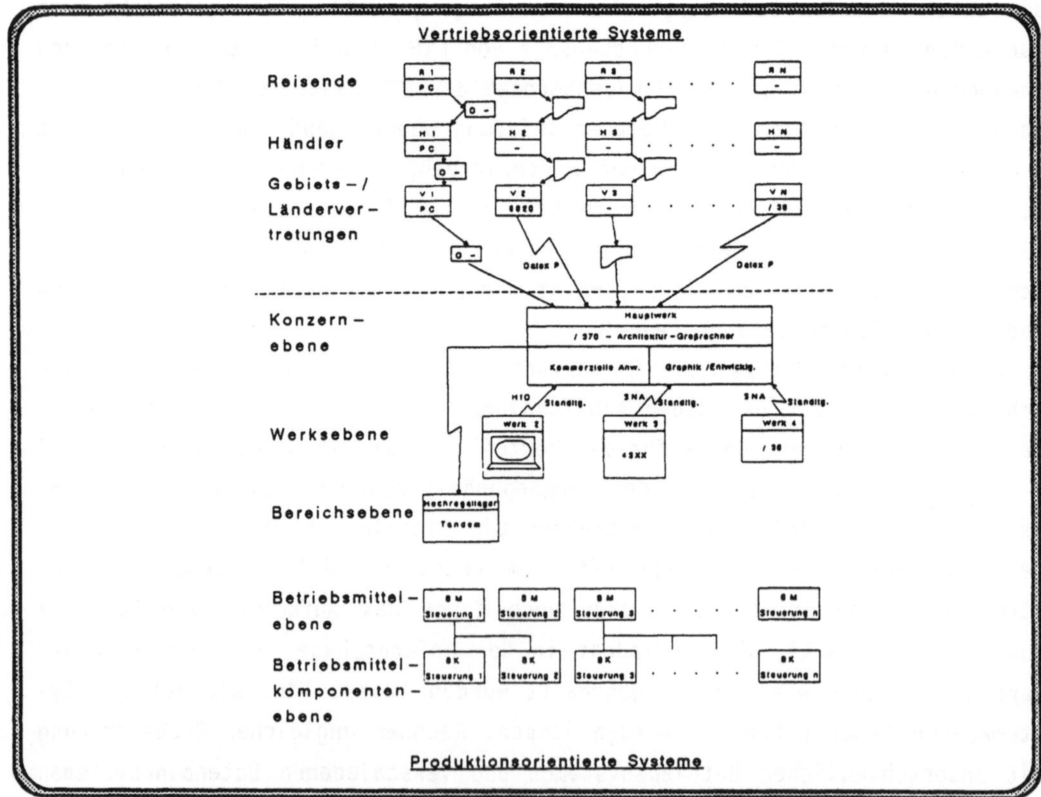

Abb. 7.3 Rechnerhierarchie im Beispielunternehmen

Den zweiten Komplex bilden die **produktionsorientierten Systeme**. Zentrum der gesamten Rechnerhierarchie sind die Konzernrechner (IBM /370-Architektur) in der Unternehmenszentrale. Auf dem kommerziellen Großrechner laufen neben den administrativen Anwendungen (Kostenrechnung, Finanzbuchhaltung, Personalabrechnung) alle Ergebnisse von Vertriebsaktivitäten (Kundenaufträge) zusammen und hier werden sie in Produktionsprogramme umgesetzt. Dabei übernimmt der Konzernrechner die planerischen Funktionen für die Zweigwerke mit. Sofern Zweigwerke über einen eigenen Werksrechner verfügen, erhalten sie ihr Produktionsprogramm über ein SNA-Rechnernetzwerk, andernfalls können sie per HfD-Leitung und Terminal die entsprechenden Funktionen auf dem Konzernrechner nutzen.

Graphisch orientierte Entwicklungsaufgaben werden zentral für das Gesamtunternehmen auf einem zweiten Konzern-Großrechner wahrgenommen. Eine automatisierte Geometriedatenübertragung zu den Tochterwerken ist derzeit noch nicht realisiert.

Alle übrigen Funktionen (Produktionssteuerung, CAP, CAM, CAQ) werden individuell und dezentral wahrgenommen, je nach Rechnerausstattung mehr oder weniger dv-unterstützt.

Den entwicklungsbedürftigsten Teil der Rechnerhierarchie stellt der Übergang von der planenden Konzern- und Werksebene zu den ausführenden Bereichs- und Zellenebenen dar, da der Informationsfluß bisher ausschießlich über Papierbelege und durch Zwischenschaltung von Personen realisiert wird.

7.1.2.2 Software-Systeme

Bei den Softwaresystemen muß in **Systemsoftware** und **Anwendungssoftware** unterschieden werden. Die Systemsoftware (Betriebssystem und Utilities) ist eng mit der Hardware verbunden, die sie steuert. Damit liegt meist mit der Wahl einer bestimmten Hardware auch die Systemsoftware fest.

Anders verhält es sich mit der Anwendungssoftware. Zwar baut auch die Anwendungssoftware auf der Systemsoftware auf, durch Einsatz von Softwareentwicklungstools, normierter Programmierung und Nutzung weitgehend hardwareunabhängiger Datenverwaltungs- und Programmiersysteme kann der enge Zusammenhang aber abgemildert werden. Diesen Effekt machen sich insbesondere die Anbieter von Standardsoftware zunutze, deren potentieller Käuferkreis umso größer ist, je größer die Zahl der Hardwaresysteme ist, auf denen ihr Produkt ablauffähig ist.

Ebenso wie die Hardwaresysteme ergibt sich auch bei den Softwaresystemen bei den meisten Unternehmen ein historisch gewachsenes Nebeneinander softwaretechnologisch unterschiedlicher Entwicklungsstände (Batch- und Dialog-Systeme), unterschiedlicher Herkunft (Eigenentwicklungen und Standardsoftware), unterschiedlicher Benutzeroberfläche und unterschiedlichen Funktionserfüllungsgrades in den einzelnen Anwendungsbereichen.

Ziel der Untersuchung der Software-Systeme ist es, die vorhandenen Systeme in solche zu unterscheiden, die den Anforderungen einer integrierten Softwarearchitektur genügen und solche, die entweder funktional unzureichend sind oder die unabhängig davon wie funktionsfähig sie noch sind, Insellösungen darstellen, die eine sinnvolle Gesamtlösung blockieren. Positiv wirken sich hier aus:

O das Vorhandensein eines einheitlichen Datenverwaltungssystems,

O das Vorhandensein einer einheitlichen Softwareentwicklungsumgebung,

O das Vorhandensein eines Datadictionary,

O der Einsatz von Standardsoftwaresystemen

O und hier insbesondere von Standardsoftwarefamilien.

7.1.2.3 Datenbasis

Die Ausprägung der Datenbasis ist mit das entscheidendste Kriterium beim Aufbau einer CIM-Architektur. Ziel sollte die Festlegung auf möglichst eine einheitliche und moderne Datenbasis (bspw. ein relationales Datenbanksystem) für alle Anwendungen sein. Nur so können die Daten- und Anwendungsintegration uneingeschränkt realisiert werden.
Dieser Forderung steht in der Realität aber die bereits geschilderte Heterogenität der Systeme entgegen. So bauen die älteren, oft selbstentwickelten Anwendungen zumeist auf einem klassischen Dateiverwaltungsverfahren (ISAM, VSAM) auf. Daneben existieren aber auch Standardsoftwaresysteme (oft für Finanzbuchhaltung, Personalabrechnung, CAD, ..), die wiederum über eigene Datenverwaltungssysteme verfügen. In fortschrittlichen Unternehmen werden zusätzlich Datenbanksysteme eingesetzt, auf denen die neueren Entwicklungen aufsetzen und die damit die dritte Kategorie von Datenmanagementsystemen bilden.
Da Anwendungssyteme und Datenbasis bei den vorhandenen Systemen kaum voneinander zu trennen sind, ist die einheitliche Datenbasis, außer durch einen völligen Neuaufwurf aller Systeme, nur schwer zu realisieren.

Selbst dann ergeben sich noch erhebliche Probleme dadurch, daß die Anforderungen der verschiedenen Applikationen sehr unterschiedlich sind. Kommerzielle Anwendungen bestehen im wesentlichen aus Text- und Zahleninformationen, die in verhältnismäßig kurzen, weil wenig interdependenten Einzeltransaktionen verarbeitet werden. Das Bearbeiten und Verwalten einer technischen Zeichnung erfordert dagegen umfangreiche Transaktionen, bspw. Rechenoperationen, um aus Grundkörpern und Parametern die entsprechenden Geometrieelemente zu erzeugen sowie Operationen, um die Interdependenzen zwischen den einzelnen Geometrieelementen abzubilden.

Das Fallbeispiel

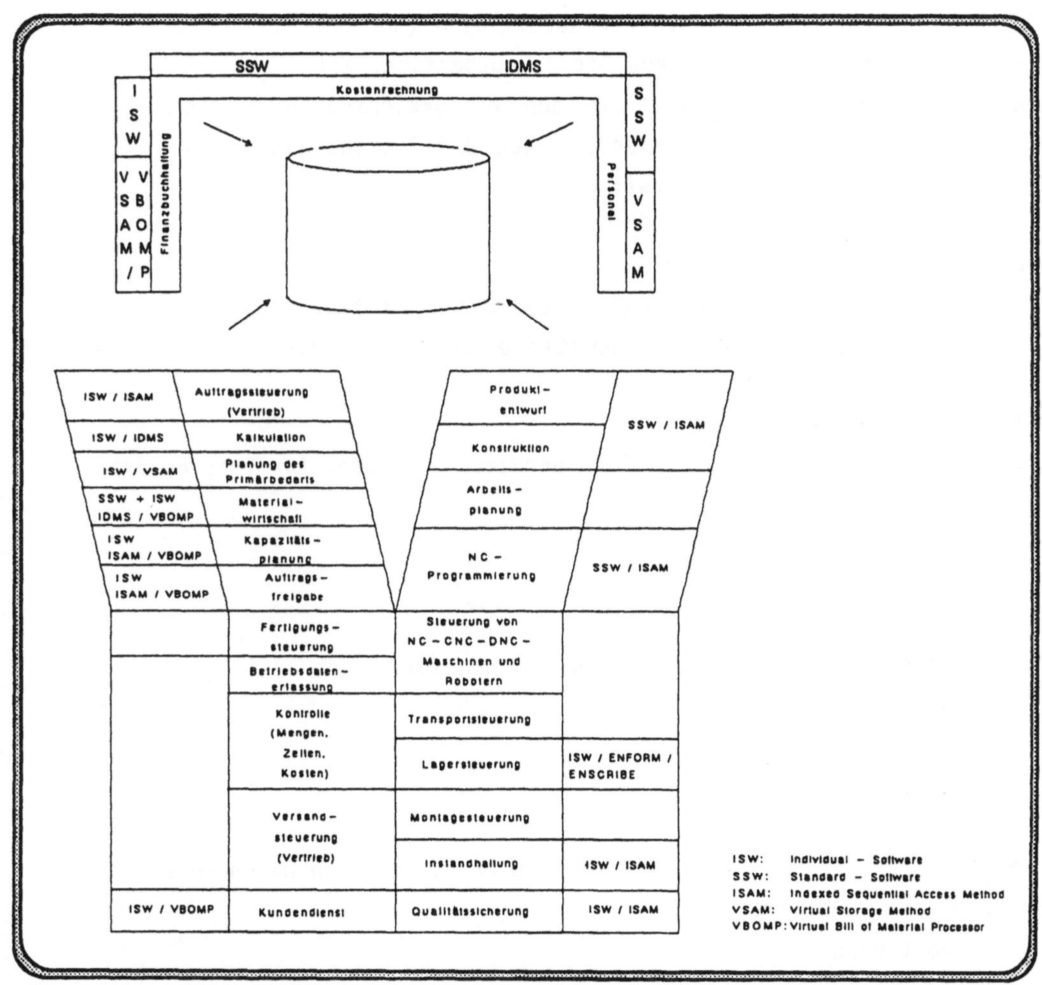

Abb. 7.4 Datenbasis im Beispielunternehmen

Da, wie geschildert, Datenbasis und Softwaresysteme direkt miteinander verbunden sind, werden sie an dieser Stelle auch zusammen abgehandelt. Dargestellt werden im Beispiel nur die "großen" Anwendungen (planungstechnische und geometrisch/technische Systeme), nicht die Vielzahl der Steuerungssysteme.

7.1.3 Bestandsaufnahme der DV-Durchdringung in den Anwendungsfunktionen

Neben der überblickartigen Analyse der im Einsatz befindlichen DV-Systeme muß auch eine Feinanalyse der Abäufe und Interdependenzen zwischen den Funktionsbereichen vorgenommen werden. Dazu eignen sich strukturierte Befragungen (Interviews), die unter ablauforganisatorischen Gesichtspunkten sowohl im EDV-Bereich, in den Fachabteilungen (Büro-Bereich, Betriebswirtschaft, Logistik, Planungs- und Steuerungsbereich, Konstruktion und Fertigungsvorbereitung,..) als auch in den produktionsnahen Bereichen (Werkstatt, Lager, Produktionslinien,..) den IST-Zustand ermitteln. Typische Fragenkomplexe beziehen sich auf:

O Organisatorische Daten

Wieviele Mitarbeiter sind in der Abteilung beschäftigt?

Welche Hauptaufgaben und Zuständigkeiten werden betreut?

....

O Inhaltliche Daten

Von welchen vorgelagerten Stellen erhalten Sie Daten für Ihre Arbeit?

- Vertrieb

- Kunden

- Konstruktion

- .....

In welcher Form liegen diese Informationen vor?

- Papier

- EDV-Listen

- Dateien

- ...

Welche Bearbeitungen (Tätigkeiten) führen Sie mit den Daten durch?

- Eingaben in DV-Systeme

- Auswertungen

- Ergänzungen

- ...

Welche Hilfsmittel benutzen Sie bei Ihrer Arbeit?
- Papier
- Zentrale DV-Systeme
- Arbeitsplatz-Computer
- ...

Wie arbeiten die DV-Systeme die Sie benutzen?
- Batch Betrieb
- Dialog Betrieb

Welche Arbeitsergebnisse geben Sie an nachgelagerte Stellen weiter?
- Aufträge an Produktionsplanung
- Einkaufsdaten an Einkauf
- NC-Programme an Fertigung
- ...

In welcher Form geben Sie Ihre Arbeitsergebnisse weiter?
- Papier
- Telefon
- Dateien
- Lochstreifen
- ...

Die Ergebnisse der IST-Erhebungen werden dazu genutzt, mittels Vorgangs-kettendiagramm-Technik Abläufe darzustellen und Brüche aufzuzeigen, die sich aufgrund des Wechsels zwischen manueller und EDV-unterstützter Bear-beitung (unterschieden in Batch- und Dialogverarbeitung) und zwischen un-terschiedlichen EDV-Systemen ergeben. Dadurch wird es möglich, Doppelerfas-sungen von Daten, redundante Bearbeitungsvorgänge und Datenspeicherung so-wie zeitliche Verzögerungen innerhalb von Vorgängen zu erkennen. Dies ist besonders in denjenigen Fällen von Bedeutung, in denen zwar innerhalb von Funktionalbereichen und DV-Systemen eine optimale Ablauforganisation besteht, diese sich aber nicht über Abteilungs- bzw. Systemgrenzen hinweg fortsetzt.

Ein weiteres Ergebnis ist die Erhebung von Anforderungen, die sich aus der Detailanalyse ergeben. Sie spielen bei der Verwicklichung der CIM-Konzep-tion in der Realisierungsphase eine entscheidende Rolle; sei es als Anfor-derungskatalog für die Eigenentwicklung von Software oder zur Alternativen-bewertung von Standardsoftware.

Das Fallbeispiel

Da es an dieser Stelle nicht von Interesse ist, die Ergebnisse aller notwendigen Einzeluntersuchungen wiederzugeben, soll das Vorgehen an einem Ablaufkettendiagramm erläutert werden, wie es aufgrund einer Ablaufuntersuchung - hier in der Materialwirtschaft - erstellt wurde (vgl. Abb. 7.5). An diesem Beispiel läßt sich sehr gut das Ziel abteilungsübergreifender Ablaufuntersuchungen zeigen, weil die Brüche **zwischen** den Einzelsystemen auftreten.

Der Bereich Materialwirtschaft umfaßt die Teilsysteme:
O Disposition
O Einkauf
O (Automatisches) Lager
O Rechnungsprüfung.

Schwachstellen liegen vor allem in dem mehrfachen Wechsel der Systeme und den dadurch erforderlichen Konvertierungen von einem Datenverwaltungssystem zum anderen. Das Vertriebssystem basiert auf VSAM Dateien; das Dispositionssystem organisiert seine Daten im VBOMP; das Einkaufssystem ist wieder in VSAM realisiert und die Verwaltung des automatischen Hochregallagers erfolgt mit dem Datenbanksystem ENFORM/ENSCRIBE. Dabei sind Datenkonvertierungen wegen der Rechnerbelastung durch Konvertierungsläufe zwar unschön, wenn sie oft genung durchgeführt werden, so daß kein Aktualitätsverlust auftreten kann, aber akzeptabel.

Schwerwiegender sind die Datenredundanzen in den verschiedenen Systemen. So werden bspw. Teile-Informationen sowohl im VBOMP als auch in VSAM verwaltet. Diese Trennung resultiert im untersuchten Unternehmen daraus, daß mit dem Einsatz eines neuen Einkaufsystems alle von diesem Zeitpunkt an hinzukommenden Einkaufsteile mit dem neuen Datenverwaltungssystem (VSAM) verwaltet wurden.

Die in den "Altdaten" enthaltenen Einkaufsteile, die wegen ihrer speziellen Struktur und Einbindung in andere Programmsysteme nicht übernommen werden konnten, werden manuell aus Dispositionslisten ermittelt und in das Einkaufssystem eingegeben.

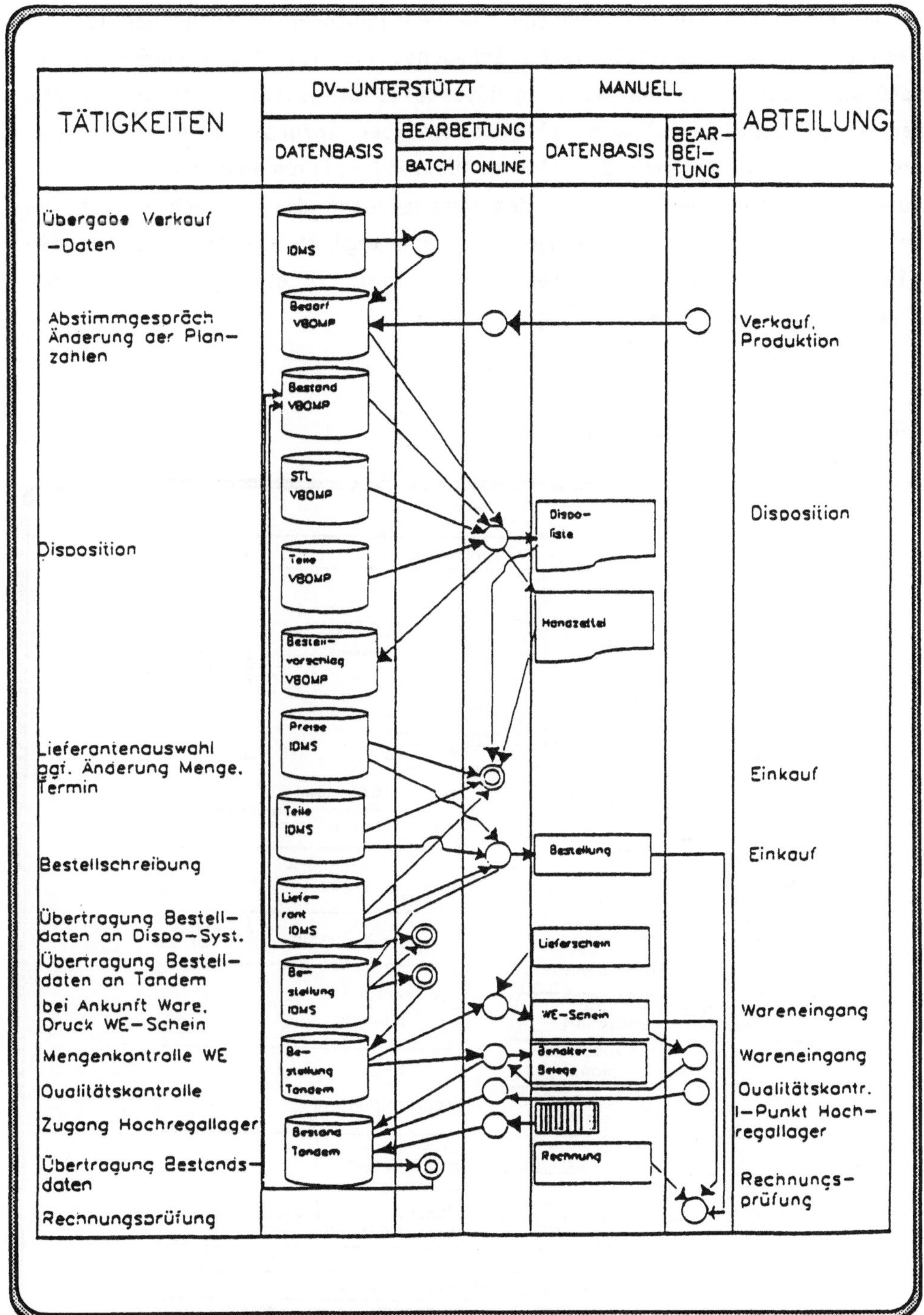

Abb. 7.5 Ablaufkettendiagramm Materialwirtschaft

So ergibt sich aus der fehlenden systemtechnischen Integration von
Dispositions- und Einkaufssystem ein gravierender ablauforganisatorischer

Bruch, der nur durch die Zwischenschaltung von Personen überbrückbar ist. Eine weitere ablauforganisatorische Schwachstelle ist die manuelle Rechnungsprüfung, durch die der sonst größtenteils DV-gestützte Ablauf unterbrochen wird. Dabei existieren alle notwendigen Informationen im System. Aus dem Einkaufssystem sind Bestellung (Bestellposition und Menge), Lieferant und Konditionen bekannt, aus dem Wareneingang die tatsächlich gelieferten und für gut befundenen Mengen. Es wäre möglich aus diesen Daten die für die Rechnungsprüfung relevanten Informationen zu erzeugen und automatisch gegen die Lieferantenrechnung zu prüfen.

7.1.4 Analyse der laufenden Projekte

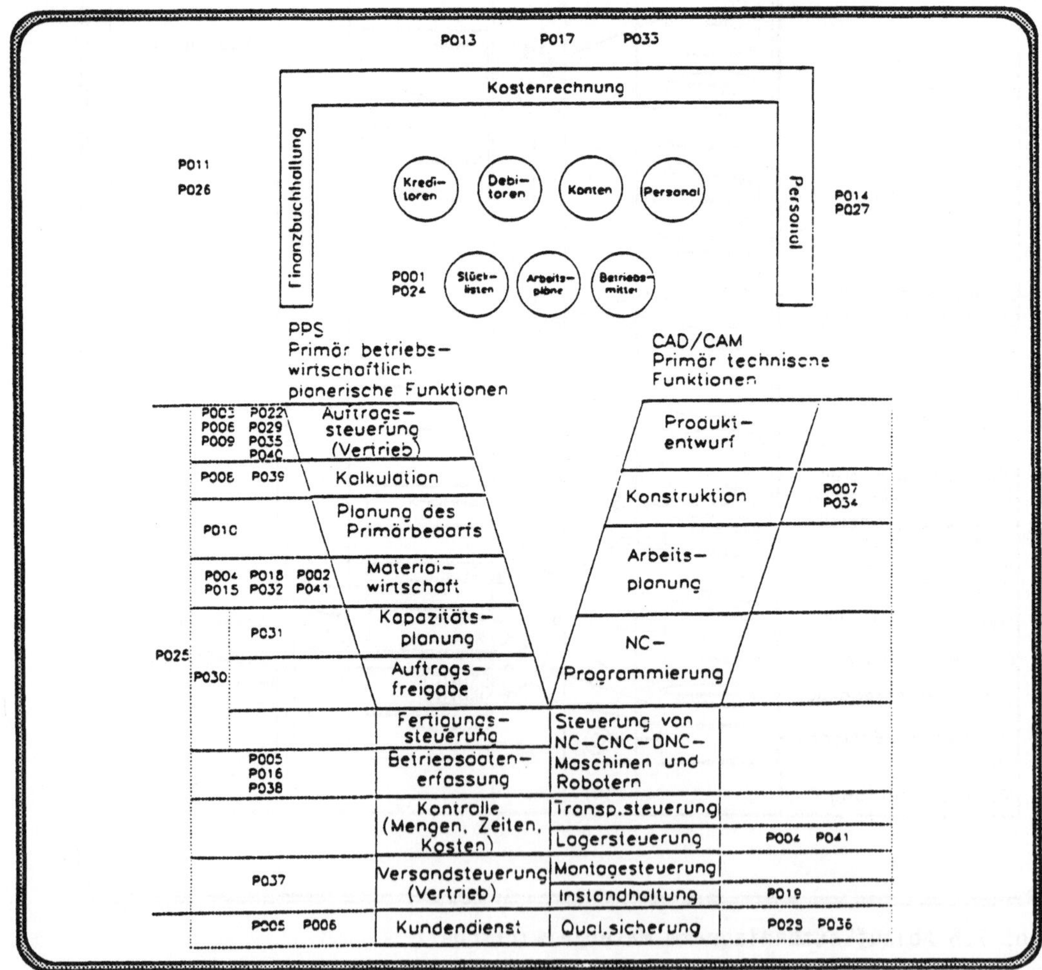

Abb. 7.6 Projektverteilung im Beispielunternehmen

Aufschlußreich ist auch die Analyse der laufenden EDV-Projekte innerhalb eines Unternehmens. Im vorliegenden Fall waren im Hauptwerk 41 Projekte gleichzeitig aktiv, die in Abb. 7.6 den CIM-Teilbereichen zugeordnet sind. Durch die Darstellung wird deutlich, wo Schwerpunkte liegen, wo Interdependenzen zu anderen Projekten bestehen und wo damit Weichenstellungen vorgenommen werden, die eine CIM-Gesamtkonzeption entscheidend beeinflussen. Darüberhinaus wird transparent, an wievielen Stellen gleichzeitig an den Informationssystemen gearbeitet wird.

7.2 BEWERTUNG DER IST-SITUATION

Nach der Durchführung der detaillierten Analysen ist es erforderlich, die Vielzahl der Einzelergebnisse entscheidungsorientiert zusammenzuführen. Zur Darstellung wird das bisher benutzte neutrale "Y" unternehmensspezifisch angepaßt. Neben den Besonderheiten der jeweiligen Unternehmens- bzw. Produktionsstruktur und der damit korrespondierenden Hardwarestruktur ist vor allem die Erkenntnis wichtig, in welchen Bereichen eine für ein CIM-Konzept ausschlaggebende DV-Durchdringung in welchem Ausprägungsgrad vorliegt. Dabei bedeuten die in Abb. 7.7 unterschiedlich schraffierten Funktionen, die unterschiedlich intensiven Durchdringungsgrade. Die Wertung wird anhand der Kriterien:

O Abdeckung des funktionalen Umfangs,
O Komfort der EDV-Lösung,
O Integration bzw. Integrationsfähigkeit zu anderen CIM Bereichen,
vorgenommen.

Es muß allerdings beachtet werden, daß ein nicht markierter Bereich nicht in jedem Fall negativ zu werten sein muß, denn nicht jeder DV-unterstützbare Bereich muß auch für jedes Unternehmen von Bedeutung sein. Als Beispiel sei die Kapazitätsplanung im Sinne einer Kapazitätsterminierung und eines Kapazitätsabgleiches angeführt. Während bei einer festen Vertaktung von Montagebändern (wie im Beispielunternehmen im Hauptwerk) auf diese Funktionen verzichtet werden kann, können sie im Bereich der Werkstattfertigung (wie im Beispielunternehmen in den Zweigwerken) von entscheidender Bedeutung sein.

Das Fallbeispiel

Betrachtet man Abb. 7.7 wird auf den ersten Blick erkennbar, daß die DV-Unterstützung in den einzelnen CIM-Bereichen unterschiedlich intensiv ist. Die Wertung kann beispielhaft anhand der Materialwirtschaft (Ablaufdarstellung im Gliederungspunkt 7.1.3.) nachvollzogen werden. Eine funktionale Abdeckung ist - mit Abstrichen - gegeben. Es existieren Systeme für Disposition, Einkauf und Lagerverwaltung. Lediglich die Rechnungsprüfung erfolgt manuell. Der Komfort der EDV-Lösung ist befriedigend, da alle für den Benutzer relevanten Funktionen online abgewickelt werden können. Lediglich die Konvertierungen von einem System zum anderen erfolgen als Batch-Läufe, was den Endbenutzer bei seiner Arbeit aber nicht behindert. Als noch unzureichend ist die Lösung unter dem Integrationsaspekt zu bewerten, da mehrere Datenbasen und Systeme für eine Funktion verwendet werden.

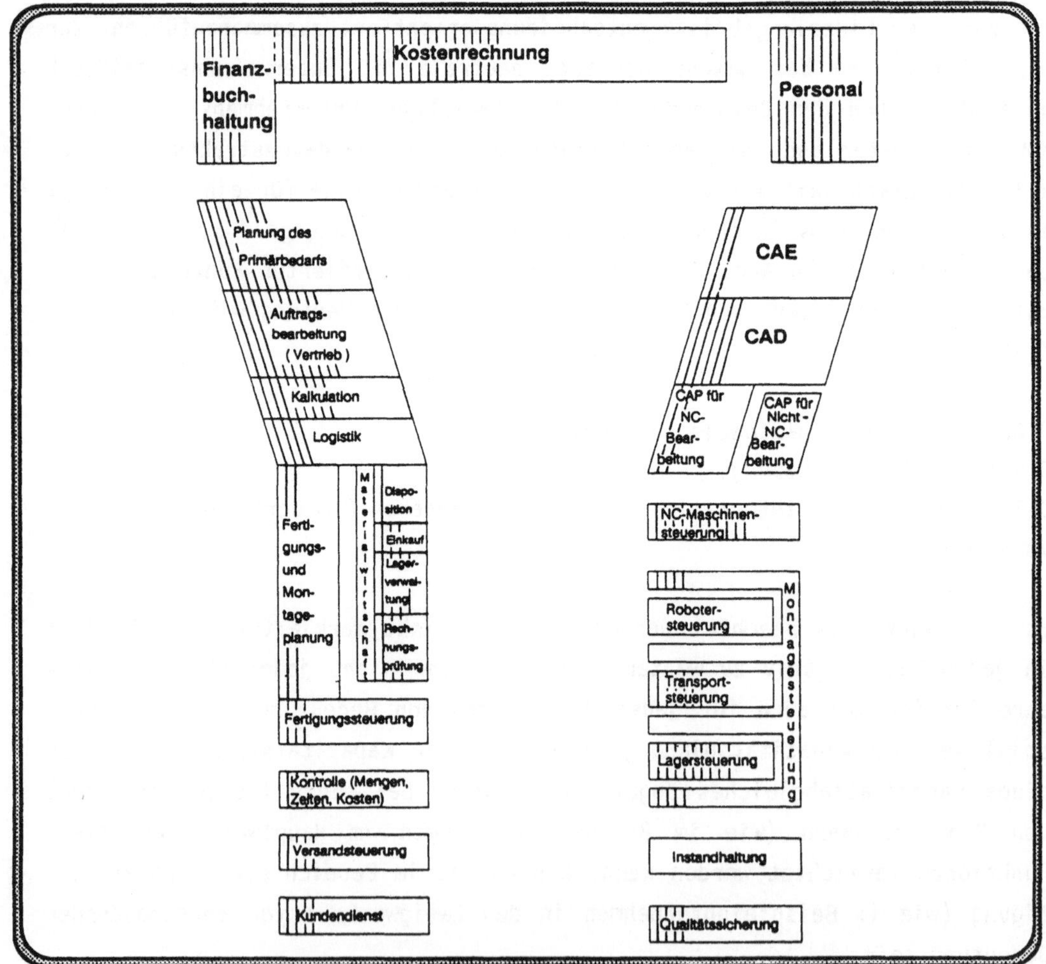

Abb. 7.7 Darstellung der DV-Durchdringung in den CIM-Bereichen

Einen ersten Integrationsansatz stellt allerdings die Verbindung des automatischen Hochregallagersystems zur Materialwirtschaft und hier speziell zur Lagerbestandsführung dar (der Lagerspiegel wird in festen Zeitabständen automatisch an das Materialwirtschaftssystem übertragen). Entsprechend kommen die Bewertungen der übrigen Bereiche zustande.

Faßt man die Ergebnisse der Analyse der Softwaresysteme zusammen, gelangt man zu folgenden Aussagen:
Die primär betriebswirtschaftlich planerischen sowie die administrativen Funktionen sind in den meisten Bereichen EDV-unterstützt. Allerdings handelt es sich zu einem großen Teil um ältere Systeme, die batch-orientiert und vom Komfort her verbesserungsbedürftig sind. Bis auf einige Batch-Schnittstellen handelt es sich um Insellösungen. Die Abdeckung einer Funktion stand bei allen Entwicklungen mehr im Vordergrund, als die Integration im Sinne einer CIM-Gesamtkonzeption. Eine Verbesserung ist hier dringend erforderlich.
Darüberhinaus zeigt auch die Analyse der Unternehmensgegebenheiten, daß die vorhandenen Systeme die gestiegenen Anforderungen wie:
O größere Produktions-Flexibilität,
O vergrößertes zu disponierendes Teilespektrum,
O produktionssynchrone Anbindung interner und externer Lieferanten,
O und damit Senkung der Lagerbestände
funktional nichtmehr hinreichend abdecken.
Auch die Heterogenität der Datenbasis und der nur geringe Anteil an Standardsoftware sind als verbesserungsbedürftig anzusehen.
Mehr noch als die verwaltenden Funktionen zeichnen sich die primär technisch orientierten Systeme durch eine relativ geringe EDV-Durchdringung aus. Zwar existieren in der Konstruktionsabteilung CAD-Systeme, jedoch sind Schnittstellen zur Stücklistenübertragung oder NC-Programmierung noch nicht realisiert. Hier liegt ebenfalls ein erhebliches Rationalisierungspotential brach. Isolierte Systeme übernehmen auch die Steuerung von NC-Maschinen, Robotern sowie Lager- und Transportsystemen. Durch die enge Vertaktung in der Montage ist dieser Zustand aber tolerabel.

Die Analyse der laufenden Projekte ergibt Entwicklungsschwerpunkte in den Bereichen Auftragssteuerung/Vertrieb, Materialwirtschaft und Betriebsdatenerfassung (BDE), während die geometrisch/verfahrenstechnischen Systeme sowohl in der Vergangenheit als auch zum Zeitpunkt der IST-Aufnahme weitgehend unbeachtet sind.

7.3 FESTLEGUNG VON ANWENDUNGSFELDERN MIT HOHER STRATEGISCHER BEDEUTUNG

Aus der Analyse und überblickartigen Bewertung der IST-Situation bezüglich der DV-Durchdringung gilt es im nun folgenden Schritt zukünftige Entwicklungsschwerpunkte abzuleiten und eine Priorisierung der Weiterentwicklung der Informationsverarbeitung in Richtung CIM vorzunehmen.

Als Instrument dient hier das **CIM-Unternehmensprofil** (vgl. Abb. 7.8). Dieses wird in mehreren Schritten erstellt. Ziel des ersten Schrittes ist die Erstellung eines **unternehmensspezifischen CIM-Idealprofils**, das die wünschenswerte Ausprägung verschiedener CIM-Komponenten und damit deren strategische Bedeutung zum Ausdruck bringt. Als Beurteilungskriterien dienen die in den vorstehenden Kapiteln aufgezeigten CIM-Teilstrategien. Der Detaillierungsgrad kann dabei beliebig fein ausgeführt sein. Grundsätzlich wird jedoch zu diesem frühen Zeitpunkt der Systementwicklung ein relativ grobes Raster für ausreichend erachtet.

Im nächsten Schritt wird diesem Idealprofil ein **bewertetes Istprofil** mit den tatsächlichen Ausprägungen der CIM-Komponenten gegenübergestellt.

Die Bewertung der aufgeführten Kriterien kann leicht anhand der in den Istanalysen erhobenen Vorgangsketten, insbesondere den auftretenden Brüchen geschehen und durch Expertenurteile aus den betroffenen Abteilungen untermauert werden. Werden mehrere Experten mit der Bewertung betraut, bietet sich als systematisches Instrument die Variation einer Nutzwertmatrix an.

Anhand der Differenzen und unter Einbeziehung von Branchen- und Wettbewerbsanalysen können das relative CIM-Niveau sowie Stärken und Schwächen der CIM-Position des betrachteten Unternehmens aufgezeigt und ein eventueller CIM-Vorsprung oder Nachholbedarf abgeleitet werden.

Dort, wo die Differenz zwischen der optimalen Ausprägung für das Unternehmen (punktierte Fläche in Abb. 7.8) und der tatsächlichen Ausprägung (dunkle Fläche in Abb. 7.8) besonders groß ist, befinden sich die wichtigsten strategischen Entwicklungsfelder.

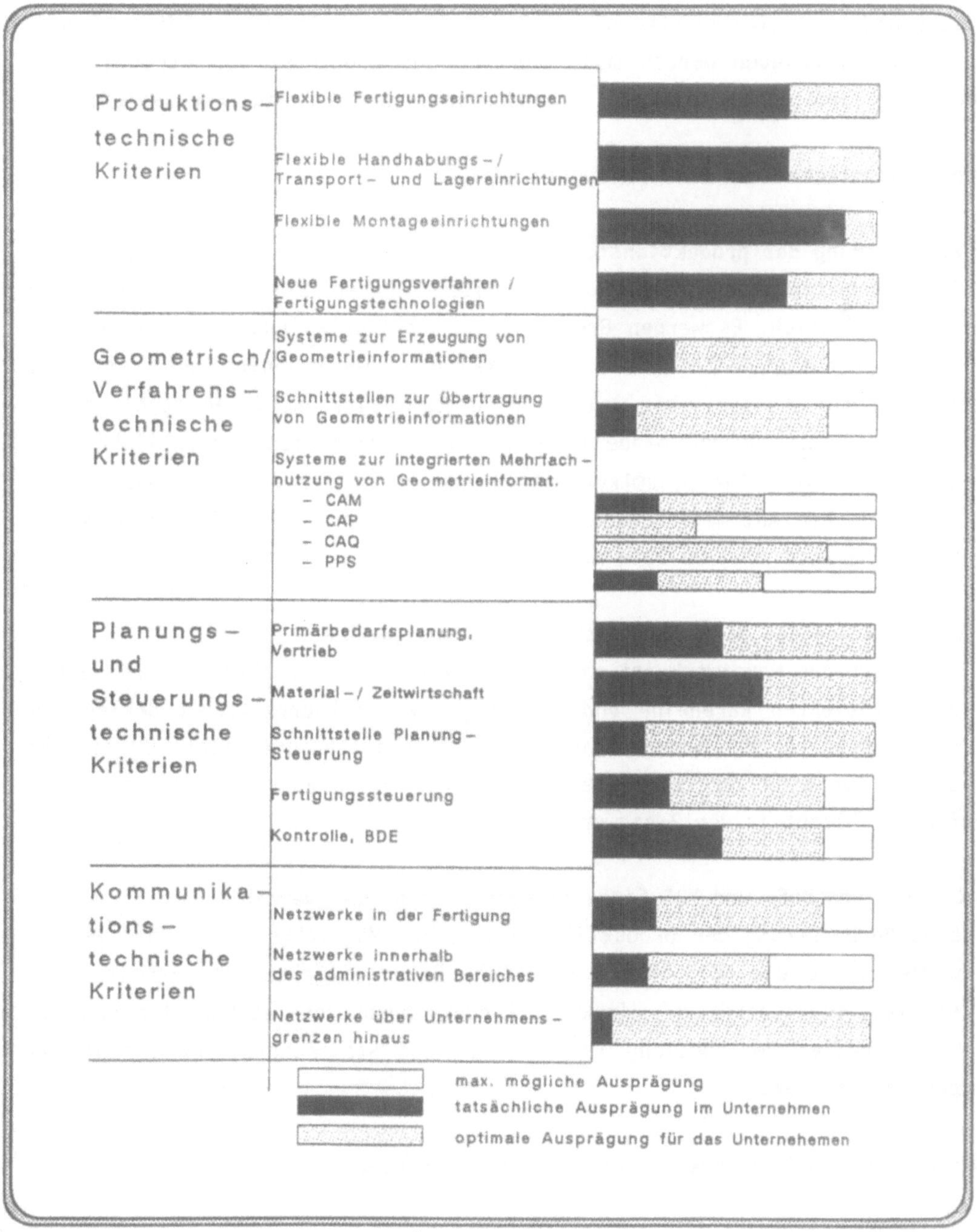

Das Fallbeispiel

Abb. 7.8 CIM-Unternehmensprofil

Als Ergebnis der IST-Analyse im hier zugrundegelegten Beispielunternehmen ergibt sich, daß zusätzlich zu der bisherigen Unterteilung in produktionstechnische, geometrisch/verfahrenstechnische, planungs- und steuerungstechnische und kommunikationstechnische Kriterien, noch in solche Entwicklungsfelder unterschieden werden muß, die für das Hauptwerk von strategischer Bedeutung sind und in solche, die ausschließlich die Zweigwerke betreffen.

Produktionstechnische Entwicklungsfelder

O **Verbesserung der produktionstechnischen Möglichkeiten in den Zweigwerken**
Die produktionstechnischen Möglichkeiten in den Zweigwerken sind sehr unterschiedlich. Es werden Großserien, Mittelserien und Kleinserien parallel gefertigt, für die unterschiedliche Technologien zur Verfügung stehen. Die Großserie mit weitgehend automatisierten Linien steht im Gegensatz zu weitgehend manuell ablaufenden Kleinserien. Wesentlicher Bestandteil einer CIM-Gesamtkonzeption ist daher die Anhebung des durchschnittlichen Automatisierungsgrades, wobei auch die flexible Abwicklung kleiner Serien möglich sein muß.

O **Verbesserung des Materialflusses in den Zweigwerken**
Lediglich das Hauptwerk ist mit einem automatischen Hochregallager, einem automatisierten Warenein- und -ausgang sowie Schleppkettenförderern und Hängebahnen für den innerbetrieblichen Transport ausgestattet. Dringender Bedarf für eine vergleichbare Ausstattung - wenn auch in geringerem Umfang - besteht in den Zweigwerken.

O **Einsatz von BDE- und MDE-Einrichtungen in den Zweigwerken**
Eine Verbesserung der produktionstechnischen Möglichkeiten in den Zweigwerken würde die Möglichkeit schaffen, Daten (Stückzahlen, Arbeitsfortschritt, Qualitätsdaten) direkt im Produktionsprozess abzugreifen und zur zeitaktuellen Verarbeitung im Planungs- und Steuerungssystem zur Verfügung zu stellen.

Geometrisch/verfahrenstechnische Entwicklungsfelder

O **Verstärkte CAD-Anwendung im Hauptwerk**
Obwohl die Nutzung geometrieerzeugender Systeme für das betrachtete Unternehmen in der Vergangenheit geringe Priorität besaß, läßt diese Teilkette erhebliche wirtschaftliche Nutzeneffekte erwarten.

Gerade im Bereich der Produktentwicklung könnte durch die EDV-Unterstützung zur Variantentechnik und ein integriertes Klassifizierungssystem die Variantenflut bereits im Entwicklungsprozeß gestoppt werden.

O Realisierung der CAD/NC-Verfahrenskette in den Zweigwerken

Ein Lösungsansatz, auch kurzfristige, vom Hauptwerk oder von Kunden geforderte Liefertermine einhalten zu können, ist die Verbesserung der produktionstechnischen Möglichkeiten. Mit der Erhöhung der "Intelligenz" der Fertigungseinrichtungen sind dann auch die Voraussetzungen zur Erhöhung der Flexibilität durch Realisierung vollständiger geometrisch/verfahrenstechnischer Teilketten geschaffen.

O Realisierung der CAD-PPS-Kopplung im Hauptwerk

Die Verstärkung des CAD-Einsatzes in allen Konzernbereichen kann aktiv dadurch unterstützt werden, daß alle möglichen Nutzeneffekte ausgeschöpft werden. Dazu gehört auch die Ableitung von Stücklisten aus dem CAD-System und die Übertragung an das neu zu schaffende PPS-System.

Planungs- und -steuerungstechnische Entwicklungsfelder

O Realisierung einer durchgängigen PPS-Konzeption im Hauptwerk

Aufgrund der speziellen Gegebenheiten im Hauptwerk (Montageorientierter Großserienfertiger, viele interne und externe Lieferanten, hoher Automationsgrad) erscheint eine Funktionsintegration vom Auftragseingang bis zur Fertigung mit einer durchgängigen Verfolgung der logistischen Kette am dringendsten geboten. Daher steht weniger die Steuerung einzelner Arbeitsgänge als die terminlich exakte Bereitstellung benötigter Materialien, die Aufrechterhaltung und Verfolgung des Materialflusses und die stockungsfreie Qualitätskontrolle im Mittelpunkt.

O Volle Integration von Lieferanten in den Produktionsprozeß

Wenn die Ziele einer Senkung der Lagerbestände und damit der Lagerkosten und des gebundenen Kapitals, ebenso wie eine Erhöhung der Lieferbereitschaft und Reaktionsgeschwindigkeit auf Marktveränderungen erreicht werden sollen, müssen interne und externe Lieferanten vollständig in den Produktionsprozeß integriert werden. Voraussetzung sind geeignete Planungs- und Steuerungssysteme ebenso wie entsprechende Kommunikationseinrichtungen. Im vorliegenden Fall erscheint eine Kombination von konventionellen Planungsfunktionen (Primärbedarfsplanung, Vertrieb, Mate-

rialwirtschaft, Auftragsfreigabe) und Fertigungs- und Lieferantensteue-
rung über Fortschrittszahlen die beste Lösung zu sein.

O Volle Integration der administrativen Anwendungen
Bei den administrativen Anwendungen wie Kostenrechnung, Finanzbuchhaltung, Anlagenbuchhaltung, Personal, Projektverwaltung,.. sind durch eine
vollständige Datenintegration der Systeme untereinander und zu den neu zu
konzipierenden Planungs- und Steuerungssystemen erhebliche Verbesserungen
zu erzielen. Die administrativen Systeme müssen so beschaffen sein, daß
sie sowohl die Anforderungen des Hauptwerkes als auch der Zweigwerke
gleichermaßen erfüllen. Dies kann besonders gut durch Standardsoftwarefamilien geschehen.

O Eigenständige, aber abgestimmte Planungssysteme in den Zweigwerken
Unter der Voraussetzung, daß der technische Stand der Produktionsmittel
gezielt angehoben wird, können die **technischen Durchlaufzeiten** für fast
alle Aufträge in den Bereich weniger Tage gesenkt werden. Damit aber die
notwendigen Aufträge zusammen mit dem richtigen Material auch für kleine
und kleinste Losgrößen zur rechten Zeit in der Produktion sein können,
müssen geeignete Planungs- und Steuerungssysteme implementiert werden,
die sich erheblich von dem im Hauptwerk unterscheiden. Dennoch müssen
beide aufeinander abgestimmt sein.

Kommunikationstechnische Entwicklungsfelder

O Schnellere Kommunikationsverbindungen innerhalb des Konzerns
Schnelle Planungssysteme und kurze Reaktionszeiten der Fertigung erfordern eine schnelle Informationsübertragung. In den Zweigwerken ist dies
insbesondere für Zwecke der Auftragsübergabe (wegen der Eilaufträge), in
der Materialwirtschaft (aktuelle Lagerbestände) und im Rückmeldewesen
(Stand der Fertigungsaufträge, Stückzahlen) der Fall. Nur eine übergreifende Netzkonzeption, die notfalls auch den direkten Durchgriff der Unternehmenszentrale in die Planungssysteme der Zweigwerke ermöglicht, kann
hier eine ausreichende Geschwindigkeit der Informationsübertragung gewährleisten.

O Einsatz überbetrieblicher dv-gestützter Kommunikationsnetze

Die Anforderungen bezüglich der Schnelligkeit der innerbetrieblichen Informationsübertragung gelten in ähnlicher Weise für die Einbindung externer Lieferanten in den Produktionsprozeß. Allerdings ist die Kopplung der jeweiligen Informationssysteme zwischen externem Lieferant und Abnehmer, nicht zuletzt aus Sicherheitsaspekten, entsprechend lose zu gestalten.

O Einsatz von Netzwerken im Fertigungsbereich der Zweigwerke

Zur Herstellung variabler Produktionsprogramme müssen eine Vielzahl von Fertigungseinrichtungen eingesetzt werden, die zur kostengünstigen und schnellen Abwicklung informationstechnisch miteinander verbunden werden müssen. Da die produktionstechnischen Möglichkeiten in den Zweigwerken ohnehin auf den neuesten Stand gebracht werden sollen, bietet sich mit diesem Neuaufwurf eine ideale Möglichkeit der Realisierung einer durchgängigen Kommunikationsarchitektur.

7.4 ABLEITUNG STRATEGISCHER ENTSCHEIDUNGEN FÜR DIE DV-INFRASTRUKTUR

Die IST-Analyse und die Festlegung von strategischen Anwendungsfeldern erfordern Grundsatzentscheidungen im DV-Bereich. Darunter sind Infrastrukturentscheidungen zu verstehen, die für die Entwicklung aller funktionalen Teilkonzepte von grundlegender Bedeutung sind, wie

O die Aufgabenverteilung in der zu errichtenden Rechnerhierarchie,
O die Frage der einzusetzenden Software unter Berücksichtigung am Markt
   angebotener Standardsoftware(familien),
O die für zukünftige Anwendungen einzusetzende Datenbankarchitektur.

7.4.1 Rechnerhierarchie und Aufgabenverteilung

Der Stand der Rechnerverteilung wurde im Rahmen der IST-Analyse erhoben. In dieser Phase müssen klare und langfristig verbindliche Entscheidungen für eine bestimmte Rechner- und Kommunikationsarchitektur getroffen werden. Diese sind ebenso an:

O **funktionalen** ("Der richtige Rechner für die richtige Aufgabe"; "Rechner-
   typ "paßt" in die Gesamtarchitektur"), wie an
O **strategischen** Aspekten ("Der richtige Hersteller mit den besten langfri-
   stigen Perspektiven sowohl für Hard- als auch für Software") wie auch an
O **Kosten**gesichtspunkten zu orientieren.

Sehr eng mit der zugrundeliegenden Rechnerarchitektur ist auch die Frage
der Daten- und Anwendungsarchitektur verbunden. Dabei sind vor allem die
folgenden Fragen von Interesse:

O Welche Programme sollen auf welcher Rechnerarchitektur bzw. auf welcher
   Architekturstufe betrieben werden?
O Zwischen welchen Anwendungen müssen mit welcher Priorität Kommunikations-
   verbindungen geschaffen werden?
O Welche Datenbestände sind welchen Rechnern zuzuordnen und auf welchen
   Rechnern werden evtl. redundant zu haltende Datenbestände anderer Systeme
   gepflegt? Diese Datenlokalisierung ist unter den Gesichtspunkten Daten-
   sicherheit, Datenintegrität, Verfügbarkeit, Rechner- und Netzbelastung
   sowie Performance zu optimieren.
O Wie kann der Ausfall einzelner Systeme mit möglichst geringen Einbußen in
   Bezug auf die Funktionsfähigkeit des Gesamtsystems abgefangen werden?

Das Fallbeispiel

Im Beispielunternehmen fiel aufgrund der bereits bestehenden Voraussetzungen die Wahl auf eine IBM-Architektur für Konzern und Werksrechner, während
für die Bereichsebene wegen ihrer besonderen Ausfallsicherheit TANDEM-
Rechner ausgewählt wurden.
Als Kommunikationsnetz wurde die bereits im Einsatz befindliche SNA-Kon-
zeption fixiert.

Für die vertriebsorientierten Systeme wurden je nach Kapazitätsbedarf der
Einheiten (Gebiets- oder Ländervertretungen) IBM-Rechner vom Typ /36 (kleinere Systeme) und /38 (größere Systeme), wobei zumindest die kleineren Systeme aufwärtskompatibel sind, festgelegt. Für die kleinsten Kommunikati-
onseinheiten (Händler, Vertreter) wurden stationäre PC's oder tragbare Er-
fassungsgeräte ausgewählt. Nur für die größeren Systeme wurden Möglichkeiten vorgesehen über DFÜ, d.h. unter Nutzung des DATEX-P Dienstes der Post,

Kommunikation mit dem zentralen Konzernrechner zu betreiben. Der Informationstransfer von den kleinen Systemen soll über Disketten bzw. durch Datenübermittlung per Akkustikkoppler und Telefonleitung abgewickelt werden.

Neu hinzugekommen ist eine dritte Gruppe von Kommunikationspartnern, die externen Lieferanten, die direkt an den Zentralrechner angeschlossen werden. Da das zu übertragende Informationsvolumen pro Teilnehmer auf absehbare Zeit nicht allzu groß sein dürfte, (Fortschrittszahlen, Lieferabrufe, Rechnungsdaten,..) entschied man sich für ein DFÜ-Konzept wie es auch in der Automobilindustrie zu diesem Zweck eingesetzt wird (vgl. Gliederungspunkt 6.4.2.1).

7.4.2 Softwarearchitektur

Zu diesem Punkt der Rahmenplanung müssen Aussagen gemacht werden zu den Fragen:
O welche existierenden Moduln ersetzt werden müssen,
O welche unverändert in das CIM-Gesamtkonzept passen,
O welche adaptiert werden müssen,
O ob Standardsoftware unverändert oder adaptiert eingesetzt oder
O ob und in welchen Bereichen Eigenentwicklungen notwendig sind.

Hierbei sollte insbesondere dem Aspekt am Markt verfügbarer Standardsoftware Beachtung geschenkt werden. Standard-Anwendungssoftware ist dadurch gekennzeichnet, daß sie von vorneherein für einen breiten Benutzerkreis und ohne Einschränkung an eine individuelle Anwendung konzipiert ist (vgl. FRANK[1]). Durch Modularisierung und individuell gestaltbare Schnittstellen kann dennoch eine gute Anpassung an spezielle Unternehmensgegebenheiten erreicht werden.

Die grundsätzlichen Vorteile von Standardsoftware wie:
O günstige Anschaffungskosten im Vergleich zu Eigenentwicklungen,
O sofortige Verfügbarkeit und damit Zeitersparnis,
O Entlastung der Entwicklungskapazitäten der eigenen DV-Abteilung,
O Benutzerfreundliche und umfangreiche Dokumentation,
O Wartung und Weiterentwicklung durch den Anbieter,
O Anwenderschulung und Beratung
sind hinlänglich bekannt (vgl. HANSEN et al.[2], HORVATH et al.[3]).

Sie dürfen jedoch nicht darüber hinwegtäuschen, daß Integration mit einer Mischung aus mehreren Standardsystemen nur sehr aufwendig erreicht werden kann. Daher bieten sich insbesondere bei der Realisierung von CIM-Systemen **Standardsoftwarefamilien** an. Die wesentlichen Vorteile bestehen in:

O einem einheitlichen Konzept für den Aufbau der Datenbasis,

O einheitlichen Abläufen in allen Bereichen,

O einheitlichen DV- und Benutzerschnittstellen,

O einheitlichen Vorgehensweisen bei Installation, Dokumentation, Schulung.

Dabei sollte diese Einheitlichkeit, wenn die grundsätzliche Linie der Anwendung mit dem Softwareprodukt übereinstimmt, schwerer gewichtet werden, als die Erfüllung einzelner spezifischer Anforderungen. Die Vorteile einheitlicher Systeme können dabei so groß sein, daß auch noch funktionsfähige vorhandene Moduln im Rahmen eines Neuaufwurfes abgelöst werden, da der Aufwand für die Schaffung von Schnittstellen größer wäre als die Ablösung durch ein neues Softwarepaket.

Beispiele für integrierte Standardsoftwarefamilien sind die "Rx"-Produktpalette der Firma SAP (Walldorf) (vgl. Abb. 7.9) oder die "Ixx"-Produktpalette der Firma ADV-Orga (Wilhelmshafen) für die meisten betriebswirtschaftlichen Anwendungsfunktionen.

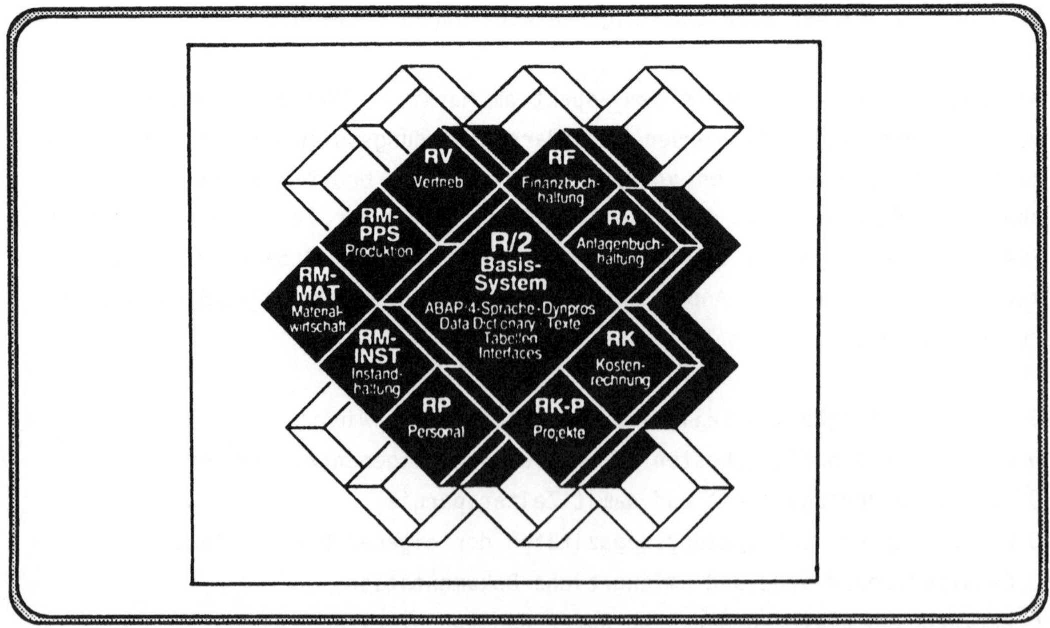

Abb. 7.9 Standardsoftwarefamilie der SAP

7.4.3 Datenbankarchitektur

Die im voranstehenden Gliederungspunkt vorgeschlagene Entscheidung für Standardsoftwarefamilien ist auch insofern von besonderer Bedeutung, als sie einen nicht unerheblichen Teil der Strukturen der Gesamtdatenbasis eines Unternehmens vorgibt. Für Daten, die auch von anderen Systemen benötigt werden, entstehen so Vorgaben, an die andere Systeme oder Eigenentwicklungen angepaßt werden müssen. Nun sollten die Schnittstellen aber nicht als jeweils individuell gestaltete File-Transfer- oder Batch-Schnittstellen realisiert werden, sondern eine einheitliche und zukunftssichere Lösung gewählt werden.

Das Optimum bestünde in integrierten Standardsoftwarefamilien, die auf einheitlichen und universellen Datenbanksystemen aufbauen. Obwohl dies in der Vergangenheit wegen fehlender Standards noch nicht der Fall war, zeichnen sich für die nähere Zukunft mit relationalen Datenbanksystemen wie DB2 von IBM, ORACLE von Oracle Corp., SESAM von SIEMENS, IDMSR von Cullinet und der Quasi-Standard-Abfragesprache SQL (Structured Query Language), Verbesserungen ab, die eine Vereinheitlichung der Programmier- und Abfrageoberfläche über unterschiedliche Systeme möglich machen. Wenn sich diese Standards erst einmal sicher etabliert haben, werden die Anbieter von Standardsoftware diese Chance verstärkt nutzen und zunächst Schnittstellen zu ihren Systemen schaffen, längerfristig ihre Systeme aber auch auf diese Datenbanksysteme aufbauen.

Damit gewinnt aber auch der Entwurf der Datenstrukturen für CIM die allerhöchste Bedeutung. Bei der vollständigen und möglichst redundanzfreien Definition können wiederum die in der IST-Analyse-Phase erhobenen Informationsverflechtungen als Grundlage herangezogen werden.

Ein erster Schritt ist die Umsetzung in eine graphische Darstellung, wie die untenstehende Abbildung (Abb. 7.10) am Beispiel der Materialwirtschaft für das Beispielunternehmen zeigt. Die dort exemplarisch dargestellten Datenflüsse sind für alle betroffenen CIM-Bereiche aufzuzeigen.

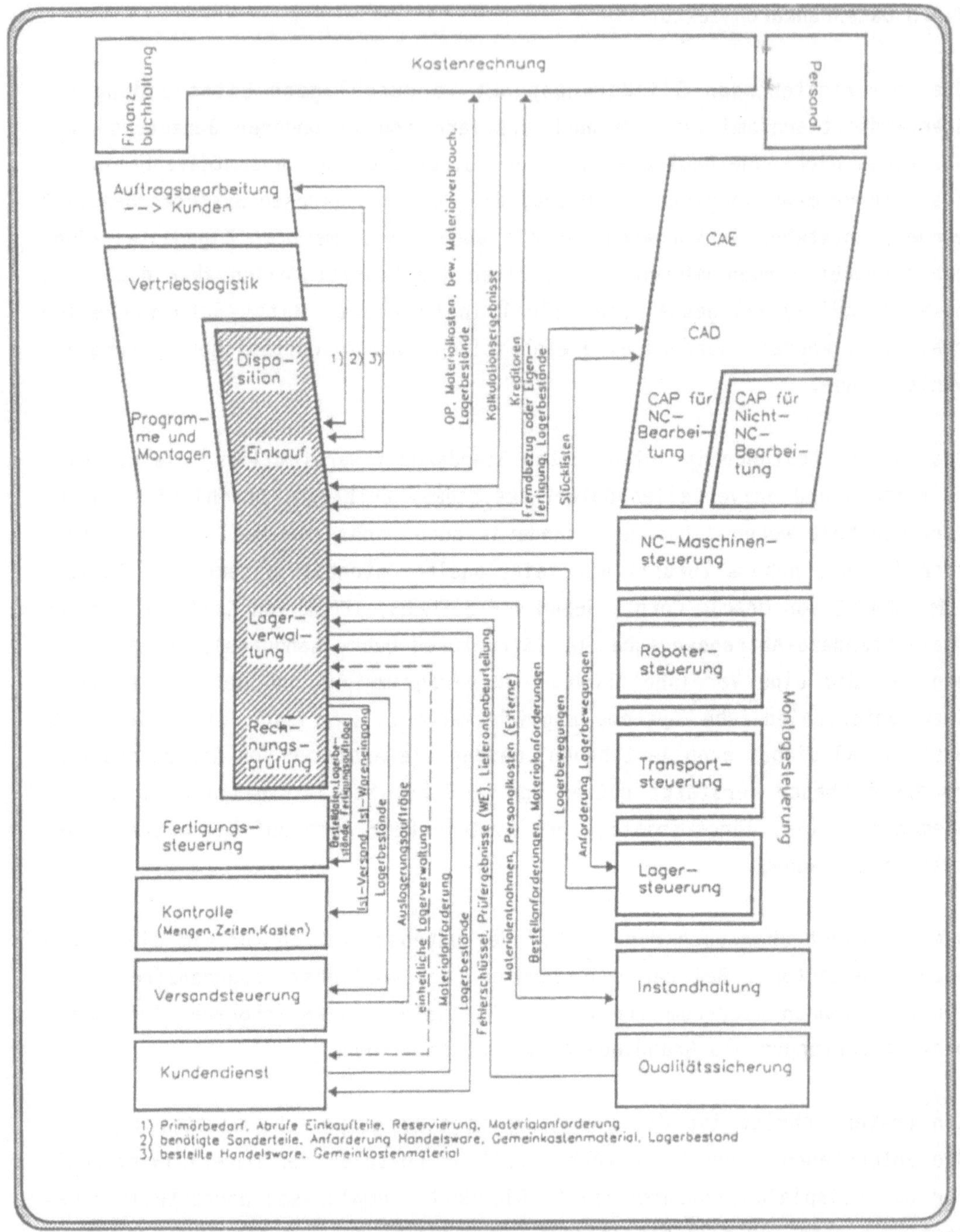

Abb. 7.10 Informationsbeziehungen im Bereich der Materialwirtschaft

Aufbauend auf den graphisch dargestellten Informationsverflechtungen sind die Relationen (Beziehungen zwischen den Teilsystemen) in einem systemübergreifenden Datenbank-Entwurf festzuschreiben.
Als besonders geeignetes Mittel hat sich hierfür das Entity-Relationship-Modell nach CHEN[4] herauskristallisiert. Es unterstützt den Prozeß der Datenstrukturierung, indem es die Vielzahl der Informationen, die in einer Unternehmung von Bedeutung sind, auf die Grundelemente Entities, Attribute und Beziehungen zwischen ihnen zurückführt.

Entities sind einzelne Ausprägungen realer oder abstrakter Dinge, die für eine Unternehmung von Interesse sind, wie Kunden, Aufträge oder NC-Programme. Werden Entities als Mengen betrachtet, bezeichnet man sie als **Entitytypen. Attribute** sind Eigenschaften von Entities, wie Kundennummer, Name und Adresse eines Kunden oder NC-Programmnummer.

Mit diesen Grundelementen und mit Hilfe sog. Konstruktionsoperatoren kann ein systematisches, graphisch orientiertes Abbild der Informationsbeziehungen in einer Unternehmung erstellt werden, das sich direkt in die Realisierung mittels eines konkreten Datenbanksystems überführen läßt.

Übersetzt in die Sprache der klassischen Dateiverwaltung entsprechen dem Entitytyp näherungsweise der Dateiname und den Attributen die Felder einer Datei. Während aber bei klassischer Programmierung die Dateien und die Beziehungen zwischen ihnen in den Programmen abgelegt sind, unterstützt die Vorgehensweise nach dem ERM einen den Eigenschaften moderner Datenbanksysteme entsprechenden Datenentwurf. Dazu gehören ganz wesentlich die Trennung von physischen und logischen Datenstrukturen, so daß ein anwendungsunabhängiger Datenentwurf vorgenommen werden kann, der wegen der übergreifenden Betrachtungsweise Redundanzen von vorneherein vermeidet. Darüberhinaus können in (relationalen) Datenbanksystemen die Datenstrukturen beliebig kombiniert und erweitert werden, ohne daß dehalb die auf sie zugreifenden Anwendungsprogramme jedesmal geändert werden müssen.

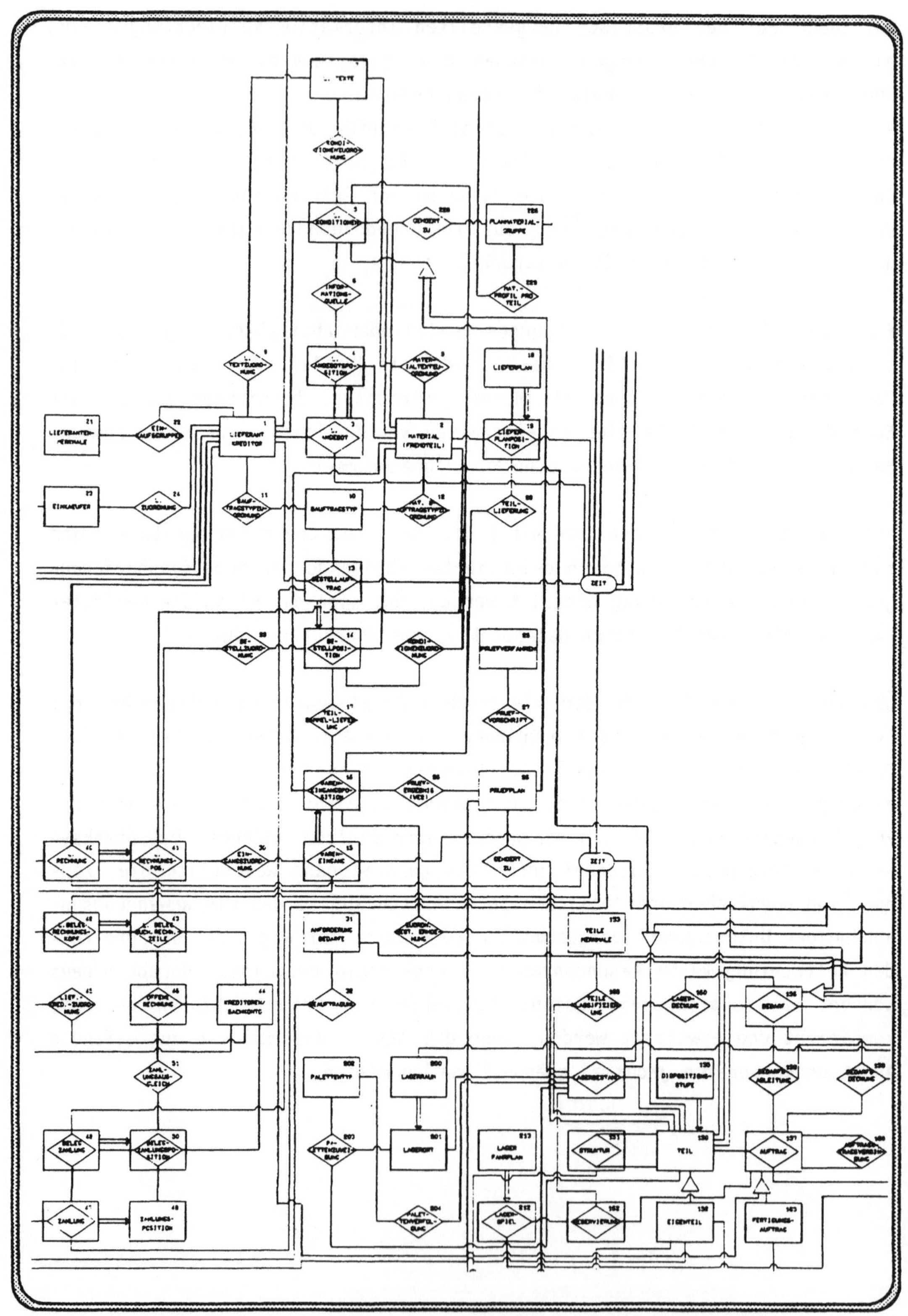

Abb. 7.11 ERM der erweiterten Materialwirtschaft (Quelle: SCHEER[6])

7.5 PROJEKTORGANISATION

Bei der Realisierung einer Strategie der verstärkten EDV-Unterstützung im Sinne eines CIM-Ansatzes geht es insbesondere darum, das Gesamtkonzept als solches zu realisieren. Es dürfen nicht einzelne Projekte herausgegriffen werden, die zwar bereits alleine einen partiellen Nutzen erbringen, gleichzeitig aber die sich aus der Summe aller Maßnahmen ergebenden Gesamtverbesserungen, die einen noch erheblicheren Nutzenbeitrag darstellen, verhindern. Da es sich bei CIM-Projekten um sehr umfangreiche und langfristige Projekte handelt, sind die möglichen Risiken zu betrachten und Gegenmaßnahmen vorzuschlagen.

Risikofaktoren	Gegenmaßnahmen
1. Nichterreichen einer echten integrierten Lösung	CIM-Rahmenplanung, Externe Unterstützung
2. Überschreiten des Zeitplans	Straffe Projektorganisation
3. Überschreiten der Kostenschätzung	Straffes Projektcontrolling
4. Ablenkung EDV und Fachabteilung durch Übergangslösungen und Routine	Klare Prioritäten, Konsequente Zuordnung/Freistellung
5. Qualifikation der Mitarbeiter	Schulung, Externe Unterstützung
6. Motivationsverlust, da Gesamtnutzen erst spät sichtbar	Schnelle und konsequente Realisierung
7. Mangelnde Einsicht in Integrationskonzept bei Benutzern	Motivation durch Fachvorgesetzte

Abb. 7.12 Gegenüberstellung der wichtigsten Risikofaktoren/Gegenmaßnahmen

Die meisten der hier angesprochenen Risikofaktoren können durch eine entsprechende Projektorganisation entschärft werden. Unter Projektorganisation ist die Gestaltung von Arbeitssystemen zur Projektdurchführung zu verstehen (vgl. STEINBUCH[6], HILL/FEHLBAUM[7]). Sie umfaßt:

O eine geeignete personelle Projektorganisation,
O eine zeitliche Projektorganisation,
O eine finanzielle Projektorganisation sowie
O eine wirkungsvolle Projektkontrolle.

7.5.1 Personelle Projektorganisation

Die personelle und aufbauorganisatorische Zusammensetzung der Lenkungs- und Ausführungsorgane bei der CIM-Realiserung ist vor allem deshalb von besonderer Bedeutung, weil sie sehr wesentlich beeinflußt, ob die Projekte zu einem in sich geschlossenen CIM-Gesamtsystem über alle Bereichsgrenzen hinweg oder zu mehreren getrennten, ausschließlich bereichsoptimierenden Systemen führen.

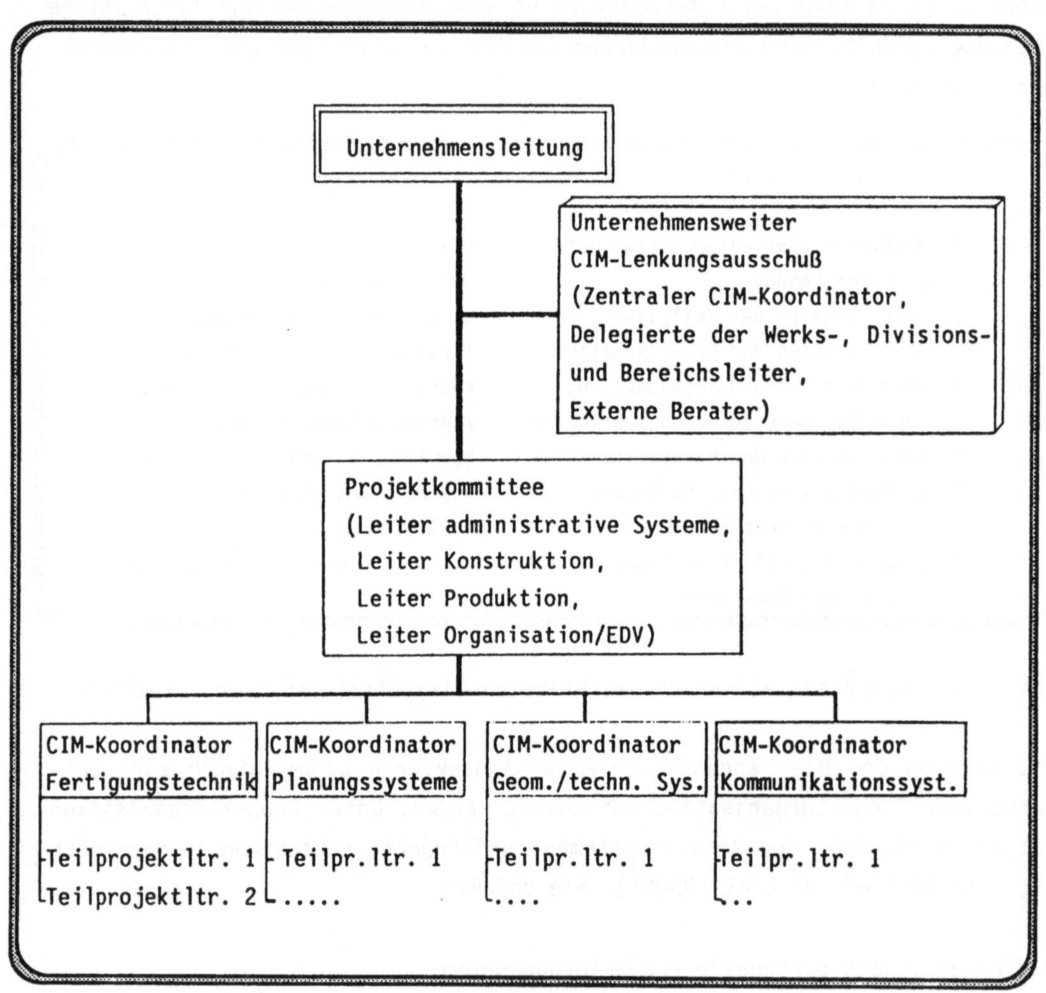

Abb. 7.13 Personelle CIM-Projektorganisation

Dazu ist es erforderlich, daß nicht nur die üblichen Projektgruppen mit den jeweiligen Projektleitern eingesetzt werden, sondern daß eine Klassifizierung der Projekte vorgenommen wird, wobei jeder Projektklasse (Fertigungstechnik, Planungstechnik, ..) ein eigener CIM-Teilprojekt-Koordinator vorsteht. Die CIM-Teilkoordinatoren unterstehen wiederum einem zentralen CIM-Koordinator, der direkt an die Geschäftsleitung berichtet. Der zentrale CIM-Koordinator hat die Übersicht über alle laufenden Projekte und ist bei allen neuen Entwicklungen in den einzelnen Bereichen einzubeziehen. Der zentrale CIM-Koordinator leitet einen unternehmensweiten Lenkungsausschuß, in dem Delegierte der Werks-, Divisions- oder Bereichsleiter ebenso wie externe Berater vertreten sind. Analog zu einer Stabsstelle werden hier Grundsatzentscheidungen vorbereitet, die von der Unternehmensleitung entschieden werden.
Für die Durchsetzung dieser Entscheidungen im Rahmen der bestehenden Hierarchie ist das Projektkomitee bestehend aus den Leitern der Funktionalbereiche (Administrative Systeme, Konstruktion,..) zuständig.

Die hier vorgestellte Projektorganisation stellt eine Maximallösung dar, wie sie in einem Großunternehmen zum Tragen kommt. In kleineren Unternehmen ist die Gliederungstiefe entsprechend zu verringern.

7.5.2 Terminliche Projektorganisation

Umfassende Entwicklungsvorhaben benötigen eine straffe terminliche Projektorganisation, da wegen der herrschenden Vielzahl von Interdependenzen selbst kleine Zeitverschiebungen bei Teilprojekten erhebliche negative Folgen für das Gesamtvorhaben nach sich ziehen können. Zu diesem Zweck ist ein terminlicher Masterplan (z.B. als Balkendiagramm) zu erstellen, der alle primären Entwicklungsvorhaben umfaßt (vgl. Abb. 7.14). Aus dem Masterplan sollten mindestens hervorgehen:

O die primären Entwicklungsvorhaben,
O deren zeitliche Dauer (ausgedrückt in der Länge der "Balken"),
O die zugehörigen Personalbedarfe (in Mitarbeitermonaten/-jahren) und
O Meilensteine bzw. Kontrollpunkte, zu denen der CIM-Lenkungsausschuß entweder Entscheidungen zu fällen oder Ergebnisse von Aktivitäten zu begutachten hat.

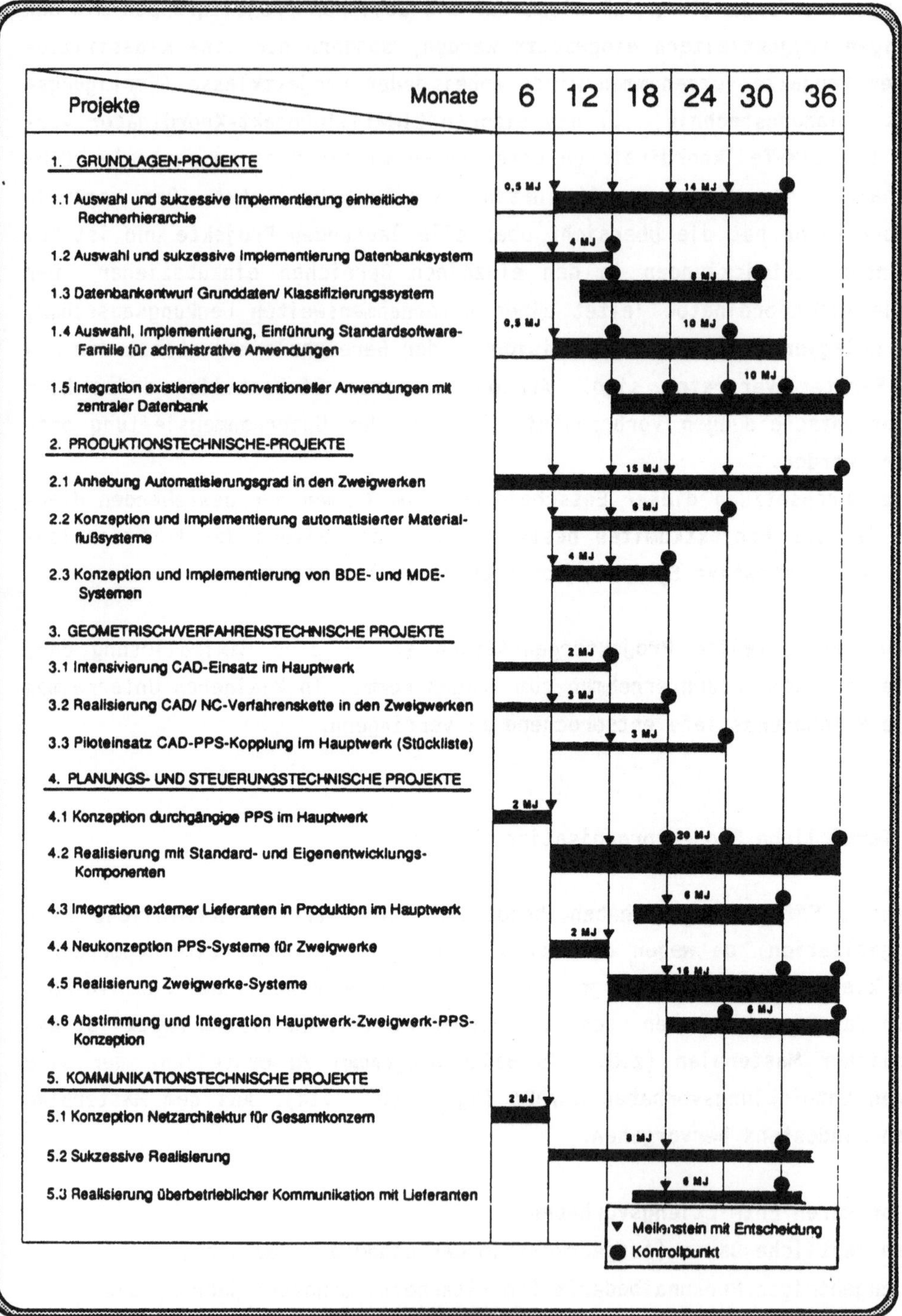

Abb. 7.14 Terminlicher Master-Projektplan

Der Masterplan ist dann, wenn eine grundsätzliche Zustimmung durch den CIM-Lenkungsausschuß beziehungsweise die Geschäftsleitung erfolgt ist, in Einzelpläne für die Teilprojekte zu verfeinern. Diese enthalten grundsätzlich die gleichen Informationen wie der Masterplan, aber auf konkreterem Niveau. So sollten bspw. die Namen der jeweils verantwortlichen Mitarbeiter festgeschrieben werden, damit es nicht zu Mehrfachverplanungen einer Person kommen kann.

Je nach Detaillierungsgrad der Planung sollten auch verfeinerte Projektplanungsmethoden (z.B. Netzplantechnik) oder eigenständige Projektplanungssysteme eingesetzt werden.

7.5.3 Finanzielle Projektorganisation

Auch bei der Verteilung von Finanzmitteln ergeben sich bei der CIM-Realisierung besondere Aspekte, da die bei konventionellen Projekten übliche Verteilung auf Abteilungen oder Bereiche dem umfassenden Charakter einer rechnerintegrierten Produktion genau zuwider läuft. Die durch CIM verfolgten Ziele der Überwindung konventioneller Bereichsgrenzen und des Abbaus von "Erbhöfen" sind nämlich solange nicht zu erreichen, solange die Finanzmittel für CIM quasi tayloristisch aufgeteilt werden (vgl. KEMMNER[8]).

Diesem Effekt wirkt auch die hier vorgeschlagene personelle Projektorganisation entgegen, indem zusätzlich zu den Werks-, Bereichs- oder Hauptabteilungsleitern CIM-Koordinatoren eingesetzt werden, deren wesentliche Aufgabe darin besteht, zwischen und über die Bereiche hinweg, eine sinnvolle finanzielle Ressourcenverteilung zu bewirken.

Parallel zur Vorgehensweise der zeitlichen Projektplanung sind ein Master-Budgetplan und die sich auf diesen beziehenden Finanzierungsteilpläne zu erstellen. Ein erster Überblick kann durch die Abwandlung des terminlichen Masterplanes vermittelt werden, indem dort zusätzlich Zeitpunkte und Höhe von Investments eingetragen werden (vgl. Abb. 7.15). Die Freigabe der Gelder erfolgt auf Vorschlag des CIM-Lenkungsausschusses durch die Geschäftsleitung.

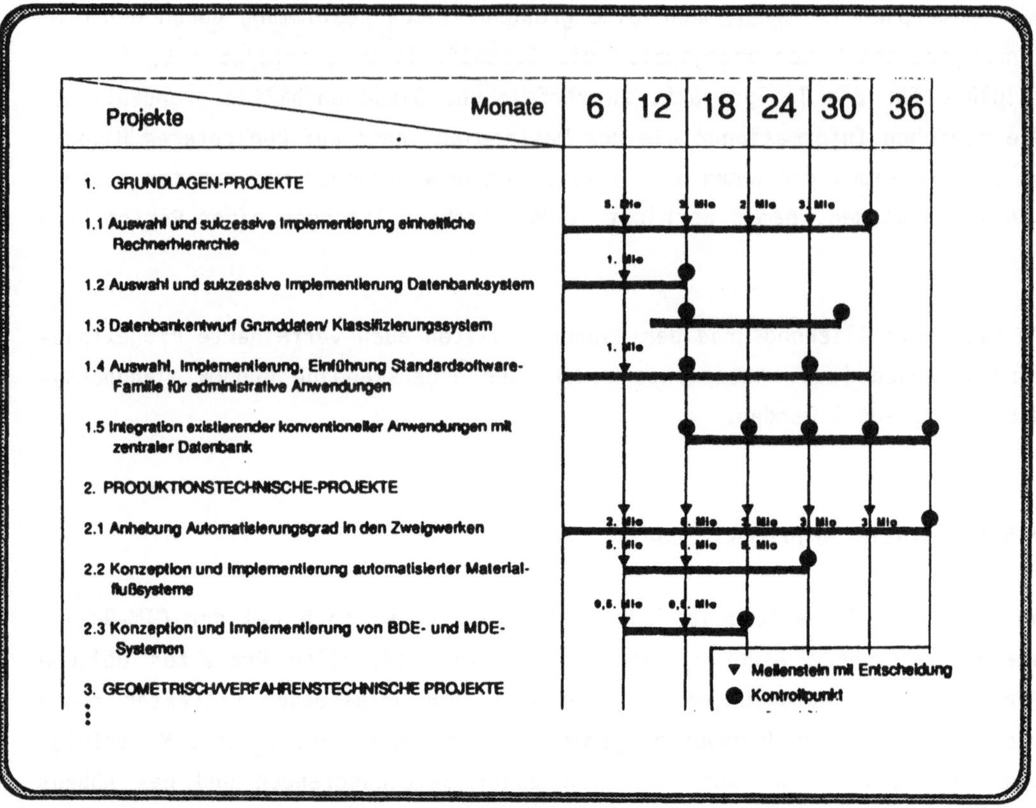

Abb. 7.15   Adaptierter finanzieller Masterplan

7.5.4 Projektkontrolle

Das Controlling von CIM-Projekten sollte, wegen der besonderen finanziellen Risiken, so hoch wie irgend möglich in der Unternehmenshierarchie verankert sein. Bei der hier vorgeschlagenen Projektorganisation ist der CIM-Lenkungsausschuß dafür am besten geeignet. Während er in den Anfangsphasen der CIM-Realisierung als Hauptaufgabe die Grundsatzentscheidungen vorzubereiten hatte, wandelt er sich in der eigentlichen Realisierungsphase zum wichtigsten Kontrollorgan. Damit wird eine größtmögliche Kontinuität von Entscheidung und Verantwortung gewährleistet.

Als zeitliche Kontrollpunkte eignen sich die in den Master- und Detailplänen vorgegebenen Meilensteine, anhand derer sich die funktionale, kosten- und zeitmäßige Übereinstimmung zwischen Planung und Erreichtem messen läßt.

7.6 BESTIMMUNG DER WIRTSCHAFTLICHKEIT

7.6.1 Probleme

Heute noch unbefriedigend gelöste Fragestellungen bei der CIM-Realisie-
rungsplanung stellen die Investitionsrechnung und Wirtschaftlichkeitsbe-
stimmung dar. Die klassischen betriebswirtschaftlichen Verfahren wie
Kapitalwertmethode, Annuitätenmethode oder Interne Zinssatzmethode (vgl.
BLOHM/LÜDER[9], HAX[10], SWOBODA[11]) sind darauf ausgerichtet, Ein- und Auszah-
lungsreihen zu verarbeiten und durch Ermittlung eines ggf. positiven Kapi-
talwertes, einer positiven Annuität oder eines internen Zinsfußes der größer ist als der Kalkulationszinssatz, die Vorteilhaftigkeit der Investition
nachzuweisen. Ähnlich soll der, trotz der Mehrdeutigkeiten (vgl. HEINEN[12])
hier auch benutzte Begriff der Wirtschaftlichkeit einer Investition definiert werden, als das Verhältnis von in Geld bewerteten Erträgen und
Aufwendungen.

Ist die Ermittlung von Ein- und Auszahlungsströmen bei der Beurteilung von
Einzelinvestitionen, bspw. der Beschaffung einer Maschine, durch perioden-
gerechte Gegenüberstellung von Anschaffungs- und Betriebskosten und den
Verkaufserlösen der mit dem Investitionsgut hergestellten Produkte noch relativ einfach möglich, versagt dieses Vorgehen bei der Beurteilung komplexer Systeme. Auch hier lassen sich die **Auszahlungen** zumeist noch exakt ermitteln. Sie bestehen zum einen aus **einmalig anfallenden Kosten** wie:

o Planungskosten,
o Anschaffungskosten,
o Installations- und Inbetriebnahmekosten,
o Infrastrukturkosten,
o Schulungskosten

und zum anderen aus **laufenden Kosten** wie:
o Abschreibungen und Zinsen,
o zusätzlichen Personalkosten für die Bedienung,
o Wartungskosten,
o Versicherungskosten,
o Energie- und Verbrauchskosten usw.

Ungleich schwieriger gestaltet sich die Ermittlung der **Einzahlungen**, da bei der Beurteilung von Informationssystemen sowohl monetär-quantifizierbare wie nicht monetär-quantifizierbare Größen zu berücksichtigen sind (vgl. HOFFMANN[13]), weswegen oft auch statt des Begriffes Einzahlungen der umfassendere Begriff Nutzen gebraucht wird. Daß jedoch auch sprachliche Differenzierung bei der inhaltlichen Bestimmung des Nutzens von CIM-Investitionen nicht weiterhilft, hat verschiedene Gründe:

O **"Räumliche" Diskrepanz zwischen Kosten- und Nutzenanfall**
  Kern des Nutzens der Integration wie ihn CIM zum Ziele hat, ist die daten- und funktionsbezogene Integration, was bedeutet, daß eine bestimmte Information immer nur an einer Stelle erzeugt und verwaltet wird, dann aber allen anderen Bereichen zugänglich ist, so daß die Kosten der Datenerzeugung und Datenverwaltung minimiert werden. Das Problem für die Wirtschaftlichkeitsrechnung liegt nun darin, daß dann die Kosten einer Investition an ganz anderer Stelle anfallen können, als der Nutzen dieser Investition.
  Besonders deutlich wird dies am Beispiel der geometrisch-verfahrenstechnischen Ablaufkette. Hier fallen die wesentlichen Kosten für das CAD-System und die Personalkosten für die Geometriedatenerstellung im Bereich der Konstruktion an. Der wesentliche Teil des Gesamtnutzens hingegen entsteht in den nachgelagerten Bereichen, z.B. der Arbeitsplanung (CAP), in Form reduzierten Aufwandes für die manuelle Dateneingabe, geringerer Eingabefehler und verbessertem Datenhandling.

O **Zeitliche Diskrepanz zwischen Kosten- und Nutzenanfall**
  Obwohl die zeitliche Diskrepanz von Aufwendungen und Erträgen ein bei allen Investitionsentscheidungen auftretender Effekt ist, kommt er bei der Beurteilung von CIM-Realisierungsvorhaben besonders zum Tragen. Gerade der oben dargestellte Nutzen einer geometrisch-verfahrenstechnischen Ablaufkette ist umso größer, je mehr produktionstechnische Systeme im Einsatz sind, die aus Geometrieinformationen automatisch abgeleitete NC-Steuerungsprogramme verarbeiten können. D.h. mit zunehmender Zahl in einem Unternehmen eingesetzter computergesteuerter Maschinen steigt der Nutzen der Investition "Geometrische-Verfahrenskette", wobei jedoch die zahlenmäßige Entwicklung zum Zeitpunkt der Investition für das CAD-System, die Schnittstellen und die erforderlichen Kommunikationseinrichtungen nicht bekannt und damit nur schwer als Nutzengröße bei der Investitionsentscheidung zu berücksichtigen sind.

Dieser am Beispiel Verfahrenskette erläuterte Zusammenhang gilt in noch stärkerem Maße für ein komplettes CIM-System. Je höher der Integrationsgrad ist, desto höher ist auch der Nutzen einzelner Investitionen, das Nutzenmaximum ist bei einem Integrationsgrad von 100% erreicht.

Ein zweiter in diesem Zusammenhang oft unterschätzter Effekt ist der "Produktivitätsknick" der sich, bedingt durch den Aufwand für die Einsatzvorbereitung sowie die Akzeptanz- und Lernkurve der Anwender, erfahrungsgemäß bei der Einführung neuer Informationssysteme ergibt. Abb. 7.16 zeigt diesen Zusammenhang für die Einführung eines CAD-Systems, wobei fast 1,5 Jahre vergehen, bis der Produktivitätsfaktor wieder den Wert 1 erreicht, d.h. die Produktivität des Konstrukteurs mit und ohne CAD-Unterstützung gleich ist. Durch diesen Effekt wird der Time-Lag zwischen Kostenentstehung und Nutzenanfall in nicht unerheblichem Umfang vergrößert, was die Investitionsentscheidung umso unsicherer macht.

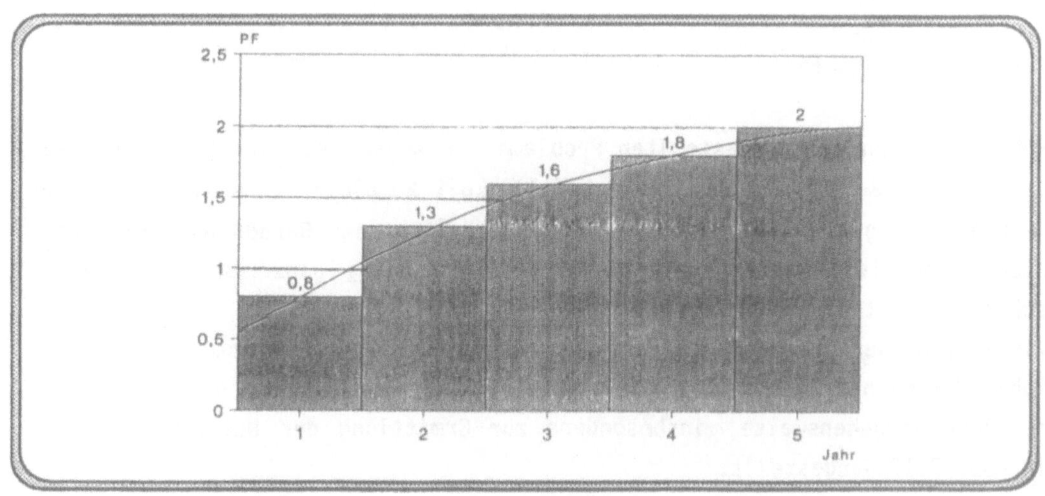

Abb. 7.16 Typische Entwicklung der Produktivität bei Einführung eines CAD-Systems (Quelle: EIGNER[14])

O Schwierige Quantifizierbarkeit und Zurechenbarkeit

Eine weitere Schwierigkeit der CIM-Wirtschaftlichkeitsbetrachtung liegt in der mangelhaften Quantifierzierbarkeit "weicher" Nutzengrößen wie:

o bessere Qualität,

o größere Flexibilität,

o bessere Transparenz,

o höhere Mitarbeitermotivation usw.,

wie sie zurecht bei der Diskussion über CIM immer wieder angeführt werden. Obwohl diese Größen grundsätzlich meßbar sind - z.B. bessere Qualität in weniger Ausschuß, größere Flexibilität in erhöhter Anzahl kurzfristig lieferbarer Produkte - fallen die monetäre Bewertung und die Isolierung von Ursache (getätigte Investition) und Wirkung (Kostenreduzierung) wegen der Komplexität der Zusammenhänge außerordentlich schwer.

Hinzu kommt, daß sich die genannten Größen sehr oft nicht in Kostenreduzierungen sondern vor allem in Ertragssteigerungen durch erhöhte Umsatzerlöse auswirken. Der wesentliche Unterschied liegt darin, daß Kostenreduzierungen sich zumindest auf, aus der Vergangenheit bekannte Größen stützen, die Ertragssteigerungen zum Zeitpunkt der Investitionsentscheidung aber noch nicht realisiert sind, so daß über ihre Höhe nur spekuliert werden kann.

7.6.2 Lösungsansatz

Führt man sich die dargestellten Probleme vor Augen, so ist erkennbar, daß eine exakte Berechnung der Wirtschaftlichkeit komplexer CIM-(Teil-)Systeme beim derzeitigen Kenntnisstand noch nicht möglich ist. Daraus darf nun aber nicht abgeleitet werden, daß die CIM-Rahmenplanung ganz auf einen Wirtschaftlichkeitsnachweis verzichten kann.
Vielmehr müssen pragmatische Verfahrensweisen zum Einsatz kommen, die trotz fehlender mathematischer Exaktheit eine sichere Entscheidung erlauben. Eine mögliche Vorgehensweise, insbesondere zur Ermittlung der Nutzengrößen ist in Abb. 7.17 dargestellt.

Da die Praxis zeigt, daß die geschilderten Schwierigkeiten der Nutzenermittlung für die verschiedenen CIM-Komponenten unterschiedlich stark zum Tragen kommen, liegt es nahe, die CIM-Investitionen in verschiedene Typen zu unterteilen. Dies hat zum einen den Vorteil, daß ein entsprechendes Bewußtsein für die Aussagekraft des einzelnen Wirtschaftlichkeitsnachweises geschaffen wird und zum anderen, daß für jeden Typ eine eigene Nutzenermittlungsstrategie verwenden werden kann.

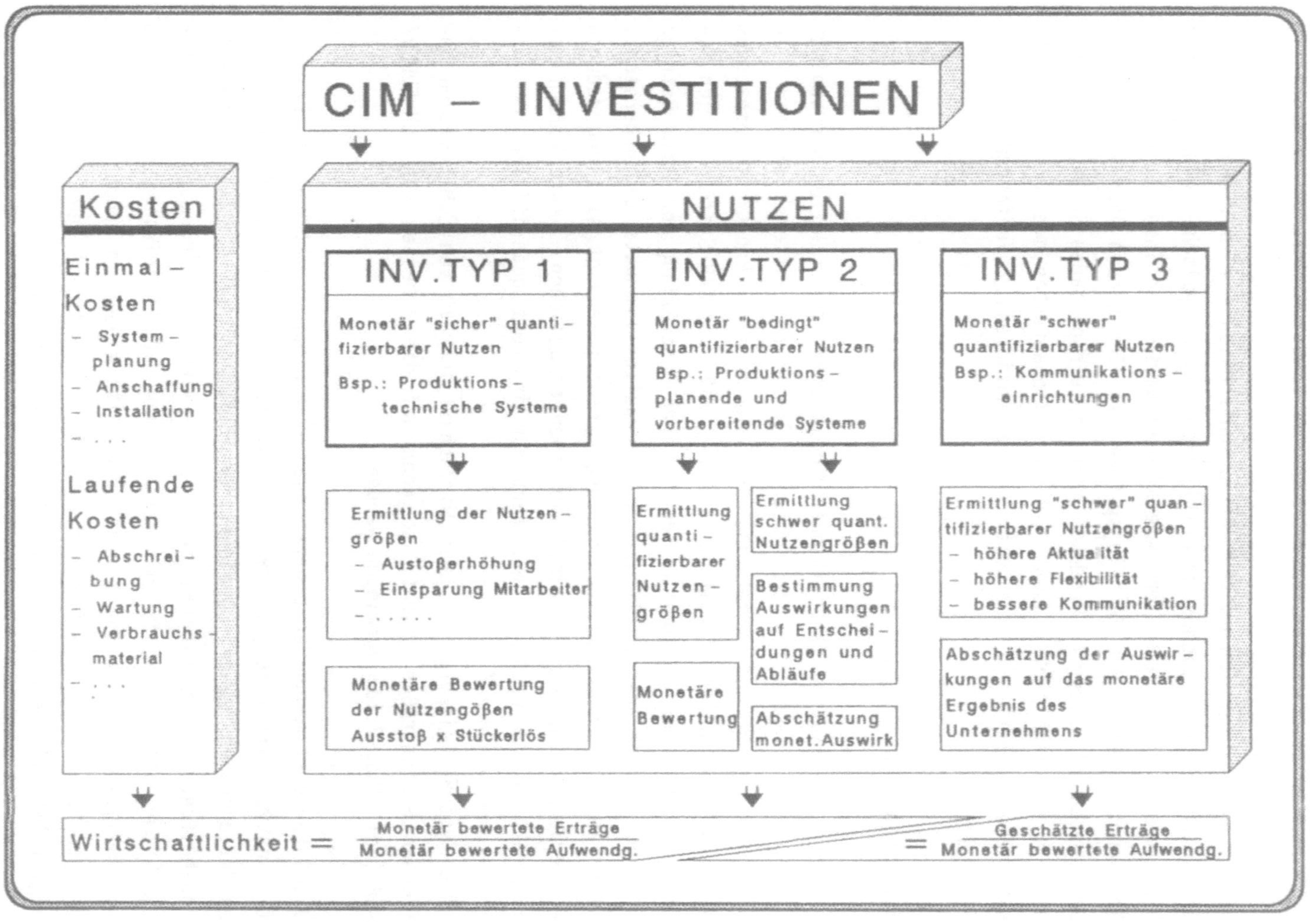

Abb. 7.17 Ermittlung der Wirtschaftlichkeit von CIM-Investitionen

Investitionstyp 1

Bei Typ 1 handelt es sich um Investitionsentscheidungen, bei denen der monetäre Nutzen relativ sicher quantifizierbar ist. Typische Beispiele sind
fertigungstechnische Teilsysteme wie NC-gesteuerte Maschinen, automatisierte Transport-, Lager- und Handlingsysteme usw. Ihr Nutzen läßt sich in der
bewerteten Anzahl erzeugter Produkte oder den einsparbaren Sach- und Perso-
nalmitteln für Transport-, Lager- und Handlingaufgaben messen. Die Wirt-
schaftlichkeitsberechnung kann mit den konventionellen Verfahren durchgeführt werden.

Investitionstyp 2

Unter Typ 2 sind solche Investitionen einzuordnen, deren Nutzen nur bedingt
monetär quantifizierbar ist. Hierunter fallen solche Systeme, die der Planung, Vorbereitung und Verwaltung des eigentlichen Produktionsprozesses
dienen, wie bspw. Office Automation-, PPS-, CAD- und CAP-Systeme. Allen Systemen ist gemeinsam, daß den Kosten für ihre Anschaffung und ihren Betrieb
kein direkter monetärer Erlös in Form verkaufter Produkte gegenübersteht,
sie aber an der Produktionsvorbereitung direkt beteiligt sind und dadurch
bspw. Personal- und Sachmittelreduzierungen ermöglichen. Damit kommen sowohl direkt quantifizierbare wie auch nur indirekt quantifizierbare Nutzengrößen zum Tragen.
Was die Systematisierung von, die Wirtschaftlichkeit von CIM-Systemen be-
treffender Nutzengrößen angeht, so kann auf die Arbeiten von SCHREUDER/
UPMANN (vgl. Abb. 7.18) verwiesen werden.

Wird bei der Bestimmung der monetär quantifizierbaren Faktoren wie bei Investitionstyp 1 verfahren, müssen bei der Ermittlung der nur indirekt meß-
baren Nutzengrößen, mangels geeigneterer Verfahren, qualifizierte Schätzungen aushelfen. Die erzielbaren monetären Auswirkungen sind dabei zu beziehen auf die Beschleunigung und Verbesserung von Arbeitsergebnissen und
Entscheidungen, denn nur die können ihrerseits wieder in erhöhte Umsatzerlöse umgesetzt werden. Die Summe aus direkt und indirekt bewertbaren Größ-
en ergibt letztlich ein noch "quasi-" exaktes Ergebnis.

Investitionstyp 3

Den dritten und am schwierigsten zu bewertenden Investitionstyp stellen Infrastrukturinvestitionen wie bspw. Datenbanksysteme, Rechnernetze, Kommunikationseinrichtungen, Schnittstellen usw. dar, die zwar einen bedeutenden Beitrag bei der Realisierung von CIM leisten, deren Nutzen aber nur sehr schwer in Geld bewertbar ist, da hier alle Probleme mangelnder funktionaler, räumlicher und zeitlicher Zurechenbarkeit voll zum Tragen kommen. Auch hier können letzlich nur qualifizierte Schätzungen der Auswirkung auf das monetäre Gesamtergebnis des Unternehmens weiterhelfen.

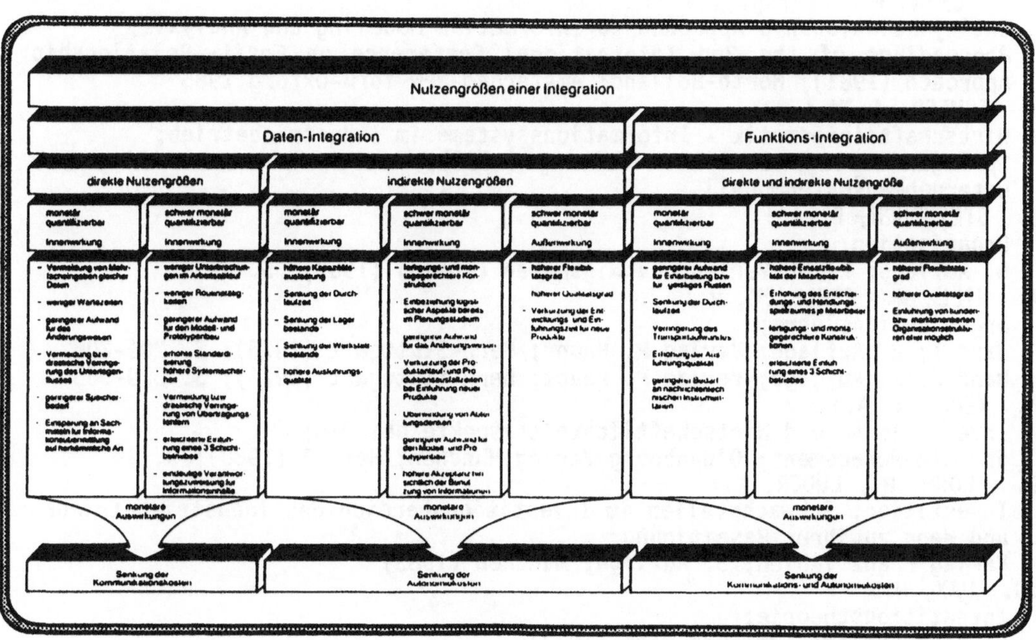

Abb. 7.18 Systematik der Nutzengrößen in CIM (Quelle: SCHREUDER/UPMANN[15])

LITERATUR ZU KAPITEL 7

1. FRANK, J.:
    Standard-Software - Kriterien und Methoden zur Beurteilung und Auswahl
    von Software Produkten; 2. Auflage;
    Verlagsgesellschaft Rudolf Müller; Köln-Braunsfeld (1980); S. 15
2. HANSEN, H.R., AMSÜSS, W.L., FRÖMMER, N.S.:
    Standardsoftware;
    Springer Verlag; Berlin Heidelberg (1983); S. 179 ff
3. HORVATH, P.; PETSCH, M.; WEIHE, M.:
    Standard-Anwendungssoftware für das Rechnungswesen; 2. Auflage;
    Verlag Franz Vahlen München (1986); S. 7
4. CHEN, P.P.:
    The Entity-Relationship Model: Towards a Unified View of Data;
    in: ACM Transactions on Database-Systems; Vol. 1 (1976); No. 1; S. 9-36
        CHEN, P.P. (Hrsg.):
    Entity-Relationship Approach to Information Modeling and Analysis;
    Proceedings of the 2nd International Conference on Entity-Relationship
    Approach (1981); North-Holland; Amsterdam-New York-Oxford 1983
5. SCHEER, A.-W.:
    Wirtschaftsinformatik - Informationssysteme im Industriebetrieb;
    Springer Verlag; Berlin Heidelberg (1988); Ausschnitt aus beiliegendem
    Unternehmensdatenmodell
6. STEINBUCH, P. A.:
    Organisation;
    6. Auflage; KIEHL Verlag; Ludwigshafen (Rhein) (1987); S. 37
7. HILL, W.; FEHLBAUM, R.:
    Organisationslehre;
    Band 1; 2. Auflage; Verlag P. Haupt; Bern-Stuttgart (1976); S. 201-208
    Band 2; 2. Auflage; Verlag P. Haupt; Bern-Stuttgart (1974); S. 529-563
8. KEMMNER, A.:
    Investitions- und Wirtschaftlichkeitsaspekte bei CIM;
    in: CIM-Management; Oldenbourg Verlag München; Heft 4 (1988); S. 29
9. BLOHM, H.; LÜDER, K.:
    Investition; Schwachstellen im Investitionsbereich des Industriebetriebes
    und Wege zu ihrer Beseitigung;
    Verlag Franz Vahlen; 5. Auflage; München (1983)
10. HAX, H.:
    Investitionstheorie;
    Physica-Verlag; Würzburg-Wien (1972)
11. SWOBODA, P.:
    Investition und Finanzierung;
    Göttingen (1971)
12. HEINEN, E.:
    Industriebetriebslehre;
    Verlag Th. Gabler; 5. Auflage; Wiesbaden (1976); S. 680
13. HOFFMANN, F.:
    Computergestützte Informationssysteme;
    Oldenbourg Verlag; München (1984); S. 179
14. EIGNER, M.:
    Wirtschaftlichkeit von CIM-Systemen;
    in: SCHEER, A.-W. (Hrsg.) Rechnungswesen und EDV; 9. Saarbrücker
    Arbeitstagung; Physica-Verlag Heidelberg (1988); S. 106
15. SCHREUDER, S.; UPMANN, R.:
    CIM-Wirtschaftlichkeit; Vorgehensweise zur Ermittlung des Nutzens einer
    Integration von CAD, CAP, CAM, PPS und CAQ;
    FIR + IAW - Leitfaden; HACKSTEIN, R. (Hrsg.); Verlag TÜV Rheinland GmbH;
    Köln (1988)

SCHLUSSBETRACHTUNG

Die Realisierung der Rechnerintegrierten Produktion ist die derzeit größte
Herausforderung an alle, die sich mit der Gestaltung von Produktionsbetrie-
ben beschäftigen. CIM erfordert den integrierten zweckgerichteten Einsatz
aller heute verfügbaren informations- und produktionstechnischen Mittel zur
effizienten Abwicklung von Geschäftsvorfällen mit gegenständlich produzie-
rendem Charakter.

Aufgrund der Komplexität der Zusammenhänge und der Vielfalt der herrschenden Interdependenzen bei gleichzeitig hohen Anforderungen an die Integration der Lösung, ergeben sich besondere Anforderungen an die Planungs- und
Gestaltungsunterstützung bei der CIM Systemplanung. Es wird ein Planungsansatz notwendig, der die Entscheidungsträger dabei unterstützt, die Vielzahl
der Einzelentscheidungen bei der CIM Realisierung zu erfassen, zu ordnen
und in einen integrativen Gesamtzusammenhang zu stellen.

Die Basis dafür bildet ein Konsens darüber, was nach heutigem Verständnis
unter CIM verstanden wird. Dazu sind Aspekte aus wissenschaftlicher, gesamtwirtschaftlicher, informationstechnischer aber auch aus Anwender- und
Herstellersicht von CIM zu erfassen und zu verarbeiten.

Aufbauend auf diesem gemeinsamen Verständnis sind dann konkrete Teilkonzepte zu erarbeiten, die die Entscheidungsfelder bei der CIM Realisierung ver-
deutlichen und vorstrukturieren.

Im fertigungstechnischen Teilkonzept werden die neueren Entwicklungen der
Fertigungs-, Montage-, Werkzeug- und Werkstofftechnik vorgestellt, da sie
tragende Säule für alle flexibel automatisierten Produktionsabläufe bilden.

Ausgangspunkt des geometrisch/verfahrenstechnischen Teilkonzepts sind die
geometrieerzeugenden Systeme. Mit ihrer Hilfe werden Grunddaten definiert,
die über standardisierte Schnittstellen an möglichst viele weitere CIM-
Komponenten weiterzuleiten sind, um dadurch einerseits Mehrfacherfassungen
zu vermeiden, andererseits aber auch Ablaufbeschleunigungen bei verringer-
tem Fehlerrisiko zu erreichen. Gerade die optimale Gestaltung dieser Teilketten macht einen wesentlichen Teil der CIM-Systemplanung aus.

In der Rechnerintegrierten Produktion sind aber nicht allein die technischen Teilsysteme von Bedeutung, sondern auch die administrativen Systeme zur Produktionsplanung und -steuerung, ohne die jedes noch so ausgefeilte technische Teilkonzept ein starres Konzept bleiben muß. Aber auch die PPS-Systeme bleiben durch CIM nicht unbeeinflußt. Aufzuzeigen, wie und in welchem Umfang dies geschieht, ist daher eine weitere wichtige Aufgabe.

Zur kommunikationstechnischen Verknüpfung innerhalb eines CIM-Verbunds werden Rechnernetze eingesetzt. Die vorhandenen Produkte und maßgeblichen Entwicklungen auf diesem Gebiet sind zu beleuchten und an einer, den jeweiligen Eigenschaften der Systeme entsprechende Stelle in der Kommunikationshierarchie eines Unternehmens einzuordnen.

Bei allen vorgestellten CIM-Teilkonzepten wird darauf geachtet, sie in einen anwendungsbezogenen Zusammenhang zu stellen und Entscheidungshilfen für unternehmensspezifische Lösungen zu geben.

Zur Entwicklung unternehmensspezifischer Lösungen sind über die inhaltlich geprägten Aspekte hinaus auch organisatorische Instrumente zu schaffen, die der Planungsdurchführung und Entscheidungsvorbereitung dienen. Diese haben den zum Implementierungszeitpunkt vorliegenden Gegebenheiten Rechnung zu tragen und dennoch einen integrativen Ansatz zu ermöglichen.

Insgesamt schafft der entwickelte Planungs- und Gestaltungsansatz die Voraussetzungen für die systematische Entwicklung unternehmensspezifischer CIM-Systeme und reduziert auf diese Weise mögliche wirtschaftliche Risiken.

ABBILDUNGSVERZEICHNIS

SEITE

LITERATURVERZEICHNIS

AEBI, F.M.:
  Innovation und neue Werkstoffe;
  in: Technische Rundschau 80; Hallwag Verlag; Heft 10 (1988); S. 24-27

AHP HAVERMANN & PARTNER (Hrsg.):
  Der CIM-Leitstand;
  Firmenschrift; Plannegg/München (1986)

AUSSCHUß FÜR WIRTSCHAFTLICHE FERTIGUNG (AWF) e.V.:
  Handbuch der Arbeitsvorbereitung; Teil 1: Arbeitsplanung;
  Beuth Verlag Berlin (1983)

AUSSCHUß FÜR WIRTSCHAFTLICHE FERTIGUNG (AWF) e.V.:
  AWF-Empfehlung - Integrierter EDV-Einsatz in der Produktion - CIM
  (Computer Integrated Manufacturing);
  Eschborn; November 1985

BAKU, K.; MEYER, E.:
  Wirtschaftliche Fertigungsorganisation für Automobilzulieferer mit FORS;
  in: Zeitschrift für wirtschaftliche Fertigung (ZwF) 77; Heft 10 (1982);
  S. 476-480

BALZERT, H.:
  Die Entwicklung von Software-Systemen;
  BÖHLING, K.H.; KULISCH, U.; MAURER, H. (Hrsg.); Reihe Informatik /34;
  B-I. Wissenschaftsverlag; Mannheim Wien Zürich (1982)

BARTH, H.:
  Einführung eines Local Area Network;
  in: Output; Fachpresse Goldach; Heft 11 (1985); S. 31-39

BARTH, H.:
  Lokale Netzwerke: Rückrat der Bürokommunikation;
  in: Office Management; FBO-Verlag Baden Baden; Heft 9 (1987); S. 46-50

BECKER, J.:
  Architektur eines EDV-Systems zur Materialflußsteuerung;
  Reihe: Betriebs- und Wirtschaftsinformatik; Band 22; Springer Verlag;
  Berlin Heidelberg (1987)

BECKER, J.:
  Einbindung der Instandhaltung in einen computergesteuerten
  Industriebetrieb;
  in: REFA (Hrsg.); Proceedings zur Tagung "Neue Produktionstechnologien
  und ihre Auswirkungen auf die Instandhaltungsorganisation"; 24. und 25.
  März 1988 in Dortmund; Vortrag Nr. 4

BECKER, J.:
  Konstruktionsbegleitende Kalkulation mit einem Expertensystem;
  in: SCHEER, A.-W. (Hrsg.); Rechnungswesen und EDV; 9. Saarbrücker Arbeitstagung (1988); Physica Verlag; Heidelberg (1988); S. 115-136

BEIER, H.:
  Anforderungen an ein CAM-System;
  in: Technische Zeitschrift (tz) für Metallbearbeitung 80; Heft 3 (1986);
  S. 46-50

BELT, B.:
  MRP und KANBAN;
  in: Wachstum und Realisierung durch Logistik; Proceedings zum BLV Logistik Kongreß `85; Bremen (1985); S. 461-518

BENNINGHOFF, H.:
  Keramik, ein Werkstoff mit vielen Gesichtern;
  in: Technische Rundschau 80; Hallwag Verlag Bern; Heft 7 (1988); S. 23-27

BENNINGHOFF, H.:
  Fortschritte durch Oberflächentechnik;
  in: Technische Rundschau 80; Hallwag Verlag Bern; Heft 27 (1988); S. 18-24

BENNINGHOFF, H.:
  Verstärkte Kunststoffe auf dem Weg ins Jahr 2000;
  in: Technische Rundschau 80; Hallwag Verlag Bern; Heft 33 (1988); S. 8-19

BERKE, J.:
  Elektronische Partner;
  in: Wirtschaftswoche-Spezial-Supplement; Nr. 5 (1987); S. 48-53

BERNSDORF, W.:
  Integration;
  in: Wörterbuch der Soziologie; 6. Auflage; Fischer Verlag; Frankfurt (1979); S. 373

BEY, I.; LEURIDAN, J.:
  ESPRIT-Projekt 322;
  in: CAD*I Status Report 2; Kernforschungszentrum Karlsruhe GmbH; Bereich KFK PFT 132 (1987)

BLEICHERT (Hrsg.):
  Vertriebsinformationen der BLEICHERT Förderanlagen GmbH; Transrobot; Osterburken (1988)

BLOHM, H.; LÜDER, K.:
  Investition; Schwachstellen im Investitionsbereich des Industriebetriebes und Wege zu ihrer Beseitigung;
  5. Auflage; Verlag Franz Vahlen; München (1983)

BLUME, C.:
  Robotics;
  in: Handwörterbuch der modernen Datenverarbeitung (HMD) 24; Forkel Verlag Wiesbaden; Heft 134 (1987); S. 46-59

BOSCH (Hrsg.):
  Vertriebsinformationen der R. BOSCH GmbH; Geschäftsbereich Industrieausrüstung; Erbach (1987)

BROMANN, P.:
  Erfolgreiches strategisches Informationsmanagement;
  Verlag moderne Industrie; Landsberg/Lech (1987)

BULLINGER, H.-J.; LENTES, H.-P.:
  The Future of Work;
  in: International Journal of Production Research 20; No. 3 (1982);
  S. 258-265

BULLINGER, H.-J.; TRAUT, L.:
  Die Fabrik der Zukunft;
  in: Fortschrittliche Betriebsführung/Industrial Engineering (FB/IE) 35;
  Heft 1 (1986); S. 4-12

BULLINGER, H.-J.:
  Einbettung von CIM-Konzepten in unternehmensweites Informationsmanagement;
  in: BULLINGER, H.-J. (Hrsg.); Kommtech '87 - Computer Integrated Manufacturing und Unternehmenslogistik; Online Verlag; Velbert (1987);
  Vortrag 10.1

BULLINGER, H.-J.; NIEMEYER, J.; HUBER, H.:
  Computer Integrated Business (CIB)-Systeme;
  in: CIM Management; Oldenbourg Verlag München; Heft 3 (1987); S. 12-21

CHEN, P.P.:
  The Entity-Relationship Model: Towards a Unified View of Data;
  in: ACM Transactions on Database Systems 1; No. 1 (1976); S. 9-36

CHEN, P.P. (Hrsg.):
  Entity-Relationship Approach to Information Modeling and Analysis;
  Proceedings of the 2nd International Conference on Entity-Relationship
  Approach (1981); North-Holland; Amsterdam New York Oxford (1983)

CODD, E.F.:
  A Relational Model for Large Shared Data Banks;
  in: Communications of the ACM 13; No. 6 (1970), S. 377-387.

CREATIVE OUTPUT INC. (COI) (Hrsg.):
  Optimized Production Technology (OPT);
  Firmenschrift COI; Eschborn 1985

DAHL, B.; EVERSHEIM, W.; SCHÜTZE, P.:
  Integrierter Einsatz von CAD/CAM im Werkzeug- und Formenbau der
  Automobilzulieferindustrie;
  in: CIM-Management; Oldenbourg Verlag München; Heft 3 (1986); S. 20-30

DATA GENERAL (Hrsg.):
  Data General CIM-Konzept;
  Firmenschrift; Schwalbach/Ts.; Januar 1988

DEMMER, H.:
  Datentransportkostenoptimale Gestaltung von Rechnernetzen;
  Reihe: Betriebs- und Wirtschaftsinformatik; Band 21; Springer Verlag;
  Berlin Heidelberg (1987)

DIGITAL EQUIPMENT (Hrsg.):
  Computerintegrierte Fertigung mit CIM;
  Firmenschrift; München; o.J.

DIEBOLD (Hrsg.):
  Strategisches Informations-Portfolio;
  in: Diebold Management Report; Eigenverlag Frankfurt; Heft 8/9 (1987);
  S. 2

DIETERLE, G.:
  LAN und PABX - Zeit der Koexistenz;
  in: Jahrbuch der Bürokommunikation 1986; FBO-Verlag Baden Baden;
  S. 208-212

DIN (Hrsg.):
  Format zum Austausch von Normteilen (VDA-PS);
  Entwurf zur DIN 66304; Beuth Verlag; Berlin (1986)

DIN (Hrsg.):
  Normung von Schnittstellen für die rechnerintegrierte Produktion - Stan-
  dortbestimmung und Handlungsbedarf; DIN - Fachbericht 15;
  Beuth Verlag; Berlin Köln (1987)

DOLEZALEK, C.M.:
  Flexible Fertigungssysteme, die Zukunft der Fertigungstechnik;
  in: Werkstattstechnik (wt) 60; Springer Verlag; Berlin Heidelberg; Heft
  8 (1970); S. 446-451

EFFELSBERG, W.:
  Datenbankzugriffe in Rechnernetzen;
  in: HÄRDER, T. (Hrsg.); it (Informationstechnik); Schwerpunktthema:
  Datenbanken; Oldenbourg Verlag München; Heft 3 (1987); S. 140-152

EHNIGER, M.; BÖHM, P.; LAUFFER, H.-J.:
  Ionenimplantieren und Anwendungspotentiale ionenimplantierter spanender
  Werkzeuge;
  in: Werkstattstechnik (wt) 77; Springer Verlag; Berlin Heidelberg; Heft
  9 (1987); S. 475-478

EIGNER, M.; MAIER, H.:
  Einstieg in CAD; Lehrbuch für CAD-Anwender;
  Carl Hanser Verlag; München (1985)

EIGNER, M.; RÜDIGER, W.; SCHICH, M.:
  Kopplung von CAD mit PPS- und Informationssystemen als Baustein eines
  CIM-Konzeptes;
  in: Zeitschrift für wirtschaftliche Fertigung (ZwF) 81; Carl Hanser Verlag München; Heft 11 (1986); S. 611-614

EIGNER, M.:
  Wirtschaftlichkeit von CIM-Systemen;
  in: SCHEER A.-W. (Hrsg.); Rechnungswesen und EDV; 9. Saarbrücker
  Arbeitstagung; Physica Verlag; Heidelberg (1988); S. 93-114

EVERSHEIM, W.:
  Organisation in der Produktionstechnik; Band 4; Fertigung und Montage;
  VDI-Verlag; Düsseldorf (1981)

EVERSHEIM, W.; KÖNIG, W.; WECK, M.; PFEIFER, T.:
  Produktionstechnik auf dem Weg zu integrierten Systemen;
  in: VDI-Zeitung 129; Heft 6 (1987); S. 60-65

FÖRSTER, H.-U.:
  CAD-PPS Kopplung - Ein Meilenstein auf dem Weg zur rechnerintegrierten
  Produktion;
  in: CAD/CAM Report 4; Dressler Verlag Heidelberg; Heft 1/2 (1985);
  S. 54-59

FOX, R.:
  OPT - An Answer for America "Part IV" - Leapfrogging the Japanese;
  in: Inventories and Production; March/April (1984); S. 84-96

FOX, K.A.:
  MRP-II Providing a natural "Hub" for Computer Integrated Manufacturing
  Systems;
  in: Industrial Engineering 15; No. 10 (1985); S. 44-50

FRANK, J.:
  Standard-Software: Kriterien und Methoden zur Beurteilung und Auswahl
  von Software-Produkten;
  2. Auflage; Verlagsgesellschaft Rudolf Müller; Köln-Braunsfeld (1980)

FRANZEN, V.:
  Bedeutung der Werkstoffe für die technische und wirtschaftliche
  Entwicklung;
  in: Technische Rundschau 80; Hallwag Verlag Bern; Heft 21 (1988); S. 20-
  31

FRESE, E.:
  Grundlagen der Organisation;
  2. Auflage; Gabler Verlag; Wiesbaden (1984)

FRISCHKORN, H.G.:
  CIM - Das Konzept der IBM;
  in: Office Management; FBO Verlag Baden Baden; Heft 9 (1987); S. 38-43

FRYATT, A.:
  Preiswertes Herstellen von Diamantwerkzeugen;
  in: Werkstattstechnik (wt) 77; Springer Verlag; Berlin Heidelberg; Heft
  9 (1987); S. 489-490

GEITNER, U.W.:
  CIM Handbuch;
  Vieweg Verlagsgesellschaft; Braunschweig (1987)

GLASER, H.:
  Informationswert;
  in: GROCHLA, E. (Hrsg.); Handwörterbuch der Organisation (HWO);
  2. Auflage; Poeschel Verlag; Stuttgart (1980); Sp. 933-941

GLASER, H.:
  Computergestützte Verfahren der Materialdisposition;
  in: das wirtschaftsstudium (wisu); Deubner und Lange Verlag Köln und
  Werner Verlag Düsseldorf; Heft 10 (1986); S. 486-492

GLASER, H.:
  Material- und Produktionswirtschaft;
  3. Auflage; VDI Verlag Düsseldorf (1986)

GOLDRATT, E.M; COX, J.:
  The Goal - Excellence in Manufacturing;
  North River Press Inc.; New York (1984)

GOTTWALD, M.K.:
  Produktionssteuerung mit Fortschrittszahlen;
  in: Gesellschaft für Management und Technologie (gmft) (Hrsg.); Proceedings zum Seminar "Neue PPS-Lösungen"; München (1982)

GRABOWSKI, H.:
  CAD/CAM - Grundlagen und Stand der Technik;
  in: Fortschrittliche Betriebsführung/Industrial Engineering (FB/IE) 32;
  Heft 4 (1983); S. 224-233

GRABOWSKI, H.; ANDERL, R.; GLATZ, R.:
  CAD/CAM-Schnittstellenproblematik für den Anwender;
  in: Tagungsunterlagen zum Fertigungstechnischen Kolloquium; Berlin
  (1985); S. 132-176

GRABOWSKI, H.; GLATZ, R.:
  Schnittstellen zum Austausch produktdefinierender Daten;
  in: VDI-Zeitung 128; Heft 10 (1986); S. 333-343

GRÖNER, L.; ROTH, L.:
  CIM-Handler für die Verbindung von Softwaresystemen;
  in: CIM Management; Oldenbourg Verlag München; Heft 3 (1987); S. 14-19

GUNSSER, P.:
  Innerbetrieblicher Transport am Beispiel von fahrerlosen Flur-
  förderfahrzeugen;
  in: Handbuch der modernen Datenverarbeitung (HMD) 22; Forkel Verlag
  Wiesbaden; Heft 122 (1985); S. 79-89

GUTENBERG, E.:
  Grundlagen der Betriebswirtschaftslehre; Band 1: Die Produktion;
  24. Auflage; Springer Verlag; Berlin Heidelberg New York (1983)

HACKSTEIN, R.:
  Arbeitswissenschaft im Umriß; Band 2: Grundlagen und Anwendung;
  Giradet Verlag; Essen (1977)

HACKSTEIN, R.:
  Produktionsplanung und -steuerung (PPS) - Ein Handbuch für die Be-
  triebspraxis;
  VDI-Verlag; Düsseldorf (1984)

HACKSTEIN, R.:
  Produktionsplanung und -steuerung (PPS);
  Skript zur Vorlesung Arbeitswissenschaft und Betriebsorganisation AW/BO
  II der RWTH Aachen im SS 1984; Aachen (1984)

HAHN, R.:
  Montageautomatisierung und Roboter;
  in: Zeitschrift für wirtschaftliche Fertigung (ZwF); Carl Hanser Verlag
  München; Heft 9 (1988); S. 433

HAMMER, H.; SCHUSTER, J.:
  Planung und Realisierung von Flexiblen Fertigungssystemen für die Bohr-
  und Fräsbearbeitung;
  Sonderdruck aus "tz für Metallbearbeitung" 79; Heft 8 (1985); S. 3-10

HANDKE, G.:
  Das Zusammenwirken von Logistik und CIM-Systemen in der Unternehmensstruktur;
  RKW Handbuch Logistik; E. Schmidt Verlag Berlin; 10. Lieferung; August
  1986; S. 3-25 (6810)

HANSEN, F.:
  Konstruktionssystematik;
  2. Auflage; VEB-Verlag Technik; Berlin (1965)

HANSEN, F.:
  Konstruktionswissenschaft - Grundlagen und Methoden;
  Carl Hanser Verlag; München (1974)

HANSEN, H.R.; AMSÜSS, W.L.; FRÖMMER, N.S.:
  Standardsoftware - Beschaffungspolitik, organisatorische Einsatzbedingungen und Marketing; Springer Verlag; Berlin Heidelberg (1983)

HARRINGTON, J.:
  Computer Integrated Manufacturing;
  Industrial Press; New York (1973)

HAX, H.:
  Investitionstheorie;
  Physica-Verlag; Würzburg Wien (1972)

HELBERG, P.:
  PPS als CIM-Baustein;
  Reihe: Betriebliche Informations- und Kommunikationssysteme; Band 8;
  E. Schmidt Verlag; Berlin (1987);

HELLWIG, U.; HELLWIG, H.E.; PAULUS, M.:
  Die Kopplung von CAD und CAM;
  Teil 1: Mögliche Schnittstellen sowie ihre Nachteile;
  in: VDI-Zeitung 125; Heft 10 (1983); S. 355-360
  Teil 2: Der Informationsfluß von der Konstruktion zur Fertigung;
  in: VDI-Zeitung 125; Heft 11 (1983); S. 455-460
  Teil 3: CAD/NC-Kopplung;
  in: VDI-Zeitung 127; Heft 1/2 (1985); S. 28-32

HEINEN, E.:
  Industriebetriebslehre;
  5. Auflage; Verlag Th. Gabler; Wiesbaden (1976)

HERMES, H.:
  Syntax-Regeln für den elektronischen Datenaustausch;
  in: DIN (Hrsg.); Einführung in EDIFACT; 2. Auflage; Berlin (1988); S. 7-
  12

HERZINGER, G.:
  Laser heute und morgen;
  in: Werkstatt und Betrieb 121; Carl Hanser Verlag München; Heft 8
  (1988); S. 655

HILL, W., FEHLBAUM, R., ULRICH, P.:
  Organisationslehre;
  Band 1, 2. Auflage; Verlag P. Haupt; Bern-Stuttgart (1976)
  Band 2, 2. Auflage; Verlag P. Haupt; Bern-Stuttgart (1974)

HOFF, H.; FÖRSTER, H.U.:
  Die Auswahl von PPS-Systemen;
  in: Fortschrittliche Betriebsführung/Industrial Engineering (FB/IE) 34;
  Heft 4 (1985); S. 118-126

HOFFMANN, F.:
  Computergestützte Informationssysteme;
  Oldenbourg Verlag; München (1984)

HORVATH, P., PETSCH, M., WEIHE, M.:
  Standard-Anwendungssoftware für das Rechnungswesen;
  2. Auflage; Verlag Franz Vahlen; München (1986)

HURTMANNS, F.:
  CIM - Technische Zauberformel oder harte Organisationsarbeit;
  in: Office Management; FBO-Fachverlag Baden Baden; Heft 9 (1987); S. 26-
  31

IBM (Hrsg.):
  CIM - Computer Integrated Manufacturing;
  Informationsbroschüre zur CEBIT 1985 in Hannover;

IDS PROF. SCHEER GMBH (Hrsg.):
  Der Intelligente Leitstand FI/2;
  Firmenschrift; Saarbrücken (1988)

IVES, B.; LEARMONTH, G.P.:
  The Information System as a Competitive Weapon;
  in: Communications of the ACM 27; No. 12 (1984); S. 1193-1201

JACOBI, W.:
  Die Automobilindustrie und ihre Zulieferer im CIM-Verbund;
  in: Proceedings zur Fachtagung "Produktionslogistik"; 3. Febr. 1988;
  Stuttgart; Vortrag Nr. 6

JACOBS, F.R.:
  OPT Uncovered: Many Production Planning and Scheduling Concepts can be
  applied with or without the Software;
  in: Industrial Engineering 16; No. 10 (1984)

JELINEK, M.; GOLDHAR, J.D.:
  The Interface between Strategy and Manufacturing Technology;
  in: Columbia Journal of World Business; No. 18 (1983); S. 26-36

KAFKA, G.:
  Das Telekommunikationsnetz der Zukunft;
  in: DATACOM; Verlag K. Lipski Pulheim; Heft 10 (1987); S. 72-79

KEMMNER; A.:
  Investitions- und Wirtschaftlichkeitsaspekte bei CIM;
  in: CIM Management; Oldenbourg Verlag München; Heft 4 (1988); S. 22-27

KIEF, H.B.:
  NC/CNC-Handbuch;
  NC-Handbuch-Verlag; Michelstadt (1988)

KILGER, W.:
  Industriebetriebslehre; Band 1;
  Gabler Verlag; Wiesbaden (1986)

KILIAN, B.; LEINENKUGEL, F.:
  Fertigungsnetze;
  in: GEITNER, U.W. (Hrsg.); CIM-Handbuch; Vieweg Verlagsgesellschaft;
  Braunschweig (1987); S. 453-465

KIRSCH, W.; BÖRSIG, C.; ENGLERT, G.:
  Standardisierte Anwendungssoftware in der Praxis - Empirische Grundlagen
  für Gestaltung und Vertrieb, Beschaffung und Einsatz;
  E. Schmidt Verlag; Berlin (1979)

KNORR, G.:
  SI-Line die neue Software-Linie für die computer-assistierte Industrie
  CAI;
  in: SAVE aktuell - Nachrichten und Berichte aus dem Siemens-Informati-
  onstechnik Anwenderverein München; Heft 1 (April 1987); S. 32

KOBSA, A.:
  Artificial Intelligence und kognitive Psychologie;
  in: RICHTER, L.; STUCKY, W. (Hrsg.); Leitfaden für angewandte Informatik; Artificial Intelligence; Stuttgart (1984); S. 100-124

KOLLER, K.:
  Konstruktionslehre für den Maschinenbau; Grundlagen, Arbeitsschritte,
  Prinziplösung;
  Springer Verlag; Heidelberg Berlin (1985)

KÖLLE, J.:
  PPS im Dialog (am Beispiel PSK);
  in: Fortschrittliche Betriebsführung/Industrial Engineering (FB/IE) 33;
  Heft 1 (1984); S. 52-56

KRALLMANN, H.:
  CAO - Eine Komponente von CIM;
  in: CIM Management; Oldenbourg Verlag München; Heft 3 (1987); S. 5

KUSIAK, A. (Hrsg.):
  Artificial Intelligence - Implications for CIM;
  IFS Publications UK and Springer Verlag; Berlin (1988)

KÜSPERT, K.:
  Non Standard Datenbanksysteme;
  in: Informatik Spektrum; Springer Verlag; Berlin Heidelberg; Heft 9;
  S. 184-192

LAUFFER, H.-J.; ZBINDEN, B.:
  Räumen gehärteter Innenverzahnungen mit diamantbelegten Werkzeugen;
  in: Werkstattstechnik (wt) 77; Springer Verlag; Berlin Heidelberg; Heft
  9 (1987); S. 498-500

LAUKEMANN, K.:
  CIM bei ICL;
  in: CIM Management; Oldenbourg Verlag München; Heft 2 (1986); S. 61-62

LAWRENCE, P.R.:
  Organization and Environment - Managing Differentiation and Integration;
  Harvard University; Boston (1967)

LECHNER, K.O.:
  CIM-Architektur: Grundlage für wirtschaftliche Unternehmensführung;
  in: BULLINGER, H.-J. (Hrsg.): Kommtech `87; Computer Integrated Manufac-
  turing und Unternehmenslogistik; Online Verlag (1987); Vortrag 10.3

LEHMANN, H.:
  Integration;
  in: Handwörterbuch der Organisation (HWO); 2. Auflage; Poeschel Verlag;
  Stuttgart (1980); Sp. 1976-1984

LEDERER, K.G.:
  EDV-gestützte Kommunikationssysteme in der Automobilindustrie;
  in: Fortschrittliche Betriebsführung/Industrial Engineering (FB/IE) 33;
  Heft 1 (1984); S. 23-29

LINDEMANN, V.:
  CIM erfolgreich einführen;
  in: MEGA; Franzis Verlag München; Heft 1 (1986); S. 44-47

LEY, W.; SYSKA, A.:
  Steuerung nach KANBAN;
  in: Arbeitsvorbereitung 21; Carl Hanser Verlag München; Heft 1 (1984);
  S. 13-15

MACHE, W.:
  (Rechner-)Netzwerk;
  in: MERTEL, H. (Hrsg.); Lexikon der Text- und Datenkommunikation; Reihe:
  Kommunikationstechnik; München Wien (1980); S. 196

MAIER-ROTHE, C.; BUSSE., K.; THIELE, R.:
  Computersysteme planen, steuern und kontrollieren den Produktionsprozeß;
  in: Maschinenmarkt 89; Heft 8 (1983); S. 106-109

MAIER-ROTHE, C.:
  Gemeinsame Strategie für Logistik und Computer Integrated Manufacturing;
  RKW Handbuch Logistik; E. Schmitt Verlag Berlin; 10. Lieferung; August
  1986; S. 3-18 (6820)

MAJOR, F.W.:
  Computer-Graphics steuert die Produktivität;
  in: VDI-Nachrichten 38; Heft 40 (1984); S. 29

MERKEL, H.:
  Von PPS- zu MRPII- orientierten Systemen;
  in: CIM Management; Oldenbourg Verlag München; Heft 4 (1986); S. 35-41

MERTENS, P.; HEIGL, M.:
  Neue Wege bei computergestützter Produktionsplanung; Teil 1 und 2
  in: Online; ÖVD-Verlag; Teil 1: Heft 11 (1984); S. 46-53
                          Teil 2: Heft 12 (1984); S. 62-72

MERTENS, P.; ALLGEYER, K.; DÄS, H.; SCHUHMANN, M.:
Betriebliche Expertensysteme in deutschsprachigen Ländern - Versuch einer Bestandsaufnahme;
Reihe: Arbeitsberichte des Instituts für mathematische Maschinen und Datenverarbeitung (Informatik); Band 19; Nr. 6; Erlangen (1986)

MESHAR, A.:
OPT - Auf dem Wege zu neuen Lösungen;
in: Gesellschaft für Fertigungssteuerung und Materialwirtschaft e.V. (Hrsg.): Produktionsmanagement - heute realisiert; Proceedings zur Jahrestagung 1985; Heidelberg (1985)

MESSER GRIESHEIM (Hrsg.):
Vertriebsinformationen der MESSER GRIESHEIM GmbH; Laserstrahlschneiden; Frankfurt; o.J.

MEYER, B.E.:
Zulieferer-Hersteller-Kunde im Direktverbund;
in: Computer Magazin; Verlag Computer Magazin Langen; Heft 4 (1987); S. 44-48

MEYER, B.E.:
DFÜ - Herausforderung für die Zulieferindustrie;
Sonderdruck aus: Beschaffung aktuell; Konradin Verlag Leinfelden-Echterdingen; Heft 6 (1986); S. 84-85

MEYER-WEGNER, K.:
Transaktionssysteme - Verteilte Verarbeitung und verteilte Datenhaltung;
in: Informationstechnik (it); Oldenbourg Verlag München; Schwerpunktthema: Datenbanken; Heft 3 (1987); S. 120-126

MILBERG, J.:
Entwicklungstendenzen in der automatisierten Produktion;
in: Technische Rundschau 77; Hallwag Verlag Bern; Heft 37 (1985); S. 42-47

MILBERG, J.; PEIKER, S.:
Geometrie- und technologieorientierte Verbindung von CAD-Systemen mit NC-Programmiersystemen;
in: Werkstattstechnik (wt); Heft 11 (1987); S. 583-586

MUNTER, H.:
Unix;
in: Office Management; FBO Verlag Baden Baden; Heft 10 (1987); S. 116

NECKERMANN, R.:
Das Netz von morgen wird heute schon gestrickt;
Sonderdruck aus: Produktion; Heft 25 (1985); S. 1-7

NIXDORF (Hrsg.):
Wer morgen CIM will, muß heute anfangen;
in: CIM-Report - Ein Nixdorf Magazin; Paderborn; März 1987; S. 4-11

o.V.:
SET-Specifications Rev. 1.1 (Standard d' Echange et de Transfert); Aerospatiale; France; Mars 1984

o.V.:
  Experimental Solids Proposal (ESP); IGES Internal Report;
  National Bureau of Standards; Gaithersburg; Maryland (1984)

o.V.:
  Design Rules for the Integration of Robots into CIM-Systems; System-
  planning implicit and explicit Programming;
  1st. Report ESPRIT-Project No. 623; European Esprit Commitee; Brüssel;
  July 1985

o.V.:
  Expertensysteme, Angewandte Künstliche Intelligenz;
  Informationsbroschüre der Nixdorf Computer AG; Paderborn (1986)

o.V.:
  Lokale Netzwerke;
  in: CAD/CAM; Verlag für Computergrafik München; Heft 1 (1986); S. 85-90

o.V.:
  IGES Version 3.0;
  National Bureau of Standards; Gaithersburg; Maryland; April 1986

o.V.:
  CIM 2000 - Konzept für ein rechnergesteuertes Informationssystem;
  in: CAE-Journal; Heft 1 (1987); S. 63-65

o.V.:
  IBM-Entwickler basteln an NF^2-Erweiterung;
  in: Computerwoche; Ausgabe vom 25. März 1988; S. 11-12

PAHL, G; BEITZ, W.:
  Konstruktionslehre; Handbuch für Studium und Praxis;
  2. Auflage; Springer Verlag; Berlin Heidelberg (1986)

PANSKUS, G.:
  Wie muß die Organisationsstruktur entwickelt werden, damit CIM eingeführt werden kann;
  in: AUSSCHUß FÜR WIRTSCHAFTLICHE FERTIGUNG e.V. (Hrsg.); Proceedings zur
  Tagung PPS `86; 5. bis 7. 11. 1986; Böblingen; Vortrag Nr.1

PFANNSCHMIDT, H.:
  Netze - Arten und Verfahren;
  in: GEITNER, U.W. (Hrsg.); CIM Handbuch; Viehweg Verlagsgesellschaft;
  Braunschweig (1987); S. 429-440

PORTER, M.E.:
  Competitive Strategie;
  The Free Press; New York (1980)

PORTER, M.E.:
  Wettbewerbsstrategie; Methoden und Analysen von Branchen und
  Konkurrenten; Übersetzt von BRANDT, V. und SCHWOERER, T.C.;
  2. Auflage; Campus Verlag; Frankfurt (1984)

PORTER, M.E.:
  Competitive Advantage;
  The Free Press; New York (1985)

PORTER, M.E.; MILLAR, V.:
How Information gives you competitive advantage;
in: Harvard Business Review 63; Vol. 4 (1985); S. 149-160

POSSL, G.W.:
Production and Inventory Control-Applications;
Englewood Cliffs; New York (1983)

POWELL, J.; MENZIES, I.A.; SCHENZINGER, G.:
Metallschneiden mit dem CO_2-Laser;
in: Werkstatt und Betrieb 121; Carl Hanser Verlag München; Heft 8
(1988); S. 656-660

PRITSCHOW, G.:
Die flexible Fertigungszelle. Chance und Herausforderung auch für den
mittelständischen Betrieb;
in: Werkstattstechnik (wt) 75; Springer Verlag; Berlin Heidelberg; Heft
11 (1985); S. 663-669

RAIMONDI, G.:
BMW beschleunigt im CIM-Gang;
in: MEGA; Francis Verlag München; Heft 1 (1986); S. 13-18

RELATIONAL TECHNOLOGIE (Hrsg.):
POSTGRES, das Datenbanksystem der nächsten Generation;
in: Ingres News; Nr. 1 (1987)

ROCKHART, J.F.:
Current Uses of Critical Success Factors Process;
in: Strategic Planning and Information Management Conference; Proceedings of the Society for Information Management; New York (1982)

RODENACKER, W.G.:
Methodisches Konstruieren; Konstruktionsbücher Band 27;
3. Auflage; Springer Verlag; Heidelberg Berlin (1984)

ROTH, K.:
Konstruieren mit Konstruktionskatalogen;
Springer Verlag; Heidelberg Berlin (1982)

ROY, S.:
Die Versorgungskette integrieren;
in: Computerwoche extra; Ausgabe vom 12. Juni 1987; S. 62/63

RUFF, K.:
Büroautomation bei NCR;
in: CIM Management; Oldenbourg Verlag München; Heft 3 (1987); S. 38-40

RUFFING, T.:
Dialogorientierte Feinplanung und -steuerung in der Fertigungsinsel;
in: AWF (Hrsg.); Fertigungsinseln - Fertigungsstruktur mit Zukunft; Proceedings zur Fachtagung; 10.-11. Dez. 1987; Bad Soden/Ts.; Vortrag Nr.
12

SAVAGE, Ch. M. (Hrsg.):
A programm guide for CIM implementation;
Dearborn (1985)

SCHEER, A.-W. unter Mitarbeit von BOLMERG, L.; DEMMER, H. und HELBER, C.:
  Wirtschafts- und Betriebsinformatik;
  Verlag moderne Industrie; München (1978)

SCHEER, A.-W.:
  Factory of the Future; Vorträge im Fachausschuß "Informatik in Produkti-
  on und Technik" der Gesellschaft für Informatik e.V.;
  Heft 42 der Veröffentlichungen des Institut für Wirtschaftsinformatik;
  Saarbrücken; Dezember 1983

SCHEER, A.-W.:
  Strategie zur Entwicklung eines CIM-Konzepts;
  Heft 51 der Veröffentlichungen des Institut für Wirtschaftsinformatik;
  Saarbrücken; Mai 1986

SCHEER, A.-W.:
  EDV-orientierte Betriebswirtschaftslehre;
  3. Auflage; Springer Verlag; Berlin Heidelberg (1987)

SCHEER, A.-W.:
  CIM - Der computergesteuerte Industriebetrieb;
  3. Auflage; Springer Verlag; Berlin Heidelberg (1988)

SCHEER, A.-W.:
  Wirtschaftsinformatik - Informationssysteme im Industriebetrieb;
  2. Auflage; Springer Verlag; Berlin Heidelberg (1988)

SCHLECHTENDAHL, E.G.:
  Specification of a CAD*I Neutral File for CAD Geometry; Version 3.2;
  Springer Verlag; Heidelberg Berlin (1987)

SCHLEMPER, K.:
  Brücken zwischen Inseln schaffen;
  in: MEGA; Franzis Verlag München; Heft 1 (1986); S.48-55

SCHOLZ, B.:
  CIM-Schnittstellen - Konzepte, Standards und Probleme der Verknüpfung
  von Systemkomponenten in der rechnerintegrierten Produktion;
  Oldenbourg Verlag; München (1988)

SCHOMBURG, E.:
  Entwicklung eines betriebstypologischen Instrumentariums zur systematischen Ermittlung der Anforderungen an EDV-gestützte Produktionsplanungs-
  und -steuerungsysteme im Maschinenbau;
  Dissertation; RWTH Aachen (1980)

SCHREUDER, S.; UPMANN, R.:
  CIM-Wirtschaftlichkeit; Vorgehensweise zur Ermittlung des Nutzens einer
  Integration von CAD, CAP, CAM, PPS und CAQ;
  HACKSTEIN, R. (Hrsg.); FIR + IAW - Leitfaden; Verlag TÜV Rheinland GmbH;
  Köln (1988)

SCHULZE, L.:
  Transport und Lagerung;
  in: GEITNER, U.W. (Hrsg.); CIM-Handbuch; Vieweg Verlagsgesellschaft
  Braunschweig (1987); S. 337-362

SEGL, E.:
  Alles in Bewegung;
  in: Markt & Technik; Heft 43 (1985); S. 139-141

SEGL, E.:
  MAP: Kommunikation ohne Grenzen;
  in: Design und Elektronik; Heft 10 (1985); S. 135-143

SELIG, J.:
  EDV-Management; Eine empirische Untersuchung der Entwicklung von Anwen-
  dungssystemen in deutschen Unternehmen;
  Springer Verlag; Berlin Heidelberg (1986)

SIEMENS (Hrsg.):
  Wege zur offenen Kommunikation;
  Eigenverlag Siemens; München Berlin (1985)

SIEMENS (Hrsg.):
  CAI Computer Aided Industry; Faltblatt;
  in: SAVE aktuell - Nachrichten und Berichte aus dem Siemens-Informati-
  onstechnik Anwenderverein München; Heft 1; April 1987; S. 36

SIMON, H.:
  Management strategischer Wettbewerbsvorteile;
  in: Zeitschrift für Betriebswirtschaft (ZfB) 58; Heft 4 (1988); S. 461-
  480

SNODGRASS, B.N.:
  A long Range Planning View of PDES Projekt Deliverables;
  Minutes of ISO TC184/SC4/WG1; West Palm Beach (1987)

SPRINGER, W.; WOLF, H.:
  Rationalisierung mit CAD/CAP;
  in: VDI-Zeitung 128; Heft 13 (1986); S. 93

SPUR, G.; AUER, B.H.:
  Die automatisierte Handhabung bei flexiblen Fertigungszellen;
  in: Werkstattstechnik (wt) 65; Springer Verlag; Berlin Heidelberg; Heft
  3 (1975); S. 117-123

SPUR, G.:
  Die Roboter verschwinden in der automatischen Fabrik;
  in: VDI-Nachrichten 38; Heft 52 (1984); S. 6

SPUR, G.; KRAUSE, F.L.:
  CAD-Technik;
  Carl Hanser Verlag; München Wien (1984)

SPUR, G.:
  Flexible Fertigungssysteme: Zukünftige Entwicklung aus der Sicht der
  Wissenschaft;
  in: Technische Rundschau 77; Hallwag Verlag Bern; Heft 30/31 (1985);
  S. 8-13

STADTHERR, K.O.:
  ISDN-Perspektiven der zukünftigen Bürokommunikation;
  in: Handwörterbuch der modernen Datenverarbeitung (HMD) 24; Forkel Verlag Wiesbaden; Heft 136 (1987); S. 51-62

STEINACKER, I.:
   Intelligente Maschinen;
   in: RICHTER,L.; STUCKY, W. (Hrsg.); Leitfaden für angewandte Informatik;
   Artificial Intelligence; Stuttgart (1984); S. 8-26

STEINBUCH, P.A.:
   Organisation;
   6. Auflage; Kiehl Verlag; Ludwigshafen/Rhein (1987)

STENZEL, J.:
   CIM und Logistik - ein Widerspruch?;
   in: CIM Management; Oldenbourg Verlag München; Heft 2 (1987); S. 70-76

STUTE, G.:
   Planung und Auswahl von Maschinen und Systemen;
   in: Werkstattstechnik (wt) 73; Springer Verlag; Berlin Heidelberg; Heft
   4 (1983); S. 199-203

SUPPAN-BOROWKA, J.:
   MAP, Datenkommunikation in der automatisierten Fabrik;
   Datacom Verlag; München (1986)

THOMAS, H.E.:
   EDIFACT: Firmenübergreifender elektronischer Geschäftsverkehr nach
   Normen;
   in: Office Management; FBO-Verlag Baden Baden; Heft 10 (1987); S. 50-54

THOMAS, H.E.:
   Firmenübergreifender elektronischer Geschäftsverkehr nach Normen;
   in: SCHEER, A.-W. (Hrsg.); Rechnungswesen und EDV; 9. Saarbrücker Arbeitstagung 1988; Physica Verlag Heidelberg (1988); S. 23-53

TRUM, P.:
   Automatische Generierung von Arbeitsplänen;
   in: State of the Art 1 (1986); Oldenbourg Verlag München; S. 69-72

TULLY, H.:
   Fertigungssteuerung im Werkzeugmaschinenbau;
   in: Werkstattstechnik (wt) 53; Heft 9 (1983); S. 435-442

UNISYS (Hrsg.):
   Produktivitätsfortschritt durch CIM;
   Firmenschrift; Sulzbach/Ts. (1988)

VDI (Hrsg.):
   VDI-Richtlinie 3562; Übersichtsblatt fahrerlose Flurförderfahrzeuge;
   VDI-Verlag; Düsseldorf (1974)

VDI (Hrsg.):
   VDI-Richtlinie 2860; Handhabungsgeräte;
   VDI-Verlag; Düsseldorf (1987)

WAHLSTER, W.:
   Datenbanksysteme;
   Skript zur Vorlesung im Fachbereich 10 der Universität des Saarlandes;
   WS 1987/88; Saarbrücken (1987)

WAHLSTER, W.:
  Expertensysteme;
  Skript zur Vorlesung im Fachbereich 10 der Universität des Saarlandes;
  WS 1986/87; Saarbrücken (1986)

WALLER, S.:
  Die automatisierte Fabrik;
  in: VDI-Zeitung 125; Heft 20 (1983); S. 838-842

WALLER, S.:
  Stand und Entwicklungstendenzen von CIM aus Sicht eines Herstellers und
  Anwenders;
  in: HACKSTEIN, R. (Hrsg.); Einsatz neuer Technologien; Verlag TÜV
  Rheinland; Köln (1987)

WARGIN, J.; HITZLER, D.:
  Einführung von CIM - Strategisches Konzept und praktische Anwendung;
  in: Zeitschrift für wirtschaftliche Fertigung (ZwF) 81; Heft 11 (1986);
  S. 598-601

WARNECKE, H.-J.:
  CIM - Brücke zwischen Fabrik und Büro;
  in: Office Management; FBO-Fachverlag Baden-Baden; Heft 9 (1987);
  S. 6-12

WEDEKIND, H.:
  Datenorganisation;
  2. Auflage; Springer Verlag; Heidelberg Berlin (1972)

WEDEKIND, H.:
  Die Entwicklung von Anwendungssystemen für DV-Anlagen;
  2. Auflage; Carl Hanser Verlag; München (1976)

WEGEHINGEL, F.:
  Auf die Marschrichtung kommt es an;
  in: Die Computer Zeitung; Ausgabe vom 2.12.87; S. 22

WEGGEN, E.:
  Bausteine flexibler Fertigungssysteme;
  in: Werkstatt und Betrieb 115; Heft 9 (1982); S. 599-601

WERNER und KOLB (Hrsg.):
  Vertriebsinformationen Werner und Kolb GmbH; Fritz Werner: Flexible Fertigungssysteme mit Rechnerintelligenz; Berlin (1988); S. 2

WIENDAHL, H.-P.:
  Belastungsorientierte Fertigungssteuerung;
  Carl Hanser Verlag; München (1987)

WIGHT, O.:
  The Executive Guide to sucessfull MRPII;
  Englewood Cliffs; New York (1983)

WILDEMANN, H.:
  Flexible Werkstattsteuerung durch Integration von Kanban-Prinzipien;
  CW-Publikationen; München (1984)

WISEMAN, C.:
Strategy and Computers: Information Systems as Competitive Weapons;
Illinois (1985)

WITTEMANN, N.:
Produktionsplanung mit verdichteten Daten;
Reihe: Betriebs- und Wirtschaftsinformatik; Band 14; Springer Verlag;
Berlin Heidelberg (1985)

WÖHE, G.:
Einführung in die Allgemeine Betriebswirtschaftslehre;
15. überarbeitete Auflage; Verlag Vahlen München (1984)

WOLF, M.:
Aktuelle Entwicklungen im LAN-Bereich;
in: CIM Management; Oldenbourg Verlag München; Heft 3 (1986); S. 14-19

ZAHN, E.:
Produktionstechnologien als Element internationaler Wettbewerbsstrategien;
in: DICHTL, E.; GERKE, W.; KIESER, A. (Hrsg.): Innovation und
Wettbewerbsfähigkeit; Wiesbaden (1986); S. 475-496

ZENNER, D.:
IS-Anwender - der harte Kern für CAI;
in: SAVE aktuell - Nachrichten und Berichte aus dem Siemens-Informati-
onstechnik Anwenderverein München; Heft 1; April 1987; S. 32

ZIERER, H.:
"Office und CIM" - Zeit der Insellösungen;
in: Office Management; FBO-Verlag Baden Baden; Heft 9 (1987); S. 18-22

ZÜHLKE, D.:
Benutzerfreundliche Roboterprogrammierung durch standardisierte Schnittstellen;
in: VDI-Zeitung 125; Heft 4 (1983); S. 97

Betriebs- und Wirtschaftsinformatik

Herausgeber: H. R. Hansen, H. Krallmann,
P. Mertens, A.-W. Scheer, D. Seibt, P. Stahlknecht,
H. Strunz, R. Thome

Band 4: R. Thome (Hrsg.)
Datenverarbeitung im KFZ-Service und -Vertrieb
1983. DM 59,-. ISBN 3-540-12005-X

Band 5: H. R. Hansen, W. L. Amsüss, N. S. Frömmer
Standardsoftware
Beschaffungspolitik, organisatorische Einsatzbedingungen und Marketing
1983. DM 54,-. ISBN 3-540-12332-6

Band 6: W. Sinzig, Walldorf
Datenbankorientiertes Rechnungswesen
Grundzüge einer EDV-gestützten Realisierung der Einzelkosten- und Deckungsbeitragsrechnung
3. Aufl. 1990. Brosch. DM 78,- ISBN 3-540-51786-3

Band 8: T. Noth, M. Kretzschmar
Aufwandschätzung von DV-Projekten
Darstellung und Praxisvergleich der wichtigsten Verfahren
2. Auflage. 1985. DM 42,-. ISBN 3-540-16069-8

Band 9: J. Zentes (Hrsg.)
Neue Informations- und Kommunikationstechnologien in der Marktforschung
1984. DM 40,-. ISBN 3-540-12906-5

Band 10: H. Krallmann (Hrsg.)
Lokale und öffentliche Netze
Interdependenzen, Erfahrungsberichte, Wirtschaftlichkeit und Entwicklungstendenzen
1984. DM 39,-. ISBN 3-540-13357-7

Band 11: W. Mülder
Organisatorische Implementierung von computergestützten Personalinformationssystemen
Einführungsprobleme und Lösungsansätze
1984. DM 60,-. ISBN 3-540-13360-7

Band 14: N. Wittemann
Produktionsplanung mit verdichteten Daten
1985. DM 64,-. ISBN 3-540-15665-8

Band 15: G. Diruf (Hrsg.)
Logistische Informatik für Güterverkehrsbetriebe und Verlader
1985. DM 48,-. ISBN 3-540-15692-5

Band 17: A. Schulz (Hrsg.)
Die Zukunft der Informationssysteme Lehren der 80er Jahre
Dritte gemeinsame Fachtagung der Österreichischen Gesellschaft für Informatik (ÖGI) und der Gesellschaft für Informatik (GI). Johannes Kepler Universität Linz, 16.-18. September 1986
1986. DM 106,-. ISBN 3-540-16802-8

Band 18: H. R. Göpfrich
Bildschirmtext in der Ausbildung
Dargestellt am Beispiel der Wirtschaftsuniversität Wien
1987. DM 74,-. ISBN 3-540-17175-4

Band 19: M. Schumann
Eingangspostbearbeitung in Bürokommunikationssystemen
Expertensystemansatz und Standardisierung
1987. DM 54,-. ISBN 3-540-17369-2

Band 20: T. Noth
Unterstützung des Managements von Software-Projekten durch eine Erfahrungsdatenbank
1987. DM 69,-. ISBN 3-540-17842-2

Band 21: H. Demmer
Datentransportkostenoptimale Gestaltung von Rechnernetzen
1987. DM 69,-. ISBN 3-540-17919-4

Band 22: J. Becker
Architektur eines EDV-Systems zur Materialflußsteuerung
1987. DM 65,-. ISBN 3-540-18349-3